空天信息技术系列丛书

超低空目标雷达探测特性及应用研究

孙华龙　童创明　周　焯　朱　剑　高鹏程　李纪传
冯为可　彭　鹏　蔡继亮　王　童　李洪兵　姬伟杰　编著

西北工业大学出版社

西　安

【内容简介】 本书系统介绍了超低空雷达探测回波生成与特征规律,主要内容包括概论、目标电磁散射特性建模、环境电磁散射特性建模、目标与环境复合电磁散射特性建模、超低空雷达探测回波生成、超低空雷达目标探测综合仿真软件系统等。

本书可供高等院校雷达目标探测专业高年级学生和研究生,以及相关科研院所的工程技术人员阅读参考。

图书在版编目(CIP)数据

超低空目标雷达探测特性及应用研究 / 孙华龙等编著 . — 西安 :西北工业大学出版社,2022.11(2025.1 重印)
ISBN 978 - 7 - 5612 - 8459 - 9

Ⅰ.①超⋯ Ⅱ.①孙⋯ Ⅲ.①目标探测-雷达探测 Ⅳ.①TN953

中国版本图书馆 CIP 数据核字(2022)第 185117 号

CHAODIKONG MUBIAO LEIDA TANCE TEXING JI YINGYONG YANJIU

超 低 空 目 标 雷 达 探 测 特 性 及 应 用 研 究

孙华龙　童创明　周焯　朱剑　高鹏程　李纪传
冯为可　彭鹏　蔡继亮　王童　李洪兵　姬伟杰　编著

责任编辑:朱晓娟	策划编辑:杨　睿
责任校对:张　友	装帧设计:董晓伟

出版发行:西北工业大学出版社
通信地址:西安市友谊西路 127 号　　邮编:710072
电　　话:(029)88491757,88493844
网　　址:www.nwpup.com
印　刷　者:西安五星印刷有限公司
开　　本:787 mm×1 092 mm　　1/16
印　　张:14
字　　数:367 千字
版　　次:2022 年 11 月第 1 版　　2025 年 1 月第 2 次印刷
书　　号:ISBN 978 - 7 - 5612 - 8459 - 9
定　　价:68.00 元

前　言

超低空目标雷达探测特性对于探测超低空目标、目标识别、成像遥感、设备干扰与反干扰性能提升等众多领域都具有十分重要的意义。超低空目标雷达探测特性研究需要以目标与环境复合散射建模和快速电磁学计算方法为基础,以雷达回波生成方法为核心,以雷达信号与信息处理为重要工具,来建立超低空目标雷达回波模型并获得雷达回波特性随相关参数变化的规律。超低空目标雷达探测特性及随相关参数的变化规律,能够为抑制干扰、改善目标检测性能,提供重要理论与技术支撑。本书分为6章,主要内容如下:

第1章为概论。主要介绍了目标与环境复合散射快速计算方法、超低空目标与环境雷达回波建模等国内外研究动态。

第2章为目标电磁散射特性建模。介绍了以高频方法为基础的远近场一体化高效电磁计算方法,通过试验验证了计算精度,给出了目标电磁散射特性随相关参数的变化规律。

第3章为环境电磁散射特性建模。介绍了应用于环境面建模的谱函数及随机粗糙面生成方法,地/海面散射系数经验公式及解析计算方法,包括双尺度模型、小斜率模型、基尔霍夫近似的面元法等,通过试验验证了计算精度,给出了环境电磁散射特性随相关参数的变化规律;利用双尺度模型计算了环境的布儒斯特角,给出了环境布儒斯特角随相关参数的变化规律。

第4章为目标与环境复合电磁散射特性建模。介绍了一种目标与环境复合散射的计算方法,其中目标散射采用第1章的远近场一体化高频计算方法,环境散射采用双尺度计算方法,耦合散射采用弹跳射线法;介绍了复反射系数修正模型;通过试验验证了计算精度,给出了目标与环境复合电磁散射特性随相关参数的变化规律。

第5章为超低空雷达探测回波生成。介绍了雷达回波生成方法,包含发射信号的选取、天线方向图优化和设计、目标与环境模型及发射信号的空时分解与信号叠加等过程;介绍了超低空杂波幅度统计模型与相关理论,雷达系统中的信号处理方法。通过机载和地面雷达回波试验验证了雷达回波生成模型的精度,给出了雷达回波信号随相关参数的变化规律;利用雷达回波模型,给出了信杂比和信干比随相关参数的变化规律。

第6章为超低空目标雷达探测综合仿真软件系统。该软件系统包含目标与环境模型显示模块、目标散射计算模型、环境散射计算模型、目标与环境复合计算模块、雷达回波信号生成模块、机载雷达与地基雷达回波全程仿真模块。为了提高计算效率,融合了一些加速计算技术。该软件能够适应目标与环境复合散射特性、雷达回波信号特性分析,全程回波仿真等的计算需要。

本书是由国内高校与研究院所长期从事雷达目标探测研究领域的专家、教授共同编著完成的。参加编著的有空军工程大学孙华龙、童创明、宋涛,中国航天科技集团有限公司第八研究院第 802 研究所周焯、朱剑、高鹏程,中国航天科工集团第二研究院第 25 研究所李纪传,冯为可、彭鹏、蔡继亮、王童、李洪兵,93995 部队姬伟杰。全书由孙华龙统稿。

本书的研究得到了中国博士后基金(项目编号:2021M693943)的资助。

在编写本书的过程中,曾参阅了相关文献和资料,在此,谨向其作者表示诚挚的谢意。

由于水平有限,书中难免存在缺点和不足,敬请广大读者批评指正。

编著者

2021 年 8 月

目　录

第1章 概　　论

1.1　研究背景及意义

　　现代战争是全方位、多层次的立体化战争,现代联合作战是陆、海、空、天、电等高度一体化的"高立体""全领域"战场,战场空间层次更为丰富,包括超高空(15 000m 以上,北大西洋公约组织的定义,下同)、高空(7 500～15 000m)、中空(600～7 500m)、低空(150～600m)、超低空(150m 以下,我国定义为 100m 以下)、地/海面直至水下等,且超低空和超高空这"两极"层次空间,已被开辟为联合作战的重要战场。随着现代高科技武器装备的发展,已经形成了以"超低空突防、隐身技术、电子干扰和反辐射导弹"为主体的对防空系统的新"四大威胁"。其中,超低空突防属于战术范畴,与其他三者相比,在实战中对空袭兵器的技术门槛要求更低,突防成功率更高,灵活性更强,威胁性更大,对抗难度也更高。现代作战中,为了有效提高空袭兵器的生存能力,迫使其向超低空发展,超低空突防成为空袭首选的突防手段之一。此时空袭武器往往采用超低空(如 150m 以下)突防的方式,利用地/海面掩蔽效应,采用贴地和掠海飞行,躲避雷达监视、规避防空导弹攻击,向敌方防空阵地、火箭发射阵地、指挥中心等重要目标,以及大型水面舰艇、核基地等核心军事目标进行攻击。空袭武器可以是飞行器(如战斗机、无人机、直升机)等作战平台,它们在接近目标时往往会突然拉升并发射武器打击对方,接着迅速撤离;还可以是各类导弹,它们接近目标时直接撞击或利用毁伤碎片打击对方。这样的打击方式非常有效,带给防守方的威胁相当大。这从各军事强国对其重视程度及其在实战中的广泛应用和良好的作战效果就得以印证,比较著名的是:以色列突袭伊拉克核反应堆,以色列空军突袭分队借助地形的掩护使对方雷达无法发现其行踪,最终完成袭击任务,顺利返航;美国在海湾战争初期为了摧毁伊拉克防空阵地和重要目标,利用"战斧"巡航导弹对其进行打击,获得了非常好的战斗效果。

　　超低空突防的特点主要有三个:一是普遍采用超低空突防战术;二是不断提升超低空突防能力,目前,国外先进巡航导弹已可在 15m 高度贴地飞行,反舰导弹则可在 5m 高度掠海飞行;三是超低空突防与隐身、干扰手段综合使用,使突防效果进一步提高。因此,美欧等军事强国均把超低空突防列为空袭兵器的首选突防手段。据统计,国内外三代战斗机在中高空突防时,其战损率高达 70% 以上,采用超低空突防战损率则降到 10% 以下。超低空突防兵器通常具有飞行速度慢、雷达反射面积小的特点,也就是通常所说的"低、慢、小"目标。低、慢、小的综合使用,可以进一步提高突防成功率,是防守方需要首先考虑的重点威胁。

防守方应对超低空突防威胁,通常是借助于己方的战略战术防空武器系统,如防空导弹系统,它的作战过程是,在预警雷达(如预警卫星、预警机、警戒雷达等)的目标指示下,防空导弹武器系统发射拦截导弹,经过初制导和中制导段的引导,进入末制导段,这时,雷达导引头开始发射信号并接收目标回波,经过信号处理得到目标信息,形成制导指令引导导弹飞向目标。在此过程中,超低空突防兵器距离下方地/海面环境的高度较低,雷达导引头处于斜下视工作状态,如图1.1所示。

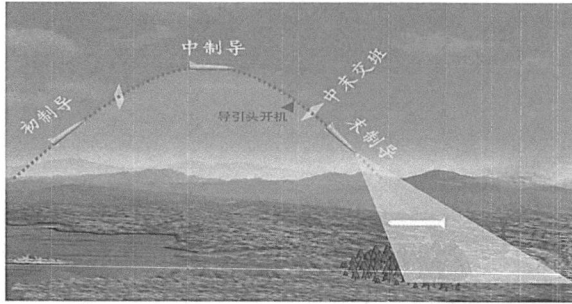

图1.1 防空导弹超低空目标拦截示意图

防空导弹超低空目标拦截性能主要取决于末制导。典型导弹末制导的导弹-目标距离在0~10km之间,导弹-目标接近时的相对速度高达1 000m/s以上。雷达导引头基于目标回波对超低空目标进行探测,其探测性能直接决定着防空导弹的作战效能。雷达导引头回波信号中不仅包含目标自身散射引起的回波信号,而且还包含雷达导引头天线波束照射范围内,地/海面环境散射产生的环境杂波,以及地/海面环境与超低空目标相互作用引起的耦合散射产生的多径信号,如图1.2所示。其中,目标回波是雷达导引头超低空目标探测的有用信号,环境杂波、多径信号是干扰信号。目标回波与环境杂波是将目标与环境视为单独存在时传统意义下的信号,多径信号是将目标与环境视为一个整体时的耦合信号,不仅与地/海面环境特性有关,而且还与超低空目标特性有关,这是雷达下视探测超低空目标时的特殊问题。防空导弹雷达导引头超低空目标-环境的特点是在末制导期间,具有下视、目标与环境呈现高动态、存在耦合散射效应等特点。目标回波、环境杂波和多径信号叠加在一起同时进入雷达导

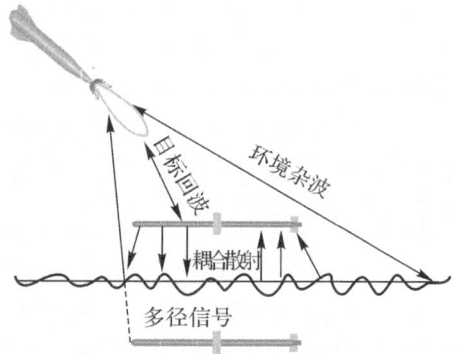

图1.2 雷达导引头超低空下视探测回波信号

引头,导致普遍存在雷达导引头交班延迟、目标错误锁定、末制导跟踪误差增大等问题,使雷达导引头无法获得准确的目标信息,也就无法对目标进行稳定的探测和跟踪,从而导致防空导弹拦截效果普遍恶化。

由此可见,防空导弹雷达导引头超低空目标下视探测时遇到的难题,主要是由环境杂波、多径信号对目标回波的干扰引起的。典型条件下的雷达导引头回波频谱分布如图1.3

所示,图中 f_d 表示多普勒频率,下标"目"表示目标,下标"镜"表示目标的镜像,下标"地"表示地面镜。首先是环境杂波,它来源于雷达照射波与地/海面及其与目标的相互作用,因为地/海面位置相对固定,而目标则以一定速度运动,所以地/海面环境杂波多普勒谱与雷达导引头运动速度有关,工作在下视状态的雷达导引头超低空目标回波,总是处于高动态的强地/海杂波背景中,杂波会与目标回波一起进入雷达接收机,且杂波电平往往远高于目标回波。杂波特征主要由地/海面散射系数、统计特性、相关性与空域、时域、频域谱分布等表征。地/海杂波频谱分布出现以下效应:一是由于导弹目标高速接近,主瓣杂波谱展宽,并随照射角变化;二是出现范围很宽的旁瓣杂波区;三是低速率目标频谱与主副瓣杂波重叠,并被杂波淹没。总的来讲,目标飞行速度越慢(径向速度)、反射面越小,由杂波引起的遮盖与干扰效应会越强,导致防空导弹雷达导引头检测门限提高,使导弹中、末制导交接班延迟或目标锁定错误。杂波的功率及其频谱分布是限制防空导弹雷达导引头性能的关键因素之一,因此,必须建立准确的杂波模型,以便合理选择防空导弹雷达导引头的系统参数、优化信号处理器结构和信号处理算法,以提高防空导弹雷达导引头抗环境杂波的性能。其次是多径信号,来源于雷达照射波与地/海面及其与目标的相互作用,由于受到目标和地/海面环境的双重调制,因此它具有类目标特性。雷达导引头下视探测超低空目标时,目标高度越低,与地/海面耦合越强,多径信号越强。多径信号的存在,使雷达导引头匹配滤波后出现多个分离或时间混叠的目标信号,导致在某些距离段的目标回波衰减或增强,使目标回波剧烈起伏,有时甚至出现对消,影响雷达导引头的测量精度和检测性能,这种效应会导致目标回波按 R^{-8}(而不是自由空间中通常的 R^{-4})规律衰减,造成雷达导引头探测能力降低且目标"漏检"。多径信号对雷达导引头的最终影响是无法有效辨识目标与其镜像,造成跟踪错误,或跟踪目标与镜像的合成相位中心,造成角跟踪误差,引起防空导弹脱靶。因此,必须建立多径信号模型,以便雷达导引头跟踪回路采取有效的滤波等多径抑制信号处理措施。

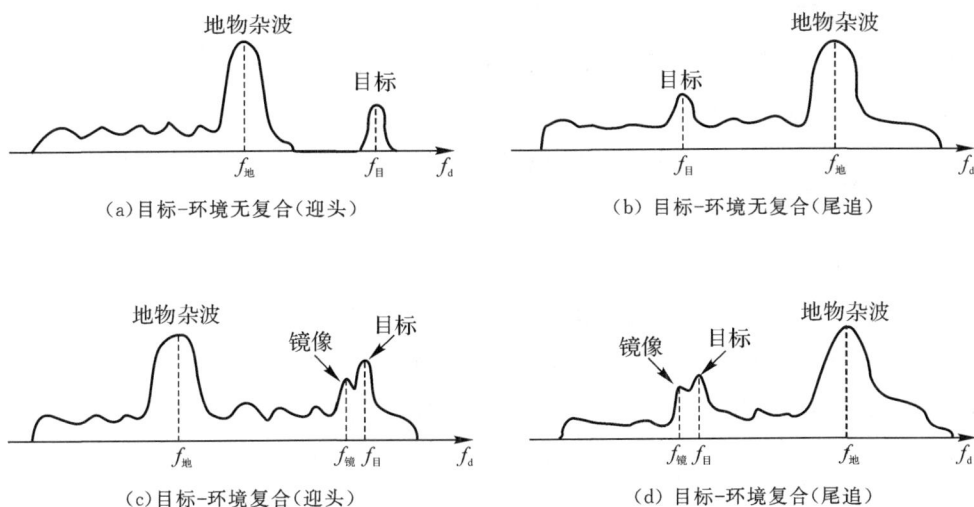

(a)目标-环境无复合(迎头)

(b)目标-环境无复合(尾追)

(c)目标-环境复合(迎头)

(d)目标-环境复合(尾追)

图 1.3 雷达导引头回波信号的多普勒谱示意图

　　超低空突防降低了雷达的探测距离,压缩了防空武器系统作战反应时间。为了分析雷达导引头探测超低空目标时发生跟踪精度超差的原因,就要对整个导弹-目标接近过程中的回波数据进行分析,这就涉及雷达导引头回波数据的采集。在实际飞行探测超低空目标过程中,雷达导引头与超低空目标均处于运动状态,若要采集雷达导引头在这一过程中的回波数据,需要准备相应的存储设备,还需要对导弹载体进行改装,这便涉及导弹飞行参数的重新设计与装订。即使改装工作完成,导弹飞行结束后也不得不面临自毁,采集数据仍然难以获得。因此,这种方式实施起来难度很大。而采集雷达导引头回波的方法是将其从弹体上拆下并加装在飞行平台上,并增加数据采集设备对超低空目标进行开环探测,这一过程能够采集到一些非常有价值的试验数据,但是整个试验的花费较大,所以往往用这种方式进行典型试验条件下雷达导引头回波的采集,其结果可用作回波模型校验的参考。因此,如何不依赖硬件设备快速获得雷达导引头回波,成为研究其特性的首要问题和关键技术。

　　雷达导引头回波信号产生的本质是由发射的电磁波照射到目标-环境复合模型,由其产生散射引起的。因此,回波建模可以从源头入手,将用于计算散射的计算电磁学方法与雷达发射信号相结合,以雷达方程为基础,以雷达回波信号生成方法为核心,并结合具体的雷达导引头功能模型,便能实现雷达导引头回波信号建模,这样就能获得设定场景下的雷达导引头回波信号。这种获取雷达导引头回波的方式不依赖雷达导引头硬件设备,节省费用,实用性好。雷达导引头回波建模过程依赖的关键技术,包括散射计算方法、随机粗糙面建模方法、目标与环境时空域划分、宽时脉冲分解、雷达信号处理、计算过程加速技术等,如果能够将这些关键技术应用在雷达导引头回波建模中,便能提高建模的有效性、实用性及通用性。

　　总之,雷达导引头超低空目标探测亟待解决的主要问题:一是目标-环境复合动态散射建模及布儒斯特效应;二是雷达导引头回波信号生成及信号处理。在超低空目标探测领域,从散射的角度来讲,要将目标与环境作为一个复合体进行研究。当探测雷达距离目标较远时,目标与环境处于探测波远场,此时需考虑目标-环境复合远场散射;当探测雷达距离目标较近时,目标与环境处于探测波近场,此时需考虑目标-环境复合近场散射。目标-环境复合散射特性,与目标特性、环境特性、照射波方向以及目标高度等因素密切相关。雷达导引头回波信号包含三种类型,即目标回波、环境杂波和多径信号,其中,目标回波由目标反射产生,环境杂波由地/海面散射产生,多径回波由目标-环境耦合散射产生。值得指出的是,雷达导引头相对目标与环境由远到近高速接近,在相同波束宽度条件下,波束与地/海面交会区域面积变小,环境杂波相对目标、多径信号来说逐渐减小。国内外对雷达导引头的认识,主要依赖于试验测试和经验数据,而普遍缺乏成熟的研究,特别是目标-环境复合远近场动态散射计算及布儒斯特效应,以及雷达导引头超低空回波信号生成建模及信号处理方法等,目前尚缺乏这方面系统的机理描述和实用的计算模型,这是超低空探测研究时的难点与技术瓶颈。

1.2 目标−环境复合散射计算及布儒斯特效应

1.2.1 国外研究现状

随机粗糙面与目标及其复合散射问题,在电磁学、光学、海洋工程、环境遥感、目标识别、电子对抗等诸多领域,具有重要的研究价值,一直得到学术界普遍关注。散射建模研究,首先将随机粗糙面与目标剖分成若干散射单元,然后根据各种电磁散射理论研究散射单元产生散射场的各种机理,并利用各种计算方法定量预估各种情况下散射单元的雷达散射截面特征。从根本上说,散射建模研究难点为对散射单元构成特性及其散射过程的定量描述,且能够反映出散射机理以及各种因素的影响。国外众多高校的专家和科研机构,自 20 世纪五六十年代开始以来,主要集中研究反射表面的反射特性,Beckmann 等对粗糙表面反射特性的电磁总结,提出试验基础上的数学模型,另有多篇论文给出超低空反射的电磁试验结果,并取得了重要的研究成果。

1. 远场散射特性研究

国外远场雷达散射截面积 RCS 的理论和实验研究如下:

(1)数值方法有 W. C. Chew 团队与 DEMACO 公司推出的 MLFMA 仿真软件 FISC、基于 MOM(多目标优化法)的 FEKO、基于 FEM(有限元法)的 HFSS、基于有限积分法的 CST、基于时域有限差分方法的 XFDTD 等。

(2)高频近似算法有 S. W. Lee 团队开发的 SBR(弹跳射线法)的高频方法软件 Xpatch。

2. 近场散射特性研究

目前,国外公开的近场电磁散射仿真软件系统主要有 DEMACO 开发的 NcPTD 及 Cpatch,两者可以被用于计算近场散射。

在近场散射特性研究方面,国外也开展了不少有意义的工作。Pouliguen 和 Desclos 基于物理光学(PO),给出了近场条件下,PEC(理想电子体)目标单双站散射场计算方法。对于有限的观测距离,Neto 采用精确格林函数,来计算 PO 表面积分中等效电流,进而求解一般弯曲层状介质结构的散射场,并称这项技术为"真正的"物理光学("True" Physical Optics,TPO)。Legault 通过在源点邻近面元建立拓展中心,在传统 PO 公式中采用新的相位近似,将面积分转化为积分和,每个积分再退化为闭式表达式。Papkelis 基于 PO 推导了矩形目标散射近场的计算方法,仿真结果与数值方法计算的近场数据吻合较好,并将该技术应用于城市蜂窝通信系统无线覆盖预估。Bourlier 基于物理光学近似,推导了平板和圆盘目标在斜入射条件下单站近场 RCS(雷达散射截面)计算公式。Corucci 将 Legault 的近场 PO 推广到介质目标,并基于散射数据进行近场三维成像。Boag 团队针对电大凸体目标,提出了一种基于相位和幅度补偿插值的近场快速 PO 计算方法。另外,瑞典学者提出了基于几何光学的雷达近炸引信模型,俄罗斯学者开展了复杂目标的近场特性测试和建模,法国学者提出了近场 RCS 等效算法等。

国外学者在目标环境复合散射研究方面主要的工作见表 1-1。

表 1-1　国外目标与环境复合散射主要研究进展

年份	研究人员或机构	研究内容
1977	Sittrop	提出了 Sittrop 模型,能够估计 X 和 Ku 波段不同极化和海面条件下的散射系数
1987	美国佐治亚技术研究所	提出了 GIT 模型,用于计算典型地海面条件下后向散射系数
1988	Ulaby	研究了地面与蔬菜目标的毫米波双站散射问题
1989	美国密歇根大学	提出了 Ulaby 模型,考虑了 9 种不同的地形环境分类的杂波后向散射系数,对每种分类进行了数据统计
1990	美国 TSC 公司	在对 Nathanson 的数据进行拟合的基础上提出了用于计算海面后向散射的 TSC 模型
1990	Morchin	提出了 Morchin 模型,统一描述了地海杂波后向散射系数,首次将地海杂波特性对应分析
1991	美国麻省理工学院林肯实验室	以测试 42 个不同地点的地杂波数据为基础,给出了典型地面条件下散射系数均值和偏差
1998	Chiu 与 Sarrbandi	基于互易原理分析了微粗糙面与其上介质目标的复合散射
1999	Pino	提出了采用广义前后向迭代算法计算目标与海面复合散射
2001	Burkholder 等	采用广义前后向迭代方法计算了舰船与海面复合散射问题
2001	Johnson 等	提出了"四路径"模型,用于求解半空间中目标与环境复合散射
2002	美国林肯实验室	提出了波束低入射角情形下的地杂波后向散射系数经验模型
2003	Shenawee	提出了将 SDFMM 用于解决地下多目标与环境复合散射
2003	Shenawee 与 Rappaport	利用 SDFMM 计算了浅埋目标与粗糙面复合散射
2006	Jamil 与 Burkholder	研究了海面漂浮目标的散射问题
2007	Çolak 与 Burkholder 等	提出了多重扫描矩量法用来分析海面与上方目标复合散射
2008	Bourlier 等	提出了 PILE 与 FBSA 的方法求解粗糙面与下方目标的复合散射

续表

年份	研究人员或机构	研究内容
2008	Kubické 等	提出了 EPILE 与 FBSA 的方法求解粗糙面与上方目标的复合散射
2011	Kubické 与 Bourlie	提出了 EPILE 与 FBSA 及 PO2 的混合方法求解海上目标与海面存在二面角效应的复合散射
2011	Baussard 等	利用 PO 与 MEC 求解目标与海面复合散射
2011	Isleifson 等	利用 FVTD 计算了多层介质环境与其中目标复合散射
2011	Alavikia 等	提出了用有限元及表面积分方程求解到体面下柱形目标的复合散射
2012	Bakr 等	提出了一种基于 SIE 的混合近似建模方法,分析了低频情况下海面与其下方目标的复合散射
2013	Ozgun 等	提出了蒙特·卡洛法与特征基函数相结合的混合方法计算紧贴粗糙面或粗糙面上方目标与环境的复合散射
2013	Ozgun 等	提出了一种介质变换模型来加速复合散射计算
2013	Sharkawy 等	提出了 TS/S 与 FDFD 的混合方法,计算了连续随机介质中任意形状目标的复合散射
2014	Kubické 等	提出了 EPILE＋FBSA 与自适应交叉积分相结合的方法,用于求解海面与目标的复合散射
2014	Nasr 等	利用多反射模型求解环境内圆柱体与环境复合散射
2015	Bellez 等	提出了 KA‑EFIE 混合方法,计算了环境和下方目标的复合散射,并采用了 PILE‑ACA 加速技术

3. 布儒斯特效应研究

布儒斯特效应最早由英国物理学家布儒斯特于 1815 年在光学领域发现,当入射角为特定入射角时,反射光才为线偏振光。而在电磁学中一些学者发现用一个宽波束照射两种介质的交界水平面,反射波束有一个零点,而这个零点对应的是以布儒斯特角入射的垂直极化波。因此,电磁学中布儒斯特角定义为垂直极化波镜面反射系数达到最小值时的入射角。国外学者在研究粗糙面散射问题时发现,粗糙度一定的粗糙面散射同样存在布儒斯特角,但是较平面散射计算公式得出的布儒斯特角会有一定偏移。

Saillard 和 Maystre 在通过数值方法针对一维粗糙面的散射特性研究中发现,相比于水平面,粗糙面的布儒斯特角存在一定的偏移。Jean-Jacques Greffet 和 Saillard 针对这一现象通过解析法,采用拟合的方式给出了布儒斯特角的偏移与粗糙面均二次方根高度和相关长度的关系。Christophe Baylard 和 Jean-Jacques Greffet 又将这一问题延伸到二维粗糙面中,指出二维粗糙面的均二次方根高度和相关长度对布儒斯特角也有影响。在此基础上,

T-Kawanishi 和 H-Ogura 等采用解析方法研究二维粗糙面,给出了粗糙面的布儒斯特角估算公式。之后,Dennis B. Triana 和 A. Khenchaf 在研究海洋面的低掠入射时,分析了入射频率、海水介电常数与布儒斯特角的关系,并给出了布儒斯特角附近的海洋粗糙面的散射特性。R. J. Burkholder 和 P. Janpugdee 等在研究目标与海洋粗糙面耦合问题时,认为布儒斯特角对于目标的雷达探测有明显的实践意义。近几年,Laura I. Thomson, Gordom R. Osinski 和 Ian McMichael 等还通过布儒斯特角的测量,估算出了介质粗糙面介电常数,将该项研究推向了应用领域。

总之,布儒斯特效应与目标-环境耦合散射特性关系密切。利用布儒斯特效应,可有效减小目标-环境耦合散射,这为布儒斯特角抑制多径提供了理论依据。

1.2.2 国内研究现状

粗糙面与目标复合散射研究,最大的问题在于巨大的计算量和存储量,尤其针对大范围粗糙面上电大尺寸复杂目标的散射问题,研究快速、有效的新型算法势在必行。国内有关高校、研究院所及专业学会对粗糙面与目标复合散射问题的研究也取得了丰硕的成果。

1. 远场散射特性研究

(1)复旦大学:利用广义前后向算法研究掠入射时一维动态分形粗糙面和舰船目标的双站散射;采用广义前后向迭代法结合谱加速算法计算掠入射时一维海面与舰船目标的散射;用前后向迭代法与共轭梯度法分析一维粗糙面上方目标的散射;用基尔霍夫近似与共轭梯度法分析一维粗糙面与目标、二维粗糙面与目标的散射;利用 FEM 有限单元法研究一维海面及其上飞行目标的双站散射;用 FDTD(时域有限差分法)分析二维粗糙面上目标的散射;运用双向射线追踪法研究二维粗糙面上方电大目标的散射;应用有限元区域分解法研究一维海面及上飞行目标的散射;应用双向射线追踪法研究大型目标与背景的静态复合散射。

(2)西安电子科技大学:用 MOM(矩量)研究了一维随机粗糙地海面与上方目标的复合电磁散射;用并行 FDTD 计算分层粗糙面上目标的复合散射;引入互易性原理结合高频算法分析了目标与目标之间、粗糙面与其上方球形目标和平板目标的复合电磁散射特性;提出了改进的半确定面元方法用于求解环境散射,并重点分析了海面多普勒谱随海洋参数的变化;利用小斜率近似方法分析了地海环境散射系数随参数的变化规律。

(3)东南大学:研制具有自主知识产权的高频电磁散射国家代码(NESC)软件和精确全波电磁仿真软件(FASTEM),可对飞机、汽车、坦克等军用目标进行快速、精确的电磁仿真。其中 NESC 代码基于与 Xpatch 相同的核心算法——弹跳射线法,引入多种技术手段,使改进后的算法可处理典型地面场景中目标与环境的复合散射。

(4)北京航空航天大学:分析了时变海面目标的雷达散射建模、仿真和散射机理;研究了二维粗糙海面的时变复反射系数模型以及舰船目标电磁散射计算的高频渐近方法;建立了时变海面运动目标的多径散射现象学模型;分析了时变海面活动舰船目标的散射。

(5)空军工程大学:运用迭代法求解了一维粗糙面与目标复合模型、二维粗糙面上方及下方目标复合模型散射的快速数值算法,计算了海面上方巡航导弹、弹道导弹发射阶段的散射;研究了粗糙面上半埋金属目标的散射特性,计算了海面上舰船目标散射特性,分析了入射方向、海面风速及风向变化对散射的影响;基于物理光学法、弹跳射线法和等效电流法,计算了海面上电大尺寸目标散射;基于自适应迭代物理光学法与等效电流法,计算了海面上电大尺寸目标的散射。

（6）其他：兵器工业总公司采用飞鱼导弹测高仪，研究了海面后向散射及提高探测概率；引进了"红土地"精确制导炮弹、"道尔"导弹和 NF－2000M 导弹，研究了不同地/海表面的散射特性及散射与距离的变化规律。安徽大学应用小波矩量法及时域多分辨分析计算了目标与粗糙面散射。武汉大学应用目标和粗糙面的多次散射研究了粗糙面上方平板的散射。

国内典型目标–环境电磁复合散射研究进展见表1－2。

表1－2　国内典型目标–环境电磁复合散射研究进展

序号	研究团队	研究内容
1	武汉大学 朱国强	1998 年计算了平板与正弦型组合粗糙面的电磁波复合散射；1999 年研究了导体条带与周期粗糙面对电磁波的复合散射；2000 年研究了平板目标与随机粗糙面对电磁波的复合散射；2007 年提出了 MOM 与 PO 并联合 UV 方法计算目标环境复合散射；2010 年提出了二维粗糙面与三维目标复合电磁散射的三维多层 UV 方法；2012 年研究了二维介质粗糙面与下方目标复合散射
2	东南大学 崔铁军	1998 年推导了位于分层介质中任意定向点偶极子所激发电场的表达式，并计算了介质中目标与环境复合散射；2000 年以来开发了片元高频渐近技术（HFAM）软件、NESC 目标特性国家代码以及 FASTEM 电磁散射精确仿真软件；2004 年采用半空间格林函数计算了粗糙面上方目标环境复合散射
3	西安电子科技大学 郭立新 吴振森 张民	2000 年以来采用解析、数值及混合等算法对目标及其与粗糙面复合散射问题进行了相关研究，取得了一些结论与阶段性成果，工作集中体现在《随机粗糙面散射的基本理论与方法》《海面目标雷达散射特性与电磁成像》《典型地面环境雷达散射特性与电磁成像》等专著中
4	复旦大学 金亚秋	2003 年以来采用解析、数值及混合等时频域算法对目标及其与粗糙面复合散射问题进行了相关研究，编写了《随机粗糙面与目标复合散射数值模拟理论和方法》，该书对其课题组近年来在粗糙面及其目标复合散射方面的相关研究与成果进行了系统的归纳与总结
5	北京理工大学 盛新庆	2010 年提出了基尔霍夫近似结合多层快速多极子技术研究一维介质粗糙面与上方目标的后向散射
6	中国电波传播研究所 康士峰	2004 年应用矩量法研究了介质粗糙面与其上方二维目标的散射回波特征
7	延安大学 任新成	2012 年采用 FDTD 计算了雪层覆盖的粗糙面与矩形柱面复合散射；2012 年计算了一维带限 Weierstrass 分形分层地面与矩形截面目标复合散射；2015 年采用 KA-MOM 混合方法研究了海面与双矩形截面目标复合散射；2017 年采用 FDTD 计算了雪层覆盖土壤与半埋体的宽带复合散射；2017 年基于 Topp 方程模型，采用 FDTD 计算了大地土壤与浅埋目标宽带复合散射

序号	研究团队	研究内容
8	航天八院 梁子长、王晓冰	2009 年采用降秩电磁流迭代法计算了金属平板目标与粗糙面间复合电磁散射,其结果与快速多极子方法的结果吻合较好;2012 年利用快速远场近似加速电磁流迭代分析了目标与水面复合散射
9	电子科技大学 赵志钦、杨伟	2011 年采用 KA-MLFMA 对目标与介质粗糙面复合散射进行了计算;2012 年采用前后向 IPO 计算分析了海面散射;2012 年采用高频近似方法对海面多普勒特性进行了分析;2015 年采用双迭代模型对目标环境复合散射进行了计算
10	空军工程大学 童创明	采用部分解析、数值及混合等算法对目标及其与粗糙面复合散射问题进行相关研究,取得了一些结论与阶段性成果;2010 年出版的《计算电磁学快速方法》和 2013 年出版的《复杂背景中雷达目标电磁散射特性仿真理论与方法》对目标与环境电磁散射仿真理论与方法进行了相关总结

2.近场散射特性研究

目前,我国在开发近场电磁特性计算代码的需求尤为迫切。

(1)航天八院开展大量近场超低空目标与地/海面背景复合散射的动态建模与测量研究,建立了目标近场散射高频仿真模型,目标处于非平面波照射的近场区,且多数情况为局部照射,散射信号相位关系复杂,出现较大起伏和闪烁,目标呈现的有效 RCS 变化大,同时随距离变化显著。

(2)中国空空导弹研究院提出了基于面元法思想,利用 PO 与 MEC 等交往电流法相结合的高频近似方法计算近场电磁散射特性,该方法既能够有效减少奇异点计算的运算量,又能保证计算精度。

(3)空军雷达预警学院利用电磁场积分方程结合矩量法分析了涂层目标近场电磁散射特性,给出了广义雷达散射截面的定义,分析了该类目标近场电磁散射特性的特点。

(4)南京理工大学研究了弹目交会过程中目标表面建模、目标近场电磁散射特性计算和多普勒回波信号分析等问题;计算目标近场电磁散射特性时考虑了引信近场体目标效应和局部照射。

(5)西北工业大学采用 NURBS 精确建模,结合目标几何体的近场透视变换和 Z - Buffer 技术实现近场散射计算;推导了一种利用单频连续波作为发射信号,采取近场平面扫描方法获取散射数据进而成像的方法;提出了一种球面波照射下获得飞行器类目标近场推远场的算法。

(6)空军工程大学从磁场积分方程出发,结合图形电磁计算,经坐标转换,快速识别对单元产生复合的区域,考虑近区目标的多重散射,将近场图形电磁计算方法从物理光学方法扩展到迭代物理光学方法。

(7)武汉大学开发的高频可视化预估系统能够对目标的近场散射强度分布、角闪烁等进行仿真计算。

(8)华中师范大学建立了用物理光学计算复杂目标近区散射特性的理论模型,用像素法及其面片法计算典型形状复杂目标近区 RCS 特性;采用矩量法对涂层目标与介质目标的近场散射特性进行了分析与计算。

(9)西安机电信息技术研究所采用三角面元拟合目标,以 8-buffer 算法实现遮挡消隐,使用等效电磁流、物理绕射理论等计算各面元的场,以体目标形式计算散射总场,并分析了目标回波信号及多普勒频谱特性。

(10)西安电子科技大学研究了引信波束对复杂目标在近场交会过程中的散射特性计算方法。

3. 布儒斯特效应研究

现阶段,国内针对粗糙面的布儒斯特角的研究较少,缺乏针对性。

刘历博等人在计算粗糙面的散射特性时,虽指出布儒斯特角附近的 VV 极化的散射系数要远小于 HH 极化,但并未进行深入的分析。任子西等通过经验公式和解析法,给出了海洋、土壤粗糙面在布儒斯特角附近的散射特性。齐国雷等运用 FDTD 数值算法,计算粗糙面散射特性,指出在布儒斯特角附近散射系数处于波动状态,不是简单的单调增减。綦鑫等针对目标与粗糙面耦合问题进行研究,认为布儒斯特角对散射特性的影响仍十分明显,这为粗糙面上的目标探测提供了参考。根据这一特性,杨选春等设计出超低空高抛弹道,有效抑制了环境的镜像干扰,有较大的借鉴意义。

1.2.3　国内外研究对比

目标与环境复合散射研究,最大的问题在于巨大的计算量和存储量,尤其针对大范围粗糙面上电大尺寸复杂目标的散射问题,研究快速、有效的新型算法势在必行。国外专家学者与公司(特别是美军方)支持开发了实际应用广泛的远、近场散射仿真软件;国内在经典粗糙面与目标复合电磁散射的研究中,粗糙面和目标的散射往往是分开且孤立进行的,目标和粗糙面的近场作用考虑不多。

目标与环境电磁复合特性研究现状的对比见表 1-3。

表 1-3　目标与环境电磁复合特性研究现状的对比

内容	国际研究现状	国内研究现状	国内研究不足
远场散射	美军方支持较早地开展了远场 RCS 的理论和实验研究:研制了基于多层快速多极子方法全波数值方法软件 FISC,基于弹跳射线法的高频方法软件 Xpatch,且实际应用广	国内学者专家、研究院所及专业学会对粗糙面与目标复合散射广泛研究,出版多部专著,研制高频 NESC 软件,研究环境及目标复合散射的解析、数值及混合等时频域算法	仿真软件研制有一定差距;相关研究理论与实验成果较多,实际应用很少

内容	国际研究现状	国内研究现状	国内研究不足
近场散射	美国开发了近场散射仿真软件 NcPTD 及 Cpatch,瑞典的基于几何光学的雷达近炸引信模型、俄罗斯复杂目标的近场特性测试和建模、法国的近场 RCS 等效算法等	国内学者专家、研究院所及专业学会开展近场超低空目标及其与环境复合散射的动态建模与测量研究,分析近场散射强度分布、角闪烁和多普勒谱等	因国外电磁仿真软件对我国禁运,自主开发高性能的目标近场电磁特性计算代码尤为迫切

1.3 超低空雷达回波信号生成及信号处理方法

1.3.1 国外研究现状

国外的研究一开始集中在探求超低空目标回波。目前的大多数研究主要考虑中高空目标探测,此时地/海环境对目标探测的影响微弱,而对超低空目标探测方面的研究主要包括机载/星载和弹载雷达平台(雷达导引头等)。雷达导引头超低空探测仿真框图如图 1.4 所示,其中目标和杂波模型由 ARA 公司完成,先进的联合效能评估模型和战场可视化由 SAIC 公司完成,弹道模型、防空导弹雷达导引头系统仿真和目标瞄准点选择由美国波音公司完成。美国波音公司的 DREAMS(Design and Rapid Evolution of Airborne Munitions Systems,机载弹药设计与快速优化系统)仿真环境用于产生导弹的弹道。导弹数据根据一定的几何学方法用于计算目标和杂波模型,模拟目标的高分辨距离像,之后用于计算瞄准点选择和起爆时间。弹道和瞄准点选择数据用于对爆炸碎片的评价和可视化。

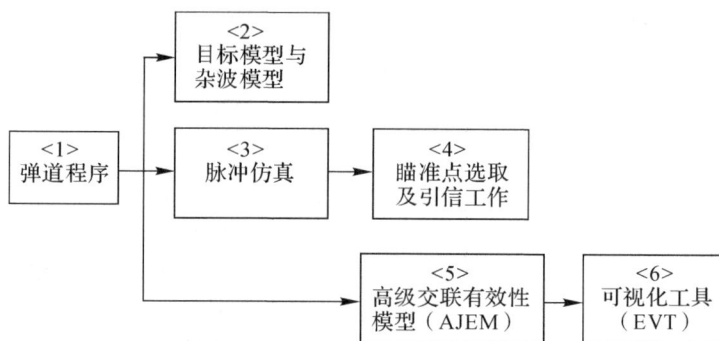

模块<5><6>由ARM公司提供;
模块<2>由SAIC公司提供;
模块<1><3><4>由波音公司提供

图 1.4 雷达导引头超低空探测仿真框图

1. 超低空雷达回波建模与特性规律研究

(1)多径特性建模及多径抑制技术。20 世纪 70 年代,国外的研究关注超低空回波模型的建立以及多径信号的抑制,Barton 等从超低空跟踪问题的本质——镜面反射和漫反射构成的多径回波出发,建立了超低空跟踪的多径模型。同时,在常规方法的基础上,Peebles 等进一步发展出了复角单脉冲法,改善了测角误差。20 世纪 80 年代至今,关于超低空的研究仍然集中在对多径的抑制上。这个时期的工作,主要是基于阵列雷达,提出了一些新的模型和新的算法,如 Haykin 等利用高分辨算法来区分目标与镜像,Bosse 则进一步完善了多径模型,Andrei 等分别给出了确定性信号模型和阵列雷达超低空回波的电磁学仿真模型,其中利用多径回波的两波束技术测高方法也是这段时间发展出来的。当前的研究热点仍然是阵列中如何抑制多径,提高俯仰角的测量精度并将稳定跟踪扩展到更低俯仰角。

总结目前多径效应抑制技术的研究成果,可得到一个结论:低空情况下,在时域、频域、空域(波束域)甚至小波基构造的空间或高维子空间都很难直接对相干性很高的多径与直接回波进行区分。因为相干信号进入接收机时已经叠加在一起,如果低空雷达各个维度上的高分辨率未达到将多径与直达波完全分开的程度,当多径与直达波反相时,则信号对消,后端的检测与测量性能就很难得到保证。这也是迄今为止,诸多低空多径效应抑制技术远未能达到对超低空飞行目标稳定地进行检测与跟踪的本质原因。

(2)杂波统计特性建模与特性规律。雷达杂波是来自雷达分辨单元内的许多散射体回波的矢量和,将杂波理解为与地/海面随机形态相关的一种随机过程,通常用杂波幅度的概率模型来描述。总体来说,虽然建立了基于随机过程统计理论的实验模型,但其缺点是模型被简化处理和经验性分析,不具有真实场景的针对性。杂波特性规律研究是进行杂波抑制的基础。雷达下视工作时,来自不同空间方向的地/海杂波的多普勒频率各不相同,杂波多普勒谱大大扩展,导致严重的多普勒模糊,且近场杂波非平稳特性非常严重。

国外杂波建模与特性规律研究研究进展见表 1-4。

表 1-4　国外杂波建模与特性规律研究研究进展

理论	年份	研究人员或单位	研究内容
杂波统计建模	1951	美国学者 Kerr	给出了当风速较小时,树林的回波功率接近瑞利分布,当风速较大时,接近莱斯分布
	1963	瑞典学者 Linell	根据采集的农田和森林的杂波数据进行拟合,得出了采用韦布尔分布更加复合统计特性和规律
	1967	美国 Naval 实验室	通过录取地杂波数据并进行统计分析得出杂波幅度分布复合瑞利和莱斯分布的结论
	1975	美国佐治亚技术研究所	对多种地物类型的杂波时间统计分布进行了分析,得到落叶数目杂波幅度分布大多符合对数正态分布的特点
	1981	美国学者 Ward	建立了 K 分布模型,用来模拟杂波统计分布
	1991	美国麻省理工学院林肯实验室	给出了不同地形下杂波复合统计分布规律,并指出在某些入射条件下杂波分布有从韦布尔分布向瑞利分布过渡的趋势

理论	年份	研究人员或单位	研究内容
杂波统计建模	1994	美国学者Anastassopoulos 等	建立了复合高斯分布模拟海杂波统计分布
杂波特性规律	1998	美国麻省理工学院林肯实验室	提出了多普勒翘曲法,在多普勒域补偿了主瓣杂波距离相关性
	2000	美国加州大学	提出了空时内插法,将各距离单元杂波数据变换到参考距离单元的杂波子空间,从而消除杂波距离相关性
	2002	美国空军研究实验室	提出了角度-多普勒补偿法,在角度和多普勒同时对训练数据进行了校正补偿,减轻了双基配置引起的杂波谱中心扩散
	2003	美国佐治亚技术研究所	提出了自适应角度-多普勒补偿法,处理前先估计出各距离单元的杂波谱中心,再将谱中心对齐
	2006	新加坡南洋理工大学	提出了逆协方差非线性预测法(PICM),通过对逆杂波协方差矩阵进行非线性预测,实现了对杂波距离相关性补偿

2. 信号自适应处理方法研究

信号自适应处理方法是当前雷达信号处理的前沿理论方法,目前正由基础理论转向应用的关键技术突破。然而,高动态强杂波背景下雷达面临回波信号距离与多普勒及空间模糊并存、系统训练样本不足、超低空目标检测困难等,通过研究"空时频"及多维联合域自适应信号处理方法,探索基于动态回波数据的杂波目标-环境感知与预测方法,提高超低空目标的检测性能。

美军具备对低空巡航导弹拦截能力的PAC-3导弹,一方面通过距离高分辨模式分散杂波的能量,同时也可以实现对目标进行成像;另一方面采取相应的杂波抑制技术,提高目标的信杂比。图1.5为PAC-3对低空目标探测中采取杂波抑制技术前后的对比图。由图1.5可见,采取杂波抑制技术后明显提高了目标的信杂比。PAC-3上采取的杂波抑制技术涉及发射波形设计、接收滤波器的优化设计和CPI(Coherent Processing Interval,相干处理间隔)信号处理技术的综合应用,实现目标信号的信杂比满足检测要求。如图1.6所示,通过对接收脉冲加权抑制地杂波的影响,加权的作用是在信号频域上增加一个凹槽来对主瓣杂波进行抑制。

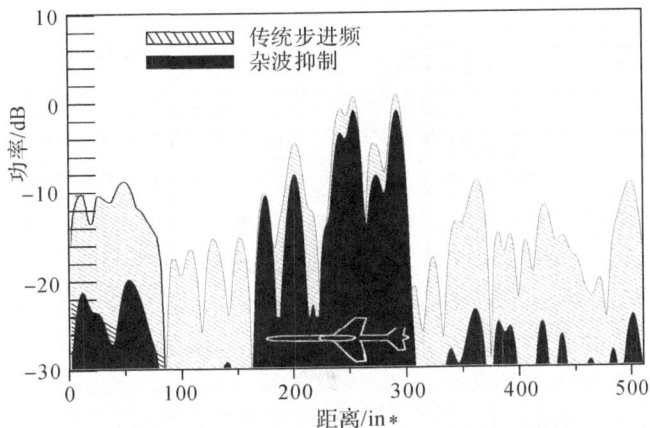

图 1.5　PAC-3 导弹杂波下的低空目标检测

* 1in＝2.54cm。

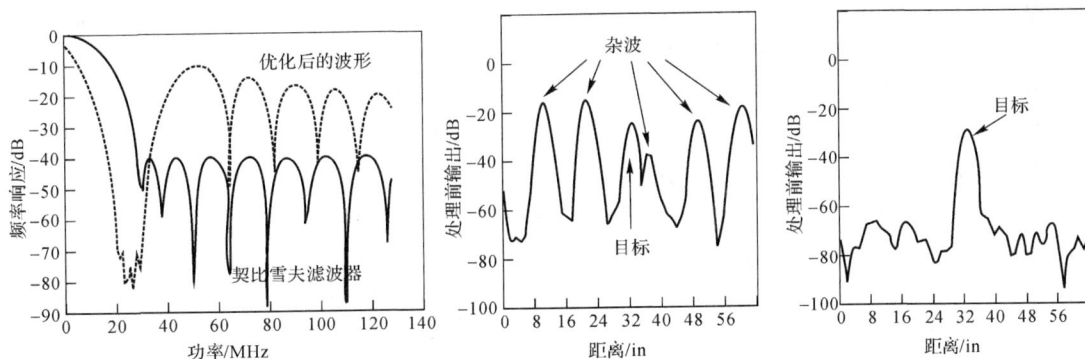

图 1.6　杂波抑制方法

国外空时频自适应处理方法研究进展见表 1－5。

表 1－5　国外空时频自适应处理方法研究进展

年份	研究单位	研究内容
2008	美国杜克大学	开发了 MIMO-STAP 实验系统,采用 MIMO-STAP 处理多普勒扩展的杂波,实现了 30dB 的抑制
2008	美国加州工学院	提出了杂波子空间估计方法,利用几何特性及干扰协方差矩阵的特殊结构,相比全域自适应结构显著降低复杂度
2009	美国杜克大学	利用发射/接收天线方向谱来分析杂波特性,给出了适用于仿真和实验中的杂波秩的估计方法
2009	英国约克大学	提出了基于知识辅助的 MIMO-STAP 方法,对自适应滤波器迭代优化,通过线性约束将场景先验知识包含至 STAP 设计

3.宽带检测技术研究

信号带宽变宽,或者采用频率分集技术,可从根本上降低回波信号对消的概率,稳定接收机的回波能量,是一种提高低空检测与跟踪性能的有效手段。反电子侦察和电子干扰的需求,目标识别对高距离分辨率的需求,不断推动着宽带雷达技术的发展。国外已研制成功多种高性能宽带雷达,并早已装备使用,其中以美国和俄罗斯研制的宽带雷达处于世界领先水平。以美国为例,林肯实验室在美国宽带雷达系统的发展中扮演了重要角色,弹道导弹防御和卫星情报侦察的需求,有力地推动了其高功率宽带测量雷达的发展。美国研制的用于空间探测的相控阵雷达"丹麦眼镜蛇",工作在 L 波段,带宽为 200MHz;美国部署在 NMD系统中的 XBR 雷达,工作在 X 波段,带宽达到 1GHz;美国部署在太平洋 Kwajalein Atoll 的毫米波宽带试验雷达可在 Ka 波段和 W 波段发射瞬时带宽达 2GHz 的信号,汉明窗加窗后距离分辨率可达 0.14m,同时这里也是美国多年来最前沿和最重要的宽带雷达研究中心。防御雷达系统的主要目的是拦截和毁灭威胁目标,但雷达视野中会出现许多伪目标,Kevin M. 等给出的典型弹道导弹防御环境中的假弹,其 RCS 与弹头相仿,窄带雷达虽具跟踪能力和粗糙的运动估计能力,但无法辨识威胁目标,而宽带雷达中基于实时距离-多普勒成像以及高距离分辨率,可进行精确的尺度-形状估计和目标识别,从而正确寻的。正是类似的需求推动了宽带雷达研究。今天的宽带高功率成像雷达已经可以做到对目标的实时区分以及目标识别,各种高级信号处理技术更进一步推动了宽带雷达的发展。

对于宽带雷达检测,早在 20 世纪 70 年代,国外就开始了这方面的研究。宽带情况下,杂波中的目标信号积累检测与噪声中的目标信号积累检测不同。杂波中检测目标,首先应考虑杂波抑制,利用杂波与目标信号能量分布的空间可分性,抑制杂波能量后,再检测目标信号的有无。比如利用杂波与目标多普勒的不同,抑制杂波后检测目标即为传统的 MTD雷达动目标显示方法。E. Conte 等在已知杂波分布概率密度函数的条件下,基于不同程度的目标先验信息以及各分辨单元的联合概率密度函数,研究了宽带雷达杂波向量中目标信号的 Netna-Pearson 检测和 GLRT 检测方法(广义似然比法)。另外,T. Lo 等将高阶分形特征用于宽带雷达信号的分析,提取出用于区分目标和杂波的新的分形特征——缝隙尺度变化率,利用缝隙特征进行雷达目标的检测,可以取得比采用分维值检测更高的准确率。对于白噪声基底上的扩展目标检测,G. Karl 提出了 SSD-GLRT 检测方法,该方法基于 GLRT理论,对高分辨目标的空域散射密度用二项式分布来描述,推导了检测方法。但扩展目标回波的空域散射密度常常偏离二项式分布,此时该方法的检测性能并没有明显提高。

4.目标跟踪技术研究

从现有文献上看,专门研究超低空目标跟踪技术的很少,这是由于超低空目标的俯仰角测量偏差和尖峰都带有很大的确定性误差,通常的跟踪技术不适用。虽然由于杂波和热噪声等的影响,也存在一定的随机噪声分量叠加在确定性误差上,但它们对测量结果的影响是次要的。总体来看,国外针对机动目标定位与跟踪方法的研究起步很早,许多专家、学者进行了相当深入的研究探索。国外目标跟踪技术研究进展见表 1-6。

表 1-6　国外目标跟踪技术研究进展

年份	研究单位	研究内容
1970	美国休斯飞机公司	提出了用随机过程描述机动的方法,建立了机动目标跟踪模型,将其应用于多种滤波器

续表

年份	研究单位	研究内容
1973	美国康奈尔大学	将机动视为瞬时事件,用简单 Kalman 滤波与两个 Kalman 滤波加权和交互使用,实现了非机动和机动目标数据的滤波
1994	美国康涅狄格大学	提出了应用 IMM(交互式多模型)滤波框架进行雷达低空目标航迹滤波技术,能在一定滤波延时的条件下,消除多径衰落时的测量尖峰
1996	美国水面作战中心	研究了利用 IMM 滤波器对多传感器机动目标跟踪信息进行处理时的情况
1997	美国怀特研究与发展中心	提出了自适应 IMM 研究目标跟踪,并比较与传统 IMM 在跟踪性能上的差异

1.3.2　国内研究现状

超低空目标探测是雷达界的四大难题之一,第二次世界大战以来,雷达界一直都在进行着探索和研究,发明了很多方法,但直至今天也未能解决好此问题。该领域的研究情况各国都高度保密,相关技术参考资料较难获取。国内开展低空目标探测研究,从公开文献来看,大致始于 20 世纪 90 年代几场局部战争,从认识超低空目标探测研究重要性,分析常规雷达超低空探测面临的问题并提出一些补救措施,发展到吸收借鉴国外一些超低空模型,因此,国内对超低空探测研究还处在一个相对较低的水平。

1. 超低空雷达回波建模与特性规律研究

多径特性建模及多径抑制技术。杨世海等对多径条件下的非闪烁目标和瑞利目标采用频率分集检测,研究了一种多径条件下测量俯仰角的经典方法——复角单脉冲法,并在固定偏差补偿法的基础上提出一种称为联合相位的动态偏差补偿技术,对低仰角跟踪轨迹进行校正,并在仿真软件中做了性能仿真;范志杰等在宽带雷达的距离分辨率能够达到分离多径延迟分量的条件下,利用回波采样序列的自相关检测了多径分量延迟,再利用天线高度和目标距离,求出了低空目标高度。总的来讲,国防科学技术大学、北京理工大学、西安电子科技大学、中电集团研究所等单位都在开展超低空目标探测研究,获得了可喜的成绩,但研究的超低空目标虽然俯仰角仅几度,但目标高度在雷达直视距离内还比较高(数千米高度),对多径抑制的研究还不够深入。

杂波特性建模与特性规律研究,包括杂波散射机理建模、杂波统计特性建模和基于阵元信号的杂波建模。其中,杂波散射机理建模是针对地杂波,与海面不同,由于地形复杂多变及地表植被散射特性的多样化,地杂波特性十分复杂,通过建立适合于复杂地形的杂波散射机理经验模型,对杂波散射机理建模方法进行了分析研究;杂波统计特性建模是针对不同场景、不同背景以及不同特性条件下的地/海杂波建模,其对应的统计特性建模方法已成体系,并基于已有的建模方法进行了改进和融合;基于阵元信号的杂波建模是针对不同背景、不同雷达平台和不同雷达体制条件下的杂波进行建模,同时对各种因素对杂波特性的影响进行了分析。

国内杂波建模与杂波特性规律研究进展见表 1-7。

表 1－7　国内杂波建模与杂波特性规律研究进展

理论	年份	研究人员	研究内容
杂波散射机理建模	2000	空军预警学院彭世蕤	提出了修正的地杂波反射率模型,修正了 Morchin 模型误差,分析了地/海杂波反射率特性
	2000	西安交通大学梁志恒	提出了地面环境杂波回波建模方法,将计算公式中参数分类,事先存储计算量较大面积单元,杂波实时建模
	2005	北京理工大学冯胜	提出了低入射余角下雷达地杂波反射率模型,综合考虑了雷达频率、地形种类和入射余角等对地杂波的影响
	2007	空军工程大学曹学斌	提出了地面雷达环境杂波回波建模方法,对相干视频信号和地杂波散射特性进行了研究,建立了地杂波 RCS 模型
	2007	空军雷达学院皇甫流成	提出了慢动体杂波的建模方法,考虑杂波强度、多普勒频率、谱线展宽及线性调频因素,建立了云雨杂波模型
	2010	南京理工大学杨利民	提出了基于子带合成的超宽带杂波建模方法,利用子带合成和广义平板模型进行了超宽带杂波建模
	2013	西安电子科技大学李建军	提出了沙漠场景地杂波反射建模方法,利用四种不同模型进行了沙漠地杂波雷达 RCS 建模
杂波统计特性建模	2004	国防科技大学张长隆	提出了线性调频脉冲压缩雷达杂波统计建模方法,利用 Weibull 分布模型描述了地杂波幅度和密度
	2006	国防科技大学杨俊岭	提出了相干非高斯分布杂波建模新方法,基于高斯序列乘积和产生自相关函数为任意复数的杂波序列
	2007	电子科技大学江朝抒	提出了波形综合机载雷达杂波建模方法,基于波形综合理论,可以控制杂波的时域幅度起伏和功率谱
	2009	空军预警学院张翼飞	提出了改进的 K 分布杂波模型,利用杂波实测数据,通过增加参数对 K 分布模型进行了改进
	2009	中国科学院电子研究所余慧	提出了一种 K 分布杂波参数估计的快速算法,运用样本算术平均和几何平均的高精度低运算量特性,进行了快速参数估计
	2009	电子科技大学谢灵巧	提出了广义复合分布杂波仿真建模方法,利用相关高斯序列和广义复合分布序列相关系数间的非线性关系,进行了杂波建模
基于阵元信号杂波建模	2007	清华大学李华	提出了空天混合双基杂波建模方法,分析了雷达几何关系,获得了杂波距离环解析解,并进行了杂波建模
	2001	空军雷达预警学院魏进武	提出了双基地机载预警雷达空时二维杂波建模方法,考虑了双基地雷达几何配置、雷达系统参数等因素的影响
	2006	国防科技大学吴洪	提出了双基机载雷达杂波建模方法,得出任意几何配置下,杂波谱对双基机载雷达探测距离和变化趋势的规律

续表

理论	年份	研究人员	研究内容
基于阵元信号杂波建模	2011	国防科技大学段克清	提出了火控雷达杂波建模方法,对方向图特性、杂波建模与抑制进行了分析
	2011	西安电子科技大学刘锦辉	提出了甚长基线双基机载雷达杂波建模方法,给出了杂波分布表达式,分析了杂波分布与系统配置和检测距离的关系
信号空时特性研究	2006	国防科技大学谢文冲	提出了非均匀杂波环境下STAP(二维自适应信号处理)杂波抑制方案,对功率非均匀现象采用训练样本加权法
	2007	国防科技大学吴洪	提出了结构化降维STAP方法,有较好的杂波非均匀处理能力
	2002	西安电子科技大学董瑞军	针对杂波非均匀特性,分析了各种非均匀现象的影响
	2004	西安电子科技大学王万林	提出了改进的辅助通道杂波抑制方法和实现方案,避免了主通道中目标信号的影响
	2009	西安电子科技大学李明	研究了机载雷达非正侧面阵,特别是前视阵情况下的杂波补偿技术
	2013	西安电子科技大学许京伟	分析了防空导弹雷达导引头地杂波特性,特别是复杂运动状态下的杂波空时分布形成

2. 信号自适应处理方法研究

国内针对机载雷达杂波的非均匀特性,进行了一系列的深入探索,减弱了非正侧视阵雷达的杂波距离依赖性,提高了杂波抑制性能。但对雷达导引头杂波,由于导弹速度快,在距离和多普勒存在严重模糊,近、远程杂波混在一起,导致传统信号处理方法不能应用。因此,清华大学、电子科技大学、西安电子科技大学、南京理工大学等单位的专家学者开展了大量的研究工作,提出了新的杂波空时频多维域方法,但是宽带信号处理技术远未成熟。

国内信号空时频处理方法研究进展见表1-8。

表 1－8 国内信号空时频处理方法研究进展

年份	研究人员	研究内容
2010	西安电子科技大学向聪	研究了3位空时自适应处理方法,并进一步提出了空时两级降维准最优技术
2011	空军工程大学张西川	从信号与阵元空间变换的数学角度构建了发射波形合成模型,研究了发射波形合成与杂波统一模型间的关系;提出了一种杂波自由度快速估计准则,利用波形合成结构直接构造等效矩阵来代替杂波协方差矩阵进行求秩

年份	研究人员	研究内容
2011	西安电子科技大学吕晖	通过多普勒滤波对杂波信号进行时域降维处理,利用双迭代算法对收发权值进行了交替优化;通过选取检测单元周围若干个三维波束,并根据线性约束最小方差准则进行了联合自适应处理
2011	西安电子科技大学和洁	提出了一种机载雷达三维空时自适应相关域降维算法,显著降低三维STAP运算量,弱化了对样本数目的要求
2011	西安电子科技大学李彩彩	提出了基于时域平滑的两级级联降维STAP方法,克服了直接数据空域时孔径损失大、误差鲁棒性差等缺点
2011	西安电子科技大学王洪洋	对于高斯杂波,通过优化发射波形,最大化输出信噪比,从而最大化检测概率

3. 宽带检测技术研究

针对宽带雷达的特点,国内研究者在宽带雷达目标检测方面也做了大量的工作。陆林根等分析了宽带雷达如何产生距离像,介绍了白噪声背景下,信噪比较高时,用相邻相关法测量相邻周期距离走动,认为将距离像各分辨单元取模叠加可得到较好的检测性能。此后,一些学者又研究了 M/N 和模二次方等各种能量积累检测的方法,也有学者研究了 Karl Gerlach 提出的 SSD-GLRT 检测方法,通过对比,验证了脉间、脉内均采用滑窗非相干积累的检测方法具有较好的检测稳定性。由于宽带雷达目标散射点回波的随机性,可将目标回波看作是一组随机参量脉冲串,每个脉冲是目标上散射点的回波,其波形除时间、相位、幅度等为随机参量外,与发射信号具有相同的波形,因此从传统窄带最佳检测理论中的脉冲串信号检测方法出发,构造出了白噪声背景下,适合于宽带雷达目标检测的随机参量脉冲串检测(RPPT)方法。

对于宽带雷达多次脉冲检测,国内研究者也有涉足。贺知明等提出了非相干动目标指示(NMTI)方法,能够应用在高分辨率雷达中,利用目标信号的跨距离门走动,抵消掉同一距离门的杂波信号,起到抑制作用。姜正林等采用 keystone 方法对成像雷达中的越距离单元徙动进行了矫正。王俊等提出了一种基于距离拉伸和联合时频分析的包络系统补偿方法。张军等根据距离微分或多普勒信息估计出目标的运动参数来进行越距离单元的走动补偿,主要有最大相关法、谱峰跟踪法、最小熵方法、时频分析法以及包络差值位移补偿等方法,但存在的问题是,低信噪比条件下,由于目标运动参数很难估计,补偿性能有待提高。

4. 目标跟踪技术研究

雷达导引头超低空目标跟踪,面临积累时间短、目标积累困难等问题,需要对超低空目标形成航迹进行跟踪检测,提高目标检测概率;需要开展针对高动态强杂波背景下弹载平台复杂运动状态下的超低空运动目标检测,充分利用雷达"空时频"及多维联合域有效自由度,提高超低空目标探测与跟踪能力。

国内目标跟踪技术研究进展见表1-9。

表1-9 国内目标跟踪技术研究进展

年份	研究人员	研究内容
1992	海军工程学院余少波	利用神经网络,解决了航空雷达的多目标跟踪中目标数据关联问题
1997	南京电子技术研究所朱炳元	提出了非线性跟踪算法实现机动目标跟踪方法,该方法与Kalman滤波方法相比,运算量小,误差小
1998	电子科技大学郑容	使用子波变换方法,采取对原始测量和目标运动模型分解,在低信噪比下进行目标弱机动提取
2007	国防科技大学赵艳丽	提出了改进的快速航迹关联算法——多维概率数据关联,关联门相交区域中的回波对航迹更新的影响
2007	国防科技大学占荣辉	通过矩阵理论分析了目标机动可能引起的CRLB(Cramer-Rao Lower Bound,克拉美罗下界)突变的原因
2013	空军预警学院韩伟	提出了基于多普勒预测的卡尔曼滤波,将多普勒盲区先验信息扩展到卡尔曼滤波算法中

1.3.3 国内外研究对比

超低空目标探测是近年来雷达目标探测的前沿课题,国内外许多专家学者都进行了深入的研究探索,其研究现状对比见表1-10。

表1-10 国内外超低空目标探测研究现状对比

内容	国外研究现状	国内研究现状	国内研究不足
杂波建模与特性规律	利用高精度实验系统采集的杂波数据,提出了大量的杂波散射模型和杂波统计模型,能在特定条件下精准逼近真实杂波。针对杂波非均匀特性,研究了补偿方法,并提出了各类非均匀信号处理方法	对杂波散射特性和统计特性进行了研究,提出了具有一定物理意义且在不同雷达体制、波形条件下均能应用的杂波模型;针对杂波功率选择训练、非均匀检测器、直接数据域计算和距离相关补偿等,提出了许多新方法	杂波散射模型不适用所有环境,缺乏建模方法和模型的研究,现有的非均匀补偿方法仅能解决一种杂波非均匀现象,需要进一步研究杂波非均匀综合型补偿方法
信号自适应处理方法	解决了雷达系统误差、各通道频带不一致的补偿,提出了波形优化方法;提出了正交信号条件下杂波秩估计方法、基于杂波子空间和知识辅助的信号处理方法	提出了波束形成方法和优化模型设计方法;构建了发射波形合成模型,分析了其与杂波统一模型之间的关系,提出了三维自适应以及两级级联的降维信号处理方法	国内探索起步晚,提出的信号处理新方法以解决计算复杂度为主,针对超低空目标杂波抑制方法,仍需进一步深入研究

内容	国外研究现状	国内研究现状	国内研究不足
目标跟踪技术	利用卡尔曼滤波关联同一目标的多普勒和DOA(基于运动辐射源的到达方向),对目标持续跟踪,将空时信号处理技术引入目标跟踪,提出了大量基于MIMO(多输入/输出)体制目标定位跟踪方法	针对多目标跟踪问题,研究了机动目标非线性跟踪算法、低信噪比下弱机动目标、航迹相关算法及利用辅助信息的目标跟踪算法等	机动目标跟踪研究仍主要关注中高空目标,针对超低空目标的相关研究十分有限,针对目标跟踪方法的应用,仅做了一些相关实验,未能形成实用的系统

综上所述,目前,杂波和多径基本上是近似建模,而非精确物理建模,且单纯研究地/海杂波或多径干扰下机/星载雷达检测性能较多,而同时考虑地/海杂波和多径干扰对探测性能的影响进行分析不多见。因此,无论是理论研究还是实验测量,我国超低空目标探测能力与美国等发达国家差距巨大,相关基础研究亟待加强。

1.4 本书主要内容

本书是笔者及团队近年来部分研究成果的总结,主要包括以下几方面。

1. 目标-环境复合散射计算及布儒斯特效应研究

为了适应电大尺寸目标环境模型电磁计算的需要,以及反映出运动雷达平台与目标环境相对距离对电磁散射结果的影响,针对格林函数,对高频计算方法进行了改进,提出基于时-空-频域自适应剖分、多尺度散射场合成的动态快速算法,建立多尺度动态环境高精度散射模型。计算环境散射时采用双尺度模型,该方法具有不依赖大轮廓面元尺寸的优点,便于在雷达回波建模中的灵活划分。耦合散射计算采用弹跳射线(SBR),这个计算模型的物理意义清晰;为了能够满足雷达最小分辨力,该计算方法在已经剖分的目标环境面元基础上进行散射中心化的分割,这是为雷达回波建模做准备,但不会改变目标环境复合散射原有的散射计算结果。

2. 超低空雷达回波信号生成及信号处理方法研究

由于雷达探测目标获得回波信号的过程可以看作是一个信号传递系统,其输入为雷达发射信号,传递函数由目标与环境模型复合散射所产生,响应便是雷达接收的回波信号。该模型以雷达体制、功能模型及工作参数为基础,将计算对象进行空间分割得到等效散射中心单元,并将发射信号时间序列进行时间分解得到时间单元,计算各时间段内等效散射中心单元的时间响应函数并与发射信号时间单元进行卷积得到回波信号并进行叠加。各等效散射中心单元的传递函数是通过目标与环境复合散射计算方法得到的,因此其计算结果能够反映雷达发射信号各参数与散射体之间的关系。雷达发射信号波形直接决定了雷达对距离的最小分辨力,而空间分割等效散射中心单元的大小便是依据雷达最小分辨力确定的。空间分割的必要性还体现在运动雷达平台探测地海环境超低空目标时,雷达平台、目标、环境三者均处于运动状态,各部分相对运动产生的多普勒频率是变化的。由于雷达回波序列保留了目标环境模型中各部分的多普勒频率信息,因此雷达回波序列便能被雷达信号处理解算出各部分的相对速度。该回波模型采用了"四象限"天线接收的模式,这样能反映出检测到的合成目标信号与天线主波束的角度关系。

3. 超低空目标雷达探测回波综合仿真软件系统研制

该综合仿真软件系统包含目标与环境散射特性仿真、超低空雷达回波信号仿真、超低空目标雷达探测全程仿真、散射与回波信号显示等四部分功能模块。其中,雷达回波信号仿真是核心,能够实时产生雷达探测超低空目标环境回波序列,并经过雷达信号处理得到回波时频域特性,目标、多径、杂波及合成回波距离多普勒图,信杂比、信干比随扫描参数的变化。为了便于校验模型,散射与回波信号显示模块能够对模型进行可视化显示,并对模型进行基本的变换。根据环境的实际统计特性,采用随机粗糙面理论产生环境模型,并计算其散射系数。目标与环境散射特性模块能够通过设置收发雷达与目标环境距离、天线方向图,然后用远近场一体化高频计算方法计算 RCS 随角度、频率的变化。雷达超低空目标探测全程仿真,可以按照设定的条件,采用准静态法步进式计算运动轨迹上每一点的回波特性,最终得到信杂比、信干比随时间、角度变化的曲线。

第2章 目标电磁散射特性建模

目标电磁散射特性反映的是某种形状目标在电磁波照射下,表面感应出电磁流并产生二次辐射的特性。目标电磁散射特性是分析雷达系统中目标回波的基础,也是雷达系统分析目标检测规律、目标发现概率及跟踪制导的基础,会对武器系统对目标探测、拦截毁伤等诸多环节造成影响。

目标电磁散射特性的计算应当满足真实性、有效性的需求。能够用于目标电磁散射特性计算的方法种类繁多,主要包括基于经典电磁理论推导出的解析公式,基于离散分割、加权余量及一致性逼近等的数值计算方法,基于光学近似的高频计算方法,还有基于以上基本方法的混合型计算方法。解析公式是针对特定坐标系下规则形状目标采用经典电磁理论推导出的高精度计算模型,因为这些限制使得其适用性有限,往往作为其他方法的验模依据与参考;数值计算方法是伴随着矩阵分析与求解理论、目标几何建模与剖分理论、计算机技术的快速发展等而形成的适用性广、计算精度高的电磁计算方法,诸多电磁仿真软件均是基于该类方法开发的。然而,此类方法对于目标剖分离散的体面网格质量、基函数的选取要求非常高,这些对计算效率和准确性有着关键性的影响,此类方法的不足之处是非常耗时,不适合作为雷达回波建模中目标回波生成的基础算法;高频计算方法基于光学近似,将入射电磁波看作照射在目标上的一簇光线,进而将贡献较大的散射机理用计算公式表达出来,能够极大地减少电磁计算中的时间开销,同时能够保证一定的计算精度,这样非常有利于雷达目标回波建模。

本章主要介绍高频近似方法中的物理光学法(PO)及物理绕射法(PTD),并采用经典电磁理论推导出适用于天线与目标距离有限时的远近场一体化的高频近似方法,该计算方法的精度得到了实验结果的验证。最后利用该方法对目标电磁散射特性随雷达参数、目标参数的特性规律进行分析总结。

2.1 目标几何建模

目标几何建模的方法主要有图纸建模、照片反演、测试数据反演、数据交换和基于点云数据的三维几何重建技术。其中,图纸建模是出自模型原始设计阶段,这种建模方法相对容易;照片与测试数据反演需要借助测试数据,借助数据的特征从而实现目标的建模,这种方法的关键是要找到合适的数据处理方法;基于点云数据的几何重建是采用高精度测量设备获取现有目标几何外形数据,然后通过外形拟合函数实现几何模型的建立,因此该方法的计算精度高。

图 2.1 所示为几种典型目标的几何模型,后面各章节仿真算例中会用到,各以模型 1、

模型 2、模型 3、模型 4、模型 5 表示。

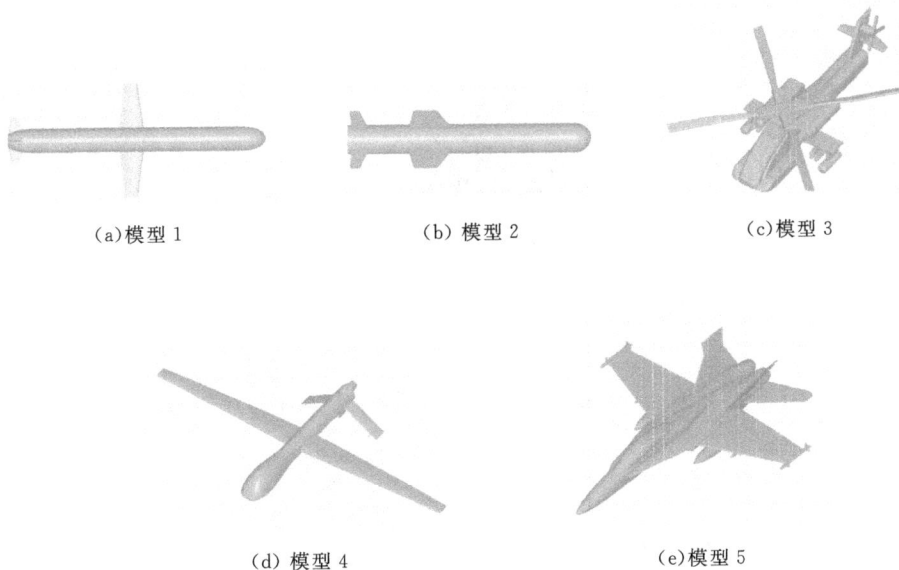

(a)模型 1　　　　　　　(b) 模型 2　　　　　　　(c)模型 3

(d) 模型 4　　　　　　　　(e)模型 5

图 2.1　典型目标几何模型

2.2　PO 计算方法

散射计算方法通常要对计算对象的三维模型进行剖分,剖分时的基本单元多采用三角面元,这样剖分出的模型能够较好地模拟目标表面。图 2.2 给出了一个球体模型的剖分结构,这样,计算三角面元上的电流分布便可以得到目标的散射。PO 计算方法假设各三角面元之间的耦合较弱而直接给出三角面元上的等效电流,参照数值方法,PO 计算方法本质上求得的是自感应电流而忽略了面元互耦合产生的电流。这种方法非常适用于电大凸结构,即表面比较光滑,曲率半径远大于电磁波波长。

图 2.2　球体模型剖分示意图

PO 计算方法从 Stratton-Chu 方程出发,计算照亮区域等效感应电流,并以感应物理光学电流为源计算散射场。图 2.3 为目标散射各个位置示意图。其中,r_s 表示照射雷达所处位置矢量,r_T 表示接收雷达所处位置矢量,r_C 表示目标模型表面剖分后一个面元中心的位置矢量。

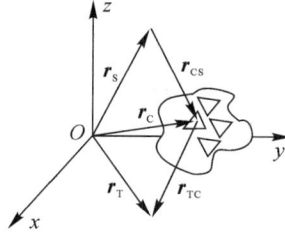

图 2.3　目标面元散射计算示意图

PO 计算方法中的感应电流可以表示为 $\boldsymbol{J}_{PO} = 2\hat{n} \times \boldsymbol{H}_i$,其中 $\boldsymbol{H}_i$ 为入射磁场,表达式为

$$\boldsymbol{H}_i = \hat{\boldsymbol{h}}_i \frac{\exp(-\mathrm{j}k_0|\boldsymbol{r}-\boldsymbol{r}_s|)}{|\boldsymbol{r}-\boldsymbol{r}_s|} \tag{2.1}$$

式中:$\hat{\boldsymbol{h}}_i$ 表示入射磁场的单位矢量;$\boldsymbol{r}$ 与 $\boldsymbol{r}_s$ 分别表示场点与源点位置矢量;$k_0 = 2\pi/\lambda$ 表示波数。那么由 $\boldsymbol{J}_{PO}$ 所产生的感应磁场可以表示为

$$\boldsymbol{H}_S(\boldsymbol{r}_T) = -\int_{\Delta s} \boldsymbol{J}_{PO}(\boldsymbol{r}') \times \nabla G(\boldsymbol{r}_T, \boldsymbol{r}') \mathrm{d}s' \tag{2.2}$$

式(2.2)的积分是在为小面元 Δs 上进行的,其中心为 $\boldsymbol{r}_C$,$G(\boldsymbol{r}_T, \boldsymbol{r}') = \exp(-\mathrm{j}k_0|\boldsymbol{r}_T-\boldsymbol{r}'|)/(4\pi|\boldsymbol{r}_T-\boldsymbol{r}'|)$ 为格林函数,$\nabla G(\boldsymbol{r}_T, \boldsymbol{r}')$ 表示格林函数对场点 $\boldsymbol{r}_T$ 的梯度,可以表示为

$$\nabla G(\boldsymbol{r}_T, \boldsymbol{r}') = -(\mathrm{j}k_0 + \frac{1}{|\boldsymbol{r}_T-\boldsymbol{r}'|})\hat{\boldsymbol{R}}_{TS} G(\boldsymbol{r}_T, \boldsymbol{r}') \tag{2.3}$$

式中:$\hat{\boldsymbol{R}}_{TS}$ 表示原点到目标中心单位方向向量。

这样,$\boldsymbol{H}_S(\boldsymbol{r}_T)$ 的计算式(2.2)就可以重新表示为

$$\boldsymbol{H}_S(\boldsymbol{r}_T) = -\frac{\mathrm{e}^{-[\mathrm{j}k_0\hat{\boldsymbol{k}}_i \cdot (\boldsymbol{r}_C-\boldsymbol{r}_s)+\mathrm{j}k_0\hat{\boldsymbol{k}}_s \cdot (\boldsymbol{r}_T-\boldsymbol{r}_C)]}}{4\pi} \times \int_{\Delta s} \frac{1}{|\boldsymbol{r}'-\boldsymbol{r}_s||\boldsymbol{r}'-\boldsymbol{r}_T|}(\mathrm{j}k_0 + \frac{1}{|\boldsymbol{r}'-\boldsymbol{r}_T|})$$
$$\hat{\boldsymbol{k}}_s \times (2\hat{\boldsymbol{n}} \times \hat{\boldsymbol{h}}_i)\mathrm{e}^{\mathrm{j}k_0(\hat{\boldsymbol{k}}_s-\hat{\boldsymbol{k}}_i) \cdot (\boldsymbol{r}'-\boldsymbol{r}_C)}\mathrm{d}s' \tag{2.4}$$

式中:$\hat{\boldsymbol{k}}_i$ 表示 $\boldsymbol{r}_C-\boldsymbol{r}_s$ 的单位矢量;$\hat{\boldsymbol{k}}_s$ 表示 $\boldsymbol{r}_T-\boldsymbol{r}_C$ 的单位矢量。

通常,远场散射应当满足远场条件 $r > 2D^2/\lambda$。r 为场点与参考点之间的距离,D 表示模型的最大尺寸,λ 为电磁波长。以 X 波段、5m 长尺寸大小的目标为例,当距离接近 5km 时,远场条件已经不能满足。然而,目标模型的剖分面元尺寸却是与波长同量级的,仍然满足远场条件。这样,上式中,$|\boldsymbol{r}'-\boldsymbol{r}_s| = |\boldsymbol{r}'-\boldsymbol{r}_C+\boldsymbol{r}_C-\boldsymbol{r}_s| \approx |\boldsymbol{r}_C-\boldsymbol{r}_s|$,$|\boldsymbol{r}'-\boldsymbol{r}_T| = |\boldsymbol{r}'-\boldsymbol{r}_C+\boldsymbol{r}_C-\boldsymbol{r}_T| \approx |\boldsymbol{r}_C-\boldsymbol{r}_T|$,指定 $R_{CT} = |\boldsymbol{r}_C-\boldsymbol{r}_T|$ 和 $R_{CS} = |\boldsymbol{r}_C-\boldsymbol{r}_s|$,得

$$\boldsymbol{H}_S(\boldsymbol{r}_T) = -\frac{\mathrm{e}^{-[\mathrm{j}k_0\hat{\boldsymbol{k}}_i \cdot (\boldsymbol{r}_C-\boldsymbol{r}_s)+\mathrm{j}k_0\hat{\boldsymbol{r}}_s \cdot (\boldsymbol{r}_T-\boldsymbol{r}_C)]}}{4\pi R_{CT} R_{CS}}(\mathrm{j}k_0 + \frac{1}{R_{CT}})[\hat{\boldsymbol{k}}_s \times (2\hat{\boldsymbol{n}} \times \hat{\boldsymbol{h}}_i)]\int_{\Delta s} \mathrm{e}^{\mathrm{j}k_0(\hat{\boldsymbol{k}}_s-\hat{\boldsymbol{k}}_i) \cdot (\boldsymbol{r}'-\boldsymbol{r}_C)}\mathrm{d}s'$$
$$\tag{2.5}$$

利用安培环路定律,可以得到 $\boldsymbol{E}_S(\boldsymbol{r}_T) = -\mathrm{j}\eta_0/k_0\nabla \times \boldsymbol{H}_S(\boldsymbol{r}_T)$,梯度算子是对 $\boldsymbol{r}_T$ 场点位置矢量的。这样,采用 PO 计算方求得的散射电场就表示为

$$E_S(r_T) = \frac{\eta_0}{R_{CS}} \frac{e^{-[jk_0\hat{k}_i \cdot (r_C - r_S) + jk_0\hat{k}_S \cdot (r_T - r_C)]}}{4\pi R_{CT}} (jk_0 + \frac{2}{R_{CT}} - j\frac{2}{k_0 R_{CT}^2}) \times$$

$$\{\hat{k}_S \times [\hat{k}_S \times (2\hat{n} \times \hat{h}_i)]\} \int_{\Delta s} e^{jk_0(\hat{k}_S - \hat{k}_i) \cdot (r' - r_C)} ds' \tag{2.6}$$

其中画横线的部分表示入射电场在面元 r_C 处的幅度 E_0。积分号内的积分可以采用 Gordon 公式来计算,即

$$\int_{\Delta s} e^{jk_0(\hat{k}_S - \hat{k}_i) \cdot (r - r_C)} ds' = \sum_{i=1}^{3} (w \times \hat{n}) \cdot \Delta a_i \exp[jk_0 w \cdot (\frac{a_{i+1} + a_i}{2} - r_C)] \frac{\sin(\frac{1}{2}k_0 w \cdot \Delta a_i)}{\frac{1}{2}k_0 w \cdot \Delta a_i}$$

$$\tag{2.7}$$

式中:$w = \hat{k}_S - \hat{k}_i$,$\Delta a_i = a_{i+1} - a_i$,$a_{i+1}$ 和 a_i 表示第 i 条棱边的两端点处位置矢量。雷达与目标距离有限时雷达散射截面积的复二次方根 $\sqrt{\sigma_i}$ 可以表示为

$$\sqrt{\sigma_i} = 2\sqrt{\pi} R_{T0} \frac{E_S(r_T) \cdot \hat{e}_{s0}}{E_0} e^{jk_0\hat{k}_S \cdot (r_T - r_C)} \tag{2.8}$$

式中:R_{T0} 表示接收场点 r_T 与目标中心 r_0 之间的距离;$\hat{e}_{s0}$ 表示接收天线电场矢量。这样,结合 PO 计算方法求得的散射电场表达式,$\sqrt{\sigma_i}$ 改写为

$$\sqrt{\sigma_i} = \frac{R_{T0} e^{-jk_0\hat{k}_i \cdot (r_C - r_S)}}{2\sqrt{\pi} R_{CT}} (jk_0 + \frac{2}{R_{CT}} - j\frac{2}{k_0 R_{CT}^2})\hat{e}_{s0} \cdot \{\hat{k}_S \times [\hat{k}_S \times (2\hat{n} \times \hat{h}_i)]\} \times$$

$$\int_{\Delta s} e^{jk_0(\hat{k}_S - \hat{k}_i) \cdot (r - r_C)} ds' \tag{2.9}$$

对各面元的矢量 $\sqrt{\sigma_i}$ 进行叠加,便能得到总的复二次方根 RCS:

$$\sqrt{\sigma_{PO}} = \sum_{i=1}^{N} \sqrt{\sigma_i} T_i(\hat{k}_i, n) g_S(\hat{k}_i) g_T(\hat{k}_S) \tag{2.10}$$

式中:$T_i(\hat{k}_i, \hat{n})$ 表示面元 i 的可见性函数,可以采用 Z-buffer 技术对其进行计算。$g_S(\hat{k}_i)$ 和 $g_T(\hat{k}_S)$ 分别代表入射天线方向性系数和接收天线方向性系数。式(2.10)适用于雷达天线与目标之间距离变化时,远近场散射的计算。从式(2.10)可以容易地导出 PO 计算方法计算模型远场复二次方根 RCS 的计算公式。

2.3　PTD 计算方法

电流在棱边处出现了导数不连续结构,如图 2.4 所示。这样会在棱边产生等效电磁流而产生绕射,$N\pi$ 为外劈角($N > 1$),$\hat{k}_i$ 为入射方向,$\hat{k}_S$ 为观察方向,$\hat{t}$ 是棱边的切向单位矢量,β 表示 $\hat{K}_S$ 与 $\hat{t}$ 之间的夹角,β' 表示 $\hat{k}_i$ 与 $\hat{t}$ 之间的夹角,ϕ_i 和 ϕ_S 表示入射面和散射面分别与参考面之间的夹角。

棱边的等效电磁流可以通过物理绕射 PTD 导出

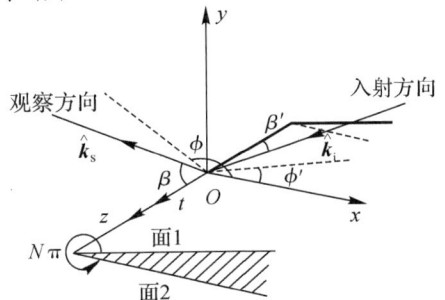

图 2.4　劈边的几何结构图

的电磁流,其表达式为 $\boldsymbol{J}(\boldsymbol{r}') = I_e(\boldsymbol{r}')\hat{\boldsymbol{t}}$ 和 $\boldsymbol{M}(\boldsymbol{r}') = I_m(\boldsymbol{r}')\hat{\boldsymbol{t}}$。这时棱边绕射电场的表达式可以参考上述介绍的远近场一体化 PO 计算方法的推导过程得到,即

$$\boldsymbol{E}_d(\boldsymbol{r}_T) = \frac{\eta_0}{R_{dS}} \frac{e^{-[jk_0\hat{\boldsymbol{k}}_i\cdot(\boldsymbol{r}_d-\boldsymbol{r}_S)+jk_0\hat{\boldsymbol{k}}_s\cdot(\boldsymbol{r}_T-\boldsymbol{r}_d)]}}{4\pi R_{dT}} \Big[(jk_0 + \frac{2}{R_{dT}} - j\frac{2}{k_0 R_{dT}^2})\boldsymbol{J}(\boldsymbol{r}_T) + (jk_0 + \frac{1}{R_{dT}})\frac{\boldsymbol{M}(\boldsymbol{r}_T)}{\eta_0}\Big] \times$$

$$\int_C e^{jk_0(\hat{\boldsymbol{k}}_s-\hat{\boldsymbol{k}}_i)\cdot(\boldsymbol{r}-\boldsymbol{r}_d)} dl \tag{2.11}$$

式中:$I_e = 2j(\hat{\boldsymbol{t}}\cdot\boldsymbol{E}_i)f/(k_0\eta_0\sin^2\beta_i)$,$I_m = 2j(\hat{\boldsymbol{t}}\cdot\boldsymbol{H}_i)g\eta_0/(k_0\sin^2\beta_i)$,$R_{dS}$ 与 R_{dT} 表示棱边中心矢量 $\boldsymbol{r}_d$ 与入射雷达位置矢量 $\boldsymbol{r}_s$ 和接受雷达位置矢量 $\boldsymbol{r}_T$ 的距离,f 和 g 为 Ufimtsev 绕射系数项。这时,可得棱边绕射所产生的复二次方根 RCS 为

$$\sqrt{\sigma_{di}} = R_{T0} \frac{e^{-jk_0\hat{\boldsymbol{k}}_i\cdot(\boldsymbol{r}_d-\boldsymbol{r}_S)}}{2\sqrt{\pi}R_{dT}}\hat{\boldsymbol{e}}_{s0} \cdot \Big[(jk_0 + \frac{2}{R_{dT}} - j\frac{2}{k_0 R_{dT}^2})\boldsymbol{J}(\boldsymbol{r}_T) + (jk_0 + \frac{1}{R_{dT}})\frac{\boldsymbol{M}(\boldsymbol{r}_T)}{\eta_0}\Big] \times$$

$$\int_C e^{jk_0(\hat{\boldsymbol{k}}_s-\hat{\boldsymbol{k}}_i)\cdot(\boldsymbol{r}-\boldsymbol{r}_d)} dl \tag{2.12}$$

对各棱边的绕射散射进行叠加,并能得到总的复二次方根 RCS 为

$$\sqrt{\sigma_d} = \sum_{i=1}^N \sqrt{\sigma_{di}} T_{di}(\hat{\boldsymbol{k}}_i, \boldsymbol{n}) g_s(\hat{\boldsymbol{k}}_i) g_T(\hat{\boldsymbol{k}}_S) \tag{2.13}$$

与 PO 计算方法类似,式(2.13)也考虑了面元可见性及收发雷达方向图的影响。

将以上介绍的远近场 PO 计算方法[见式(2.10)]与 PTD 计算方法[见式(2.13)]相结合,则有

$$\sigma = \sigma_{PO} + \sigma_d \tag{2.14}$$

这样,就构成了远近场一体化高效近似方法。下面用算例对其精度进行验证。

2.4　算　法　验　证

图 2.5 所示为模型 1 和仿真结果与实测结果的比对。设模型长度为 5m,目标轴向朝向 x 轴正向,雷达与目标几何中心距离 20m,工作频率在 X 波段,入射和接收极化均为 V 极化。可以看出,仿真曲线和实测结果吻合很好,曲线均二次方根误差在 3dB 范围内,计算精度是能够保证的。

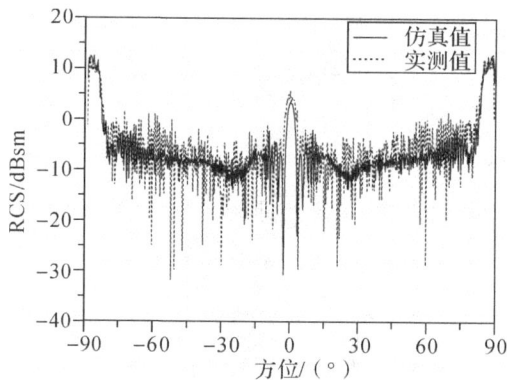

图 2.5　导弹模型及后向 RCS 曲线

当雷达和目标距离发生变化时,后向 RCS 也会发生变化。图 2.6 所示为当距离由 20m 变化到 1 000m 时 RCS 的曲线。结果表明:侧向至正侧向 RCS 发生了很大的变化,这主要是由于侧向时,目标的线长度变大,目标表面到雷达距离差异较大,从而引起各部分的相位也随之增大,并且距离越近,后向 RCS 变化越剧烈;距离越远,RCS 基本不随距离变化。

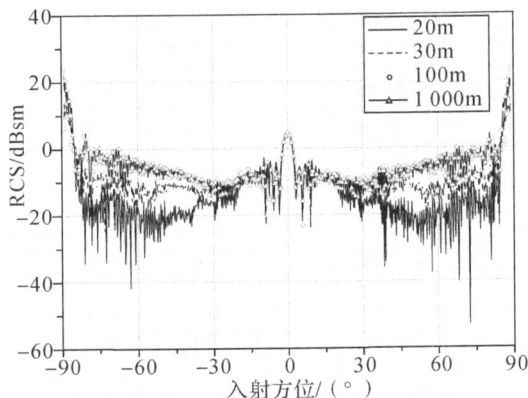

图 2.6　导弹模型及后向 RCS 曲线

2.5　目标散射变化规律

2.5.1　在不同距离时目标的单/双站 RCS

算例 1:目标为模型 2,目标轴向朝向 x 轴正向,长度 4.5m,设定工作频率在 Ku 波段,单站入射角度设置为方位 0°、擦地角 0°~90°,双站入射角度设置为方位 0°、擦地角 45°、接收方位角 0°、接收擦地角 0°~90°。图 2.7 中给出了模型 2 在天线-目标距离为 100m 和 2 000m 时的单/双站 RCS。可见,该计算方法能够适应单双站不同极化和距离条件下的散射计算,并且距离的变化会使得散射曲线变化剧烈,尤其是正投视方向,即擦地角为 90°,这时在雷达视线角方向上目标线长度比较长,目标各处相对收发天线的相位变化比较明显,由此带来总 RCS 的下降,这种计算结果与理论分析的结论是一致的。

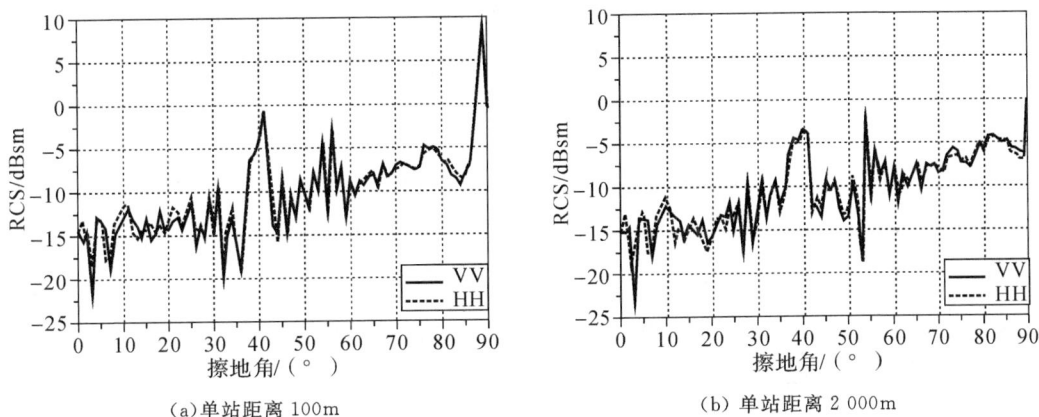

(a)单站距离 100m

(b)单站距离 2 000m

图 2.7　模型 2 在不同距离、不同极化时的单/双站 RCS

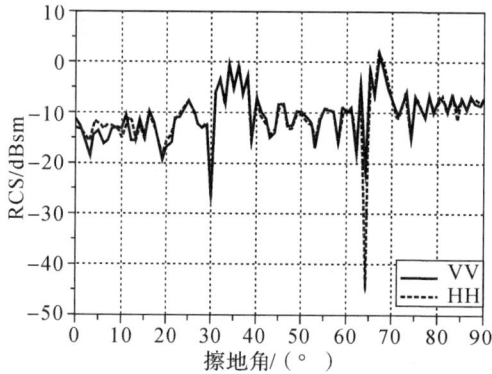

(c) 双站距离 100m

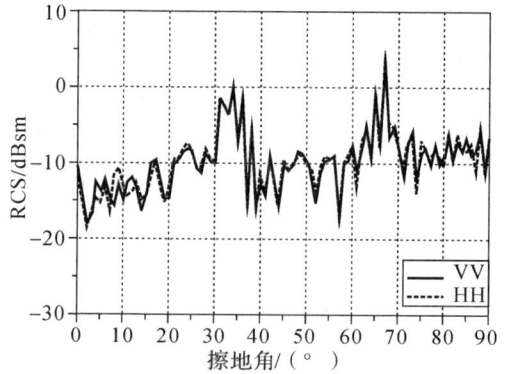

(d) 双站距离 2 000m

续图 2.7　模型 2 在不同距离、不同极化时的单/双站 RCS

算例 2：目标为模型 1，目标轴向朝向 x 轴正向，设定工作频率在 Ku 波段，单站入射角度设置为方位 0°，擦地角 0°～90°。图 2.8 中给出了模型 1 在天线-目标距离为 100m 和 2 000m 时的单站 RCS。可见，在不同的距离下，目标散射 RCS 相差比较大，差别主要还是体现在擦地角比较大时，即目标线长度较大时的情况。在远场条件下，VV 和 HH 两种极化下的差别没有在距离较近时明显。

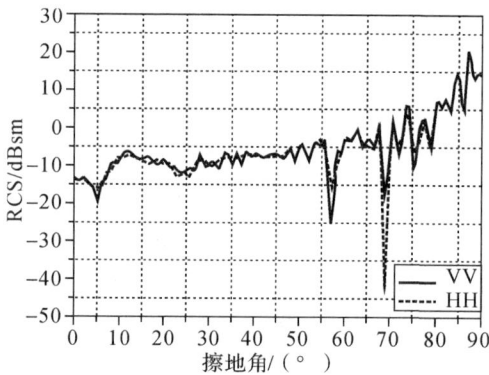

(a) 单站距离 100m

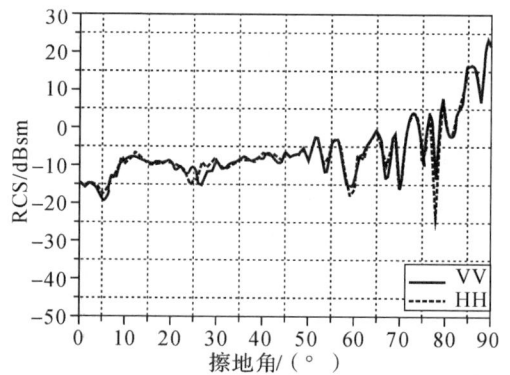

(b) 单站距离 2 000m

图 2.8　模型 1 在不同距离、不同极化时的后向 RCS

算例 3：目标为模型 3，目标轴向朝向 x 轴正向，长度约 18m，设定工作频率在 Ku 波段，单站入射角度设置为方位 0°，擦地角 0°～90°。图 2.9 中给出了模型 3 在天线-目标距离为 100m 和 2 000m 时的单站 RCS。可以看出：不同距离的 RCS 差别仍然比较大。远场时的两种极化差别较小。差别主要还是体现在擦地角比较大时。距离较近时的计算结果相比距离较远时，RCS 会有所降低。

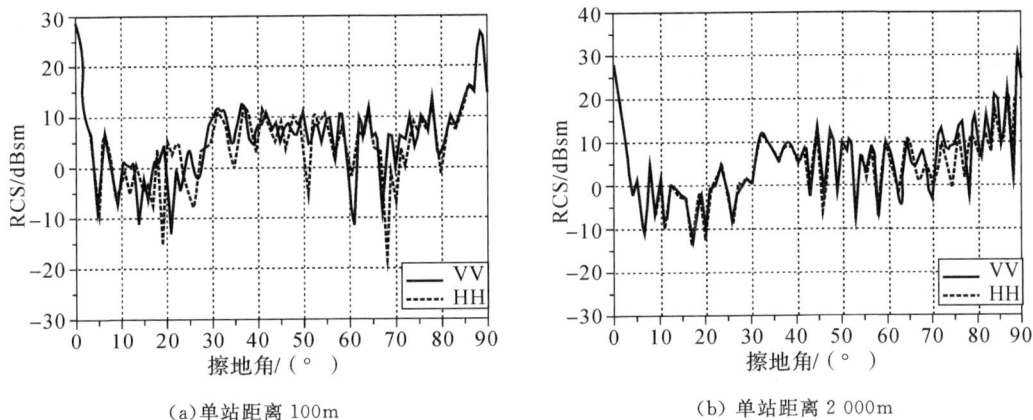

(a)单站距离 100m

(b)单站距离 2 000m

图 2.9　模型 3 在不同距离、不同极化时的后向 RCS

算例 4:目标为模型 4,目标轴向朝向 x 轴正向,长度为 8m,宽度约为 14m,设定工作频率在 Ku 波段,单站入射角度设置为方位 0°,擦地角 0°～90°。图 2.10 中给出了模型 4 在天线-目标距离为 100m 和 2 000m 时的单站 RCS。可以看出:距离近时与远场时的差别在迎头方向和天顶方向处,极化差别较小。

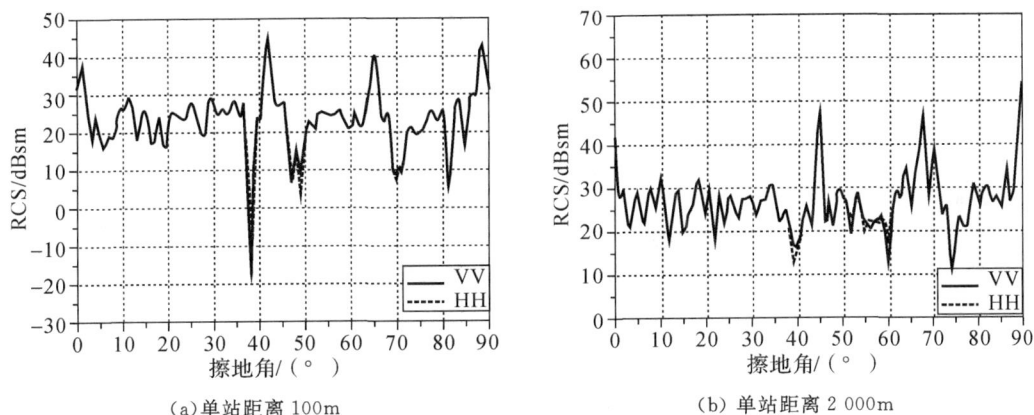

(a)单站距离 100m

(b)单站距离 2 000m

图 2.10　模型 4 在不同距离、不同极化时的后向 RCS

2.5.2　在不同频率时目标的 RCS

算例 1:当工作频率变化时后向 RCS 也会随之发生变化,目标仍然以模型 1 为例,目标轴向朝向 x 轴正向,计算距离为 100m 时,工作频率分别为 10GHz,15GHz 及 35GHz 时,后向散射随擦地角的变化,入射和接收均为 V 极化。图 2.11 所示为计算结果,从图中可以看出:在迎头方向和天顶方向入射时的后向散射差异较大,这是因为线长度在不同波长下的相位差变化更大也更复杂。

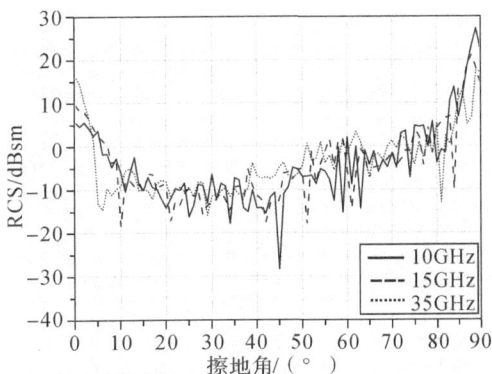

图 2.11　模型 1 在不同频率时的后向 RCS

算例 2:目标为模型 2,目标轴向朝向 x 轴正向,计算距离 200m 时,后向散射随擦地角的变化,入射和接收均为 V 极化。图 2.12 所示为计算结果,从图中可以看出:整体相差不大,只是在擦地角为 40° 左右,目标散射会有比较大的差异,主要是由于模型中部四个突出翼的散射而引起的。

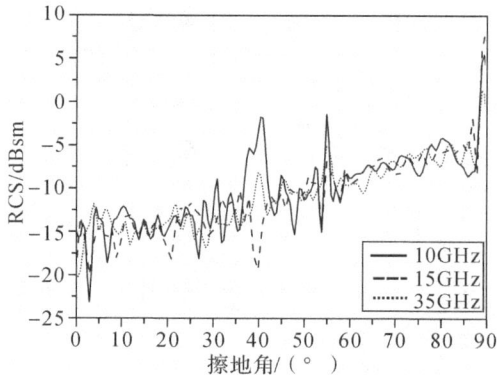

图 2.12　模型 2 在不同频率时的后向 RCS

算例 3:目标为模型 3,目标轴向朝向 x 轴正向,计算距离 300m 时,后向散射随擦地角的变化,入射和接收均为 V 极化。图 2.13 所示为计算结果,从图中可以看出:在擦地角较小和擦地角较大时散射的变化较为明显,其他角度的散射变化不大。

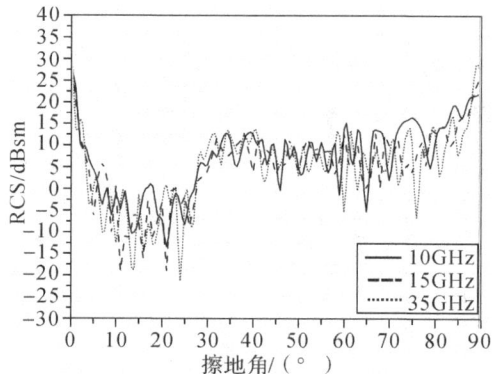

图 2.13　模型 3 在不同频率时的后向 RCS

算例 4:目标为模型 4,目标轴向朝向 x 轴正向,计算距离 400m 时,后向散射随擦地角的变化,入射和接收均为 V 极化。图 2.14 所示为计算结果,从图中可以看出:由于目标的宽度较大,相当于其线长度随频率的变化较为敏感,因此得到的散射曲线整体上都会呈现出差异。

算例 5:目标为模型 5,模型长度约为 18m,宽度约为 12m,目标轴向朝向 x 轴正向,计算距离 500m 时,后向散射随擦地角的变化,入射和接收均为 V 极化。计算结果如图 2.15 所示。目

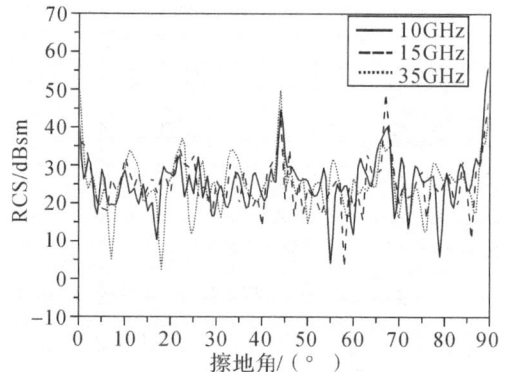

图 2.14　模型 4 在不同频率时的后向 RCS

标的横向尺寸较径向尺寸要小,目标散射随着角度的增加而呈现整体增加的趋势,而上一算例中的计算结果的均值则大体一致。

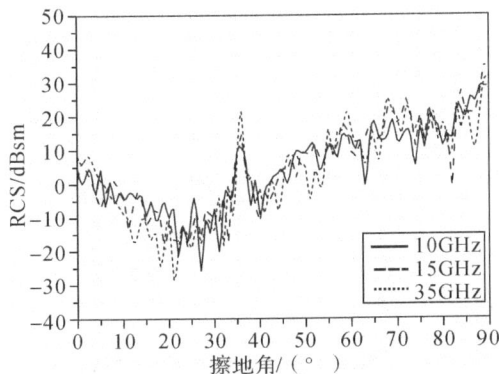

图 2.15　模型 5 在不同频率时的后向 RCS

2.5.3　在不同极化时目标的 RCS

算例 1:目标为模型 4,工作频率在 X 波段,设定雷达与目标之间的距离为 100m,擦地角范围为 0°~90°,方位角为 0°。计算结果如图 2.16 所示。验证了该计算方法能够适应不同极化条件下散射的计算。计算结果表明,两种交叉极化随角度的变化并不剧烈,这与同极化方式下的对比规律基本相同。由于距离较近,在目标天顶方向仍然出现了散射结果的下降。

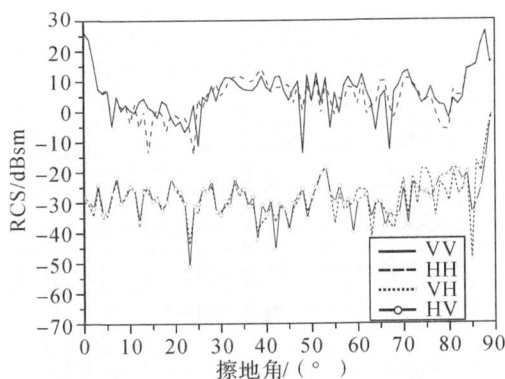

图 2.16　模型 4 在不同极化时的后向 RCS

算例 2:目标为模型 1,目标轴向指向 x 轴正向。工作频率在 X 波段,设定雷达与目标之间的距离为 100m,入射方位角为 0°,入射擦地角为 40°,接收擦地角范围为 0°~90°,方位角为 0°。计算其在不同入射和接收极化下的双站散射。计算结果如图 2.17 所示:同极化在迎头方向相差较大,在其他方向相差较小;交叉极化在擦地角较大时差别较大。

算例 3:目标模型为模型 2,目标轴向指向 x 轴正向。工作频率在 X 波段,设定雷达与目标之间的距离为 100m,入射方位角为 0°,入射擦地角为 30°,接收擦地角范围为 0°~90°,方位角为 0°。计算其在不同入射和接收极化下的双站散射。计算结果如图 2.18 所示:该模型的

HH 极化较之 VV 极化在某些角度范围内的散射要大,而交叉极化在大擦地角时变化较大。

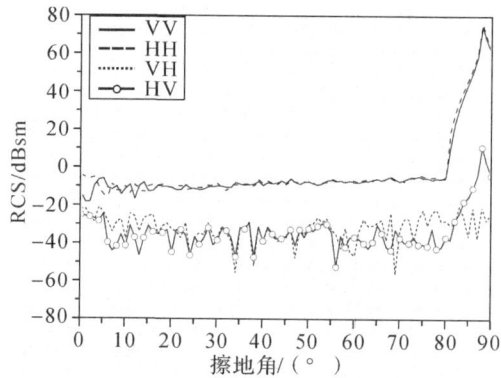

图 2.17　模型 1 在不同极化时的双站 RCS

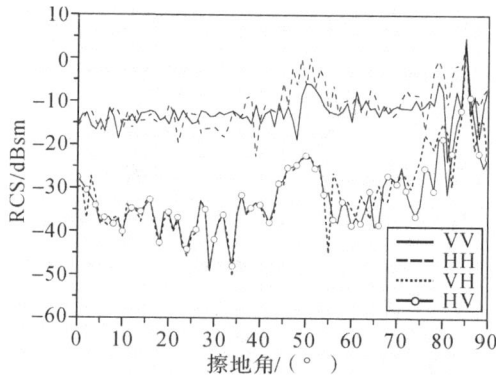

图 2.18　模型 2 在不同极化时的双站 RCS

算例 4:目标模型为模型 3,目标轴向指向 x 轴正向。工作频率在 X 波段,设定雷达与目标之间的距离为 100m,入射方位角为 $0°$,入射擦地角为 $50°$,接收擦地角范围为 $0°\sim90°$,方位角为 0。计算其在不同入射和接收极化下的双站散射。计算结果如图 2.19 所示:入射擦地角较大时,接收擦地角小时散射会比接收擦地角较大时的要强,且同极化的在小擦地角时的差别较大,而交叉极化的在大擦地角时的差别较大。

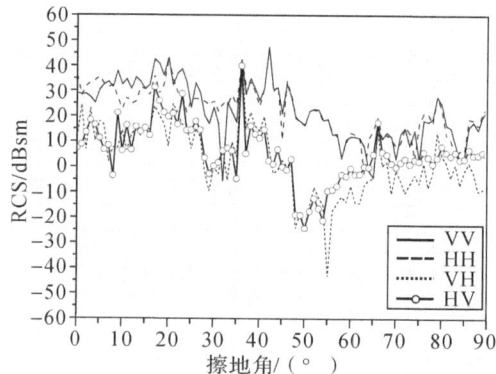

图 2.19　模型 3 在不同极化时的双站 RCS

算例 5：目标模型为模型 5，目标轴向指向 x 轴正向。工作频率在 X 波段，设定雷达与目标之间的距离为 100m，入射方位角为 0°，入射擦地角为 30°，接收擦地角范围为 0°～90°，方位角为 0。计算其在不同入射和接收极化下的双站散射。计算结果如图 2.20 所示。结果表明：同极化的散射计算结果差别不明显，而交叉极化相差却比较大。

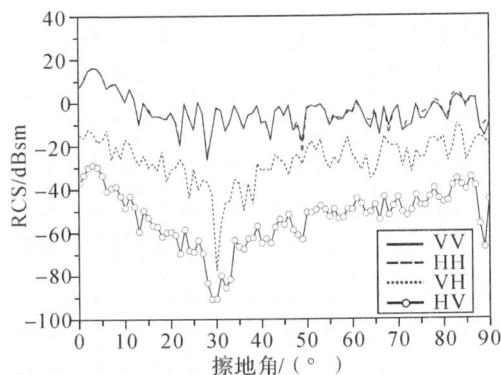

图 2.20 模型 5 在不同极化时的双站 RCS

2.5.4 目标全空域的 RCS

为了显示本算法的计算能力，下述给出了另一算例，目标模型为模型 3，模型长度约为 18m，工作频率在 X 波段，入射和接收均为 V 极化，设定雷达与目标之间的距离为 100m，后向散射的计算角度范围覆盖擦地角 0°～90°，方位角 0°～360°的上半球面。计算结果如图 2.21 所示，采用二维形式。从图上可以看出来：当擦地角为 90°，即从天顶下视；当方位角为 90°，即正侧视面内的后向散射较大。该图还说明：当雷达探测不同姿态下的同一目标时，后向 RCS 的起伏是非常大的，这种起伏在雷达导引头探测跟踪目标时会对误差角和跟踪精度产生很大影响。

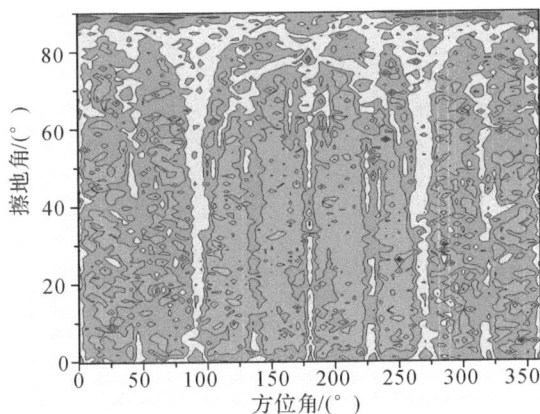

图 2.21 模型 3 半空域散射结果

由以上算例结果分析可得：本节针对目标散射计算提出的远近场一体化高效近似方法

不仅精度能够得到保证,适用性也很广。

2.6 本章小结

本章主要介绍了用于计算目标电磁散射的高效计算方法,并给出了修正远近场一体化高频计算模型,该模型的计算精度得到了实验结果的验证,最后利用该计算模型分析了目标电磁散射特性随相关参数的变化规律。

(1)介绍了目标几何建模方法和表面剖分方法。

(2)以 PO 计算方法+PTD 计算方法高频计算方法为基础,推导了收发天线与目标距离有限时的 PO 计算方法,选用了精确的格林函数梯度计算公式,计入了目标表面各处与天线实际距离不同时产生的相位变化,并用天线方向图对目标各处的照射幅度进行修正,最后得到了远近场一体化高频近似计算方法。

(3)用有限距离目标后向散射测试试验结果验证了介绍的高频近似方法。结果表明该方法适用于天线与目标距离较小,目标横向线长度相对照射方向较大时的计算特点和情况。

(4)用该高频计算方法分析了目标电磁散射随目标参数、天线参数等的变化规律,给出了不同天线-目标距离、不同目标类型、不同工作频率、不同极化等条件下的单双站散射计算结果,从而证实了计算方法的有效性。

该方法不仅是计算目标与环境复合散射中目标散射贡献的基础,而且是雷达回波建模中目标回波建模的基础。目标各散射中心的 RCS 是同一距离门、速度门内的目标面元散射贡献的矢量叠加,这可以通过本章介绍的目标电磁散射计算方法来获得。

第 3 章　环境电磁散射特性建模

环境电磁散射特性计算不同于特定形状、表面光滑的目标散射特性计算。

环境的组成成分决定了环境的电磁参数,实际环境电磁参数差别很大,主要反映在介电常数及磁导率上。根据实验测得的电磁参数结果拟合出经验公式能够方便电磁参数的计算。

环境表面具有随机性、时变性及某种统计特性,这就决定了环境面的建模不同于目标模型的建模方法。环境散射建模采用的是地理信息测绘及统计参量测量相结合的方法,从而获得环境高程的统计分布特性及表面各处相关函数的分布特性公式,用傅里叶变换的方法获得各类型环境面的谱密度分量,再按照不同的谱密度分布特征并结合随机理论确定各分量的大小,最后利用线性滤波的方法对主要谱密度分量进行截选并进行逆傅里叶变换,就能获得实际环境面的随机样本。这样生成的环境面是一组外形不同但是满足一定统计特性规律的随机粗糙面。

环境面的随机性及复杂表面起伏特性使得原本适用于目标散射的计算方法失效,究其原因是环境表面难以用某种基本图形对其进行离散,也就无法用传统的电磁计算方法进行计算。工程应用中可以采用实验数据采集和统计经验公式拟合相结合的方法。这样获取的电磁散射计算结果较为真实可信,但普遍适用性不强。还可以采用基于电磁散射计算方法和统计分析相结合的方法推导出解析计算公式,这类方法的计算精度较高,与实验结果对比也证实了其有效性。为了能够将这些方法应用于后面介绍的环境杂波的生成,还应当考虑照射天线与环境面距离有限时,天线方向图对环境散射系数的加权。

3.1　环境电磁参数模型

1. 土壤电磁参数模型

土壤是覆盖在陆地表面的一层很薄的,物理、化学特性变化很大的松散物质。这些物质由很多大小不同的颗粒组成,按照土壤中含有的成分不同,主要是含沙量、淤泥含量、黏土含量等的不同,可以将土壤细分。这里介绍文献中给出的不同类型的土壤,见表 3-1。土壤中影响介电常数最大的一个因素就是水分,一旦水分含量比较多,土壤的介电常数也会比较大。一般认为土壤是由空气、固体土壤、自由水和束缚水组成的。自由水是土壤内部可以流动的水分含量,束缚水看作是吸附在土壤成分上的水分含量,所以这两者的电特性不相同。同时,土壤的温度、盐度、体密度,入射电磁波的频率等因素也会影响土壤介电常数。

表 3-1 5 种土壤类型

序号	土壤类型	沙/(%)	淤泥/(%)	黏土/(%)
1	沙质沃土	51.51	35.06	13.43
2	沃土	41.96	49.51	8.53
3	淤泥沃土	30.63	55.89	13.48
4	粉质黏土	5.02	47.60	47.38

土壤的复介电常数计算公式较多,这里主要给出 Dobson 等提出的一种半经验模型,其电磁波频率适用范围比较广,参数不依赖于具体土壤类型,所以得到广泛应用。土壤的复介电常数 ε_m 表达式为

$$\varepsilon_m = 1 + \frac{\rho_b}{\rho_s}(\varepsilon_s^\alpha - 1) + m_v^\beta \varepsilon_{fw}^\alpha - m_v \tag{3.1}$$

式中:α 可以取为 0.65;ρ_b 是土壤体密度;ρ_s 是土壤固态物质密度,一般为常量 2.66g/cm³;m_v 是土壤体积含水量;ε_s 是土壤固态物质介电常数;β 是与土壤类型有关的复数参数;ε_{fw} 是纯水的复介电常数。

2. 草地介电常数模型

草地、森林等类型的地貌从分布特性上已经不同于粗糙表面的描述,因此工程应用中往往采用一些简化的模型(如圆柱、针状椭球等)来描述该类型地貌的分布特性。

草地(或农作物)的散射体可以由椭球来模拟,椭球的一个轴趋于零可以退化为圆盘状散射体,如叶子,一个轴拉长可以表示针状或柱状散射体,如细小的茎,如图 3.1 所示。

图 3.1 二层植被模型的几何结构

森林一般采用三层模型来简化描述。地面上一层叶子或一层圆柱描述的模型只能用来模拟某些特定情况下的植被,而自然界中大量存在着的是由各种形状、尺寸等不同的散射体组成的植被,如森林植被,包含树干、树枝、叶子、果实等多种离散散射体。在描述这类植被时,通常用如图 3.2 所示的三层模型表示。上面一层主要包括树叶、小的树枝、细茎等散射体,称为树冠层,层高为 d_c。下面的一层则由树干组成,称为树干层,由垂直分布的圆柱散射体描述,层高为 d_t。地面层由相对介电常数为 ε_g 的半空间均匀介质模拟,并假设表面为光滑平面。

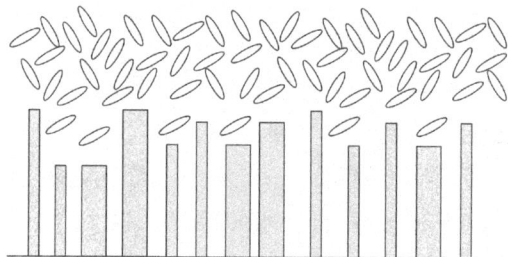

图 3.2 三层植被模型的几何结构

植被在不同的生长期,其散射体的湿度有很大的变化,散射体湿度的变化往往反映在介电常数的变化上,为了将植被的物理参数与模型的输入参数联系起来,我们采用 Ulaby 的双弥散模型来表示二者之间的关系为

$$\varepsilon_v = \varepsilon_r + V_{fw}\left[4.9 + \frac{75.0}{1+jf/18} - j\frac{18\sigma}{f}\right] + V_b\left[2.9 + \frac{55.0}{1+(jf/0.18)^{0.5}}\right] \quad (3.2)$$

式中:ε_r 为植被的介电常数;V_{fw} 为植被含自由水体积;V_b 为植被含结合水体积;f 为以 GHz 为单位的工作频率。

3. 戈壁电磁参数模型

戈壁地形模型,主要地貌类型为岩石和沙土。下面介绍几种典型的岩石。

砂岩(sandstone)是一种沉积岩,由石英颗粒(沙子)形成,结构稳定,通常呈淡褐色或红色,主要含硅、钙、黏土和氧化铁。砂岩是一种沉积岩,主要由砂粒胶结而成,其中砂粒含量要大于 50%。绝大部分砂岩是由石英或长石组成的。

页岩(Shale)是一种沉积岩,成分复杂,但都具有薄页状或薄片层状的节理,主要是由黏土沉积经压力和温度形成的岩石,但其中混杂有石英、长石的碎屑以及其他化学物质。

石灰岩(Limestone)简称灰岩,是以方解石为主要成分的碳酸盐岩。有时含有白云石、黏土矿物和碎屑矿物,有灰、灰白、灰黑、黄、浅红、褐红等色,硬度一般不大,与稀盐酸反应剧烈。

在不同波段下,砂岩的介电特性相对稳定,页岩和石灰岩有一定的浮动;砂岩和石灰岩的介电常数虚部相对实部较小,而页岩的虚部幅值水平为实部值的 1/3 左右。

Matzler 等以撒哈拉沙漠为实测对象,测得的数据显示:干沙的复介电常数的实部在观测范围内,基本保持不变,都在 2.5 上下浮动,且浮动幅度很小,所以将干沙的介电常数的实部设为定值 2.53。而虚部有明显的改变,需要建立相应的模型。所以 Matzler 等提出的介电常数模型为

$$\varepsilon = 2.53 + \frac{0.26}{1+(f/f_0)^2} + j\left[\frac{0.26(f/f_0)^2}{1+(f/f_0)^2} + 0.002\right] \quad (3.3)$$

式中:f 是入射波频率;$f_0 = 0.27\text{GHz}$。

4. 丘陵电磁参数模型

典型丘陵地形模型如图 3.3 所示,主要地貌类型为土壤、草地和路面等。其中土壤、草地介电参数模型前文已介绍过。随着城市现代化进程的不断加快,沥青混凝土路面的地貌遍及程度已经相当广泛,所以研究该地貌的介电常数模型也是非常有必要的。由于沥青、混凝土在介电常数模型结构上很相似,所以我们把它们归为一类地貌来研究,并将该种类型称为沥青混凝土材料。沥青混凝土材料一般由骨料、沥青和气体三部分组成,所以介电常数是基于这三部分的组合,需要根据它的组成成分中每一种材料的介电常数,建立复合介电常数

模型。

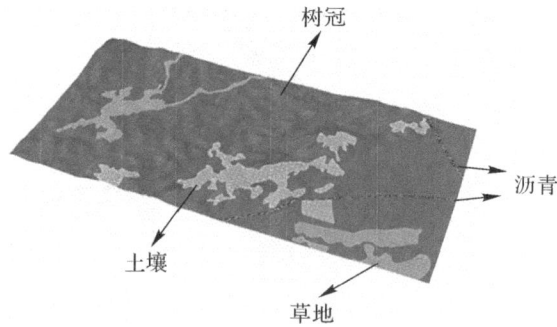

图 3.3　典型丘陵地形模型

下面介绍几种不同构成的沥青混凝土材料,见表 3 - 2。

表 3 - 2　种不同构成的沥青混凝土材料

序号	骨料比例/(%)	沥青比例/(%)	气体比例/(%)
1	83.057	9.942	7.001
2	82.630	11.609	5.761
3	81.794	12.328	5.878
4	80.849	7.907	11.244
5	83.599	10.535	5.866
6	83.383	13.325	3.292

一般针对沥青混凝土的介电常数模型有线性模型、均二次方根模型和 Rayleigh 模型。用 ε_{ac} 来表示沥青混凝土材料的介电常数,用 ε_a,ε_{as},ε_s 分别表示气体、沥青和骨料的介电常数,用 θ_a,θ_{as},θ_s 分别表示气体、沥青和骨料所占比例。这里介绍给出一种改进的 Rayleigh 模型,表达式为

$$\frac{\dfrac{\varepsilon_{ac}-2.145\,1}{0.496\,2}-1}{\dfrac{\varepsilon_{ac}-2.145\,1}{0.496\,2}+2}=\theta_a\frac{\varepsilon_a-1}{\varepsilon_a+2}+\theta_{as}\frac{\varepsilon_{as}-1}{\varepsilon_{as}+2}+\theta_s\frac{\varepsilon_s-1}{\varepsilon_s+2} \tag{3.4}$$

该计算公式相比改进之前,计算结果与实测值的误差得到很大的改善。

5. 海洋电磁参数模型

双 Debye 海水介电常数模型,其取决于温度、盐度和电磁波频率,与泡沫、浪花无关,适用范围为 10MHz～300GHz,其公式为

$$\varepsilon(T,S)=\varepsilon_\infty+\frac{\varepsilon_s(T,S)-\varepsilon_1(T,S)}{1+[jf/f_1(T,S)]}+j\left[\frac{\varepsilon_1(T,S)-\varepsilon_\infty(T,S)}{1+[jf/f_2(T,S)]}+\frac{\sigma(T,S)}{2\pi\varepsilon_0 f}\right] \tag{3.5}$$

式中:T 表示温度($^\circ$C);S 表示盐度($‰$);f 是入射电磁波的频率(GHz);σ 是海水的电导率;ε_∞ 是频率无限大时的介电常数;$\varepsilon_s(T,S)$ 是静态介电常数,$\varepsilon_0=8.854\times10^{-12}$F/m 是自由空间的介电常数。

采用双 Debye 模型对海面介电常数模型进行计算,并与试验数据进行对比,如图 3.4 所示。可以看出这种模型的计算结果与试验数据吻合较好。图 3.5 所示为海水介电常数在一定条件下随频率变化的情况,可见实部单调下降,虚部的变化与实部变化不同,通常不具有单调性,而是存在局部最小或最大值。

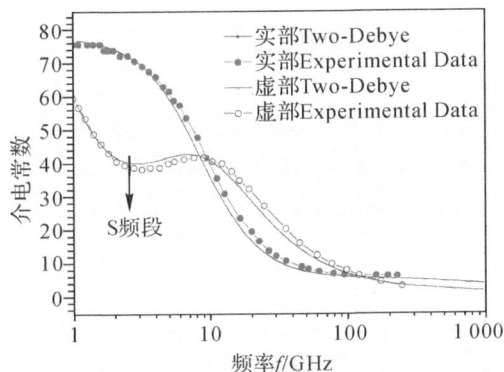

图 3.4　双 Debye 模型与试验数据比较

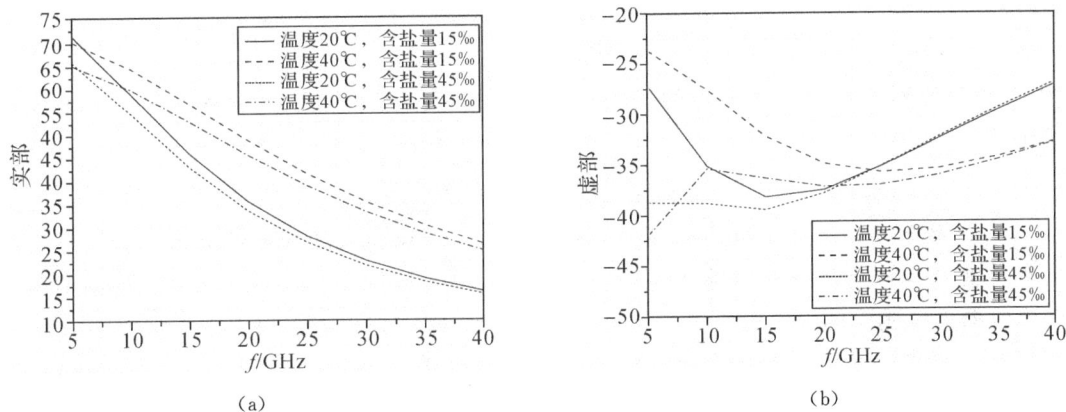

(a)　　　　　　　　　　　　　　　　(b)

图 3.5　海水介电常数随频率变化曲线

3.2　随机粗糙面建模

3.2.1　线性滤波法

环境面具有随机统计特性,其建模方式与目标建模不同。环境面的起伏具有随机性,不同类型环境面的功率谱密度函数不同。大量的研究结果表明:功率谱密度与环境面高程点的相关函数 $C(r-r')$ 是一对傅里叶变换对。功率谱密度中空间谱分量反映的是环境面空间频率与角度分布特征。为了模拟出环境面的轮廓,需要通过线性滤波的方式对功率谱密度进行截断,然后对模拟的谱分量进行随机数的加权,最后用逆傅里叶变换(IFFT)得到环境面的模型,则有

$$f(x,y) = \frac{1}{L_x L_y} \sum_{m=-\frac{N_x}{2}+1}^{\frac{N_x}{2}} \sum_{n=-\frac{N_y}{2}+1}^{\frac{N_y}{2}} b_{mn} e^{jK_x x} e^{jK_y y} \qquad (3.6)$$

式中：L_x 和 L_y 为 x 和 y 方向上的长度；$K_x = 2\pi m / L_x$ 和 $K_y = 2\pi n / L_y$ 为离散的空间谱分量；N_x 和 N_y 分别表示 x 方向和 y 方向上的离散点数；b_{mn} 为谱分量对应的幅度值，表达式为

$$b_{mn} = 2\pi \sqrt{L_x L_y W(K_x, K_y)} \begin{cases} \dfrac{N(0,1) + \mathrm{j}N(0,1)}{\sqrt{2}}, & m \neq 0, \dfrac{N_x}{2}, n \neq 0, \dfrac{N_y}{2} \\ N(0,1), & m = 0, \dfrac{N_x}{2}, n = 0, \dfrac{N_y}{2} \end{cases} \tag{3.7}$$

式中：$N(0,1)$ 为高斯随机数；$W(K_x, K_y)$ 表示谱函数，它的定义为随机粗糙面起伏高度相关函数的傅里叶变换，反映的是环境面的空间谱分量相对于空间波数与方位分布，是一种二阶统计量。其统计参数可以通过大量观测数据进行拟合得到。

3.2.2　谱函数

功率谱密度能够反映环境面空间谱分量的统计特性。这里介绍几种典型的功率谱密度函数，分别是适用于陆地的高斯谱、指数谱和适用于海洋面的 PM 谱、E 谱。

1. 高斯谱

高斯谱密度的表达式为

$$W(K_x, K_y) = \frac{l_x l_y h^2}{4\pi} \exp\left(-\frac{K_x^2 l_x^2}{4} - \frac{K_y^2 l_y^2}{4}\right) \tag{3.8}$$

式中：l_x 和 l_y 分别为 x 和 y 方向上的相关长度；h 表示环境面的均二次方根高度。其表面相关函数为

$$C(x, y) = h^2 \mathrm{e}^{-\left(\frac{x^2}{l_x^2} + \frac{y^2}{l_y^2}\right)} \tag{3.9}$$

高斯谱密度能够用来模拟陆地环境，公式简洁，广泛用在对陆地环境参数的分析与反演中。然而高斯谱密度不能很好地体现环境表面小尺度的特征，实际应用也表明，高斯谱密度很难真实体现实际环境的纹理特征。但是，高斯粗糙面具有极为简单的表示形式，应用于许多的解析方法中甚至能够获得简单代数式的解析解形式，这十分有利于遥感中环境参数的分析与反演。

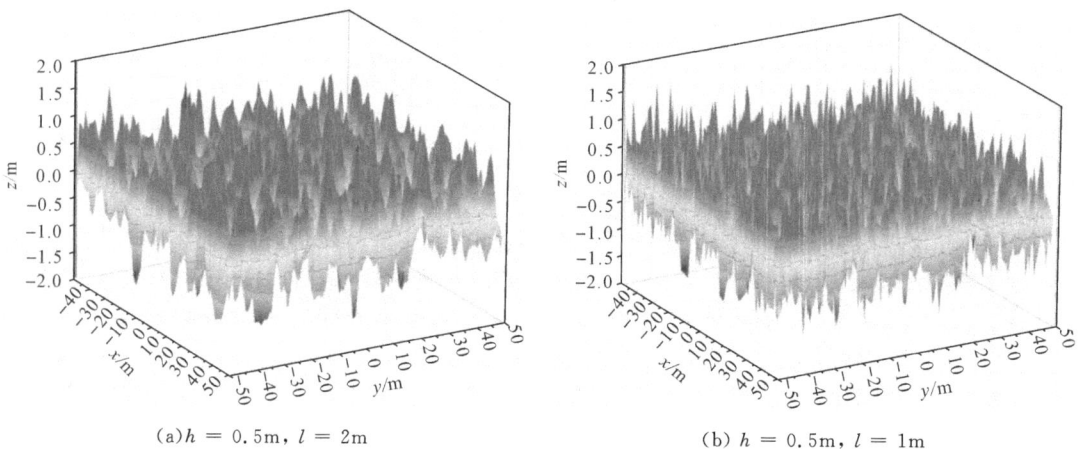

(a) $h = 0.5\mathrm{m}, l = 2\mathrm{m}$ 　　　　　　　(b) $h = 0.5\mathrm{m}, l = 1\mathrm{m}$

图 3.6　高斯谱生成的陆地粗糙面模型

当选用高斯谱时可以用来生成陆地随机粗糙面模型,这种粗糙面模型用的统计参数为环境起伏的均二次方根高度 h 和相关长度 l。图 3.6 给出了不同参数下的几种随机粗糙面。可以看出:当均二次方根增大时,环境起伏变大;当相关长度变小时,环境面横向变化更加剧烈,斜率变化较快,相邻两点之间的相关性变弱,等效于环境面更加粗糙。

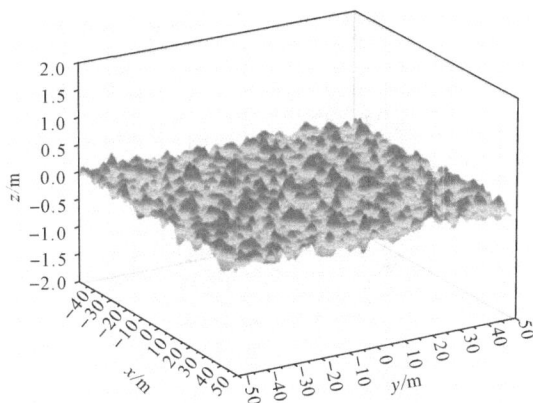

(c)$h = 0.1\mathrm{m}$,$l = 2\mathrm{m}$

续图 3.6 高斯谱生成的陆地粗糙面模型

2. 指数谱

指数谱的表达式为

$$W(K_x, K_y) = \frac{l_x l_y h^2}{2\pi} \left[1 + (K_x^2 + K_y^2) l_x l_y\right]^{-\frac{3}{2}} \tag{3.10}$$

利用指数谱密度生成的粗糙面表面相关函数与高斯谱的相同。指数谱密度常常用来模拟土壤表面,并且用指数谱密度来计算土壤环境的后向散射系数与实测结果也更为接近。

3. PM 谱

PM 谱的表达式为

$$W_{\mathrm{PM}}(K, \varphi) = \frac{\alpha}{2K^4} \exp\left(-\frac{\beta g^2}{K^2 U_{19.5}^4}\right) \Phi(\varphi) \tag{3.11}$$

式中:$\alpha = 8.1 \times 10^{-3}$;$\beta = 0.74$;$g$ 是重力加速度;$U_{19.5}$ 是海面上方 19.5m 高度处的风速;$\Phi(\varphi)$ 为角度分布函数,其表达式为

$$\Phi(\varphi) = \cos^2 \frac{\varphi - \varphi_{\mathrm{w}}}{2} \tag{3.12}$$

式中:φ 表示观察方向;φ_{w} 表示风向相对观察方向的角度。不同风速的 PM 谱如图 3.7 所示,从图中可以看出:风速越大,低频谱分量所占比例增加,且幅度也增大,反映在海面模型上就是海浪高,且变化剧烈。

4. Elfouhaily 谱

Elfouhaily 谱综合了 JONSWAP 谱、PM 谱、Phiilips 谱等波谱的特性,是一种统一的海谱表达式,简称 E 谱,二维 E 谱,可表示为

$$S_{EL}(K,\varphi) = \frac{1}{K} S_{EL} \Phi(K, \varphi - \varphi_w) \tag{3.13}$$

式中：$\Phi_E(K,\varphi)$ 为 E 谱角度分布函数；S_{EL} 为 E 谱关于空间波数的函数。$\Phi_E(K,\varphi)$ 的表达式为

$$\Phi_E(K,\varphi) = \frac{1}{2\pi} \{1 + \Delta K \cos[2(\varphi - \varphi_w)]\} \tag{3.14}$$

式中

$$\Delta K = \tanh\left\{\frac{\ln2}{4} + 4\left[\frac{c(K)}{c(K_p)}\right]^{2.5} + 0.13\left[\frac{u_f}{c(K_m)}\right]\left[\frac{c(K_m)}{c(K)}\right]^{2.5}\right\} \tag{3.15}$$

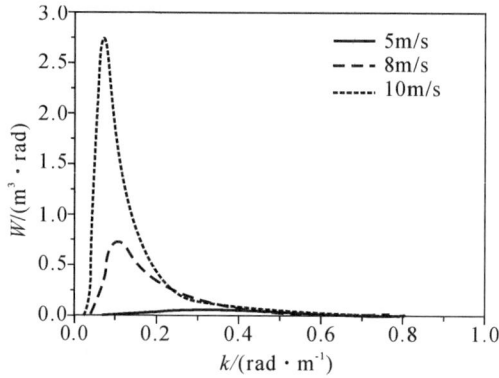

图 3.7　不同风速下的 PM 谱

另外，S_{EL} 包含了海面中的重力波与张力波的贡献，其表达式为

$$S_{EL}(K) = \frac{B_L + B_H}{K^3} \tag{3.16}$$

式中：$B_L(K)$ 表示低频部分（重力波）；$B_H(K)$ 表示高频部分（张力波）。两者的表达式分别为

$$\begin{aligned} B_L &= 0.5a_p F_p c(K_p)/c(K) \\ B_H &= 0.5a_m F_m c(K_m)/c(K) \end{aligned} \tag{3.17}$$

式中：$\alpha_p = 0.006\sqrt{\Omega}$；$\Omega = u_{10}/c(K_p)$ 表示逆波龄；$K_p = g\Omega^2/u_{10}^2$ 表示海谱峰值处的波数；g 是重力加速度；$c(K) = \sqrt{g(1 + K^2/K_p^2)}$ 为相速度；$K_m = 370\text{rad/m}$；F_p 及对应参数具体表示形式为

$$F_p = \gamma^\Gamma \cdot \exp[-5(K_p/K)^2/4] \cdot \exp\{-\Omega[(K/K_p)^{1/2} - 1]/\sqrt{10}\} \tag{3.18}$$

式中，γ 和 Γ 的表达式分别为

$$\gamma = \begin{cases} 1.7, & 0.84 < \Omega \leqslant 1 \\ 1.7 + 6\ln\Omega, & 1 < \Omega \leqslant 5 \end{cases} \tag{3.19}$$

$$\Gamma = \exp\left\{-\frac{[(k/k_p)^{1/2} - 1]^2}{2[0.08(1 + 4/\Omega^3)]^2}\right\} \tag{3.20}$$

关于 B_H 的参数表达式，其中 F_m 为

$$F_m = \exp\left[-\frac{1}{4}\left(1-\frac{K}{K_m}\right)^2\right] \tag{3.21}$$

另外,α_m 为张力波的平衡距离参数:

$$\alpha_m = 0.01 \begin{cases} 1+\ln\left[\dfrac{u_f}{c(K_m)}\right], & u_f \leqslant c(K_m) \\ 1+3\ln\left[\dfrac{u_f}{c(K_m)}\right], & u_f > c(K_m) \end{cases} \tag{3.22}$$

式中:$c(K_m)$ 为波数 K_m 下的最小相速度;u_f 为海表面摩擦风速,它同海面上方 h 处的风速 U_h 具有如下的关系:

$$U_h = (u_f/0.4)\ln\frac{h}{0.684/u_f + 4.28\times10^{-5}u_f^2 - 0.0443} \tag{3.23}$$

图 3.8 所示为不同风速下的 Elfouhaily 海谱与 PM 谱的比较。可以发现 E 谱与 PM 谱在低频部分没有明显区别,其不同主要存在于高频区域。E 谱能够体现出不同风速下海面张力波的影响,而随风速的改变,PM 谱随高频部分几乎没有变化。随着风速的增加,海面中的张力波(高频部分)对电磁波散射效应也会增强。总之,E 谱能够反映海面中重力波与张力波对电磁散射的影响,因而在海面电磁散射的计算中得到了广泛应用。

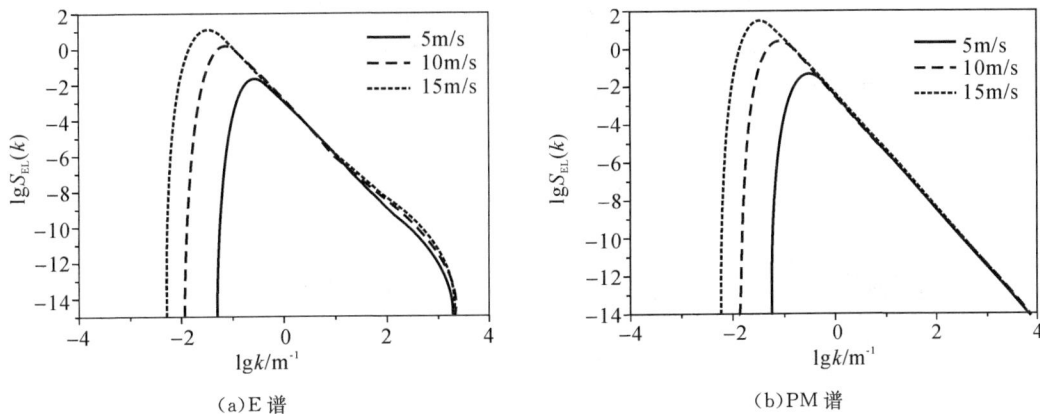

(a)E 谱

(b)PM 谱

图 3.8 不同风速下的 E 谱与 PM 谱

接着给出了基于 E 谱生成的海洋面模型,从图 3.9 中可以明显观察到海洋起伏的方向性。当风速增大时,海洋起伏也更加剧烈,大尺度波的波长显著增大,同时可以观察到 Elfouhaily 谱海洋面的小尺度波更为明显。

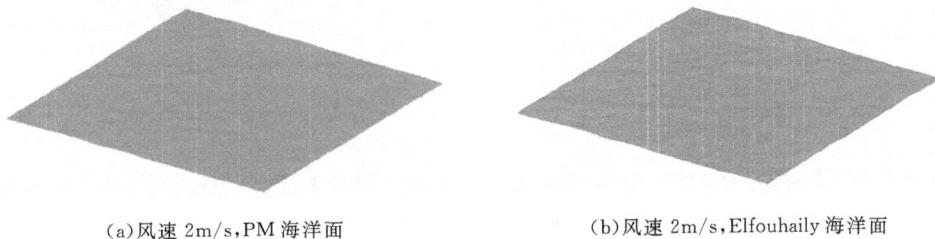

(a)风速 2m/s,PM 海洋面

(b)风速 2m/s,Elfouhaily 海洋面

图 3.9 PM 与 Elfouhaily 海洋面

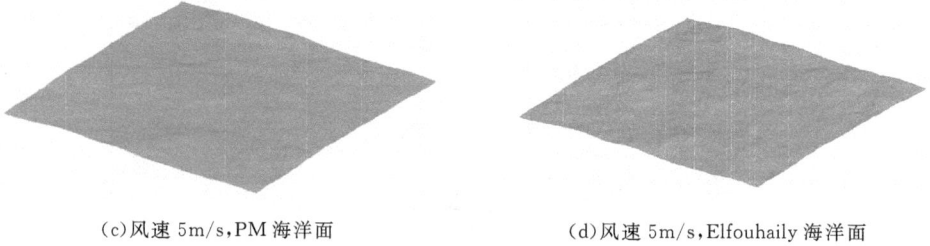

(c)风速 5m/s,PM 海洋面　　　　　　　(d)风速 5m/s,Elfouhaily 海洋面

续图 3.9　PM 与 Elfouhaily 海洋面

5.分形谱

谱密度函数为自相关函数的傅里叶变换,经过复杂的推导分形表面的谱密度函数表达式为

$$W(K)=S_0 K^{-\alpha} \tag{3.24}$$

式中:S_0 为谱幅度,单位为 m^{2-2H};α 称为谱斜率。它们分别为

$$S_0=2^{2H+1}\Gamma^2(1+H)\sin(\pi H)s^2 \tag{3.25}$$

$$\alpha=2+2H=8-2D \tag{3.26}$$

其中,$K=\sqrt{K_x^2+K_y^2}$ 为空间域波数。根据 H 的取值限制知 $0<H<1$,那么就有 $2<\alpha<4$,上式表现了分形粗糙面谱域参数 S_0 与 α 和空间域参数 $H(D)$ 与 s 的关系。

采用 3.2.1 节介绍的方法生成分形粗糙面,粗糙面尺寸为 $1.5m\times1.5m$,$k_0=5.71$,图 3.10(a)~(c)中 $B=0.011$,分形维 D 分别为 2.05,2.2,2.3,图 3.10(d)分形维为 2.3,$B=0.05$。

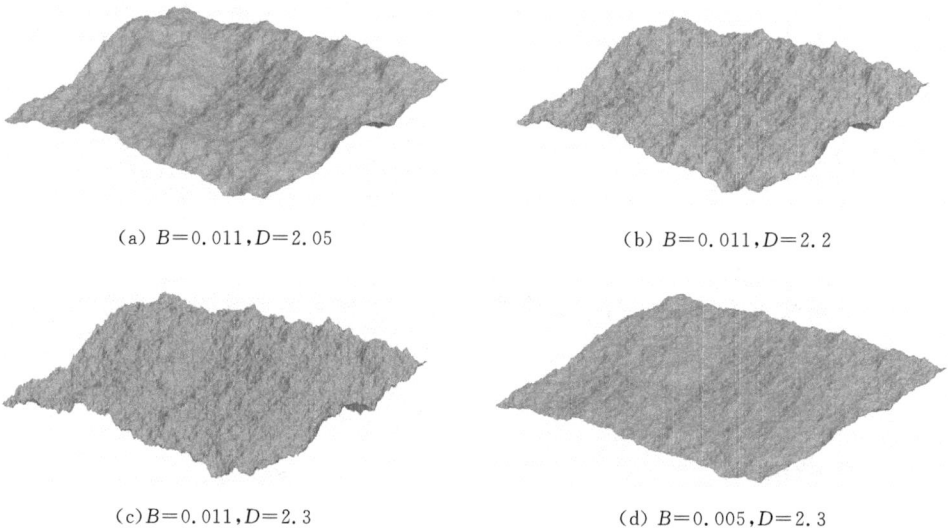

(a) $B=0.011,D=2.05$　　　　　　(b) $B=0.011,D=2.2$

(c)$B=0.011,D=2.3$　　　　　　(d) $B=0.005,D=2.3$

图 3.10　不同参数下的分形粗糙面

分析研究表明,随着分形维数的增加,粗糙表面变得更加粗糙,小尺度部分更加明显。相同的分形维数,B 越小,粗糙表面起伏越平缓。相比高斯粗糙面,分形粗糙面也具有十分显著的小尺度特征,几何轮廓更加符合真实自然环境。

分形粗糙面既可以模拟地面环境又可以模拟海洋环境。对于地面土壤环境,其分形维一般大于 2 小于 2.5,其谱域参数 S_0 为 $10^{-7} \sim 10^{-3}$ m^{2-2H}。研究表明,相比前面根据高斯谱、指数谱以及海谱函数并结合线性滤波法生成的地海面,分形粗糙面能够更好地表征自然环境表面的特征,其仿真结果远远优于高斯粗糙面,某些情况下甚至优于指数谱土壤面与海谱生成的海洋面。然而环境建模只是环境电磁散射问题的一部分,对于电磁散射计算模型,现有针对分形粗糙面的散射计算方法十分有限。由于分形函数数学上的特点,某些传统方法(如 KA)在某些情况下都不能获得收敛的解析解。从电磁散射方法来看,分形粗糙面的电磁模型远不如传统粗糙面丰富,对其特性的认识还存在一些差距,值得研究的工作还有不少。

本节介绍了用于生成粗糙面的谱密度模型,从基于不同谱密度函数生成的随机粗糙面模型可以看出:环境面的随机粗糙面模型具有随机性,这也使得在求解其散射时用到的方法与计算目标的不同。数值方法导出矩阵的性态非常依赖于面元结构,当相邻剖分面元的斜率发生很大变化时,这样导出的矩阵在迭代求解时收敛速度变慢,甚至无法收敛,以致得不到结果。这就要选取其他适宜的求解方法。

3.3 环境散射系数经验模型

国内外学者和机构通过大量的测试试验,获得环境散射随环境参数及工作频率变化的数据,进而通过公式拟合,获得环境散射系数的计算模型。这些计算模型能够满足特定条件下的计算需求,也能够为其他计算方法提供模型验证的数据支撑。

3.3.1 地杂波后向散射系数模型

为了能够计算环境杂波的后向散射,国内外学者做了大量的测试试验来采集环境散射结果。通过统计分析可知,环境后向散射系数与工作频率、地物植被、极化、粗糙度、照射角度等都有关系。为了能够充分利用试验结果,学者利用统计的方法获得了一些比较有用的经验公式。

经验公式模拟出的后向散射系数效果大体如图 3.11 所示。它包含了三个区域,即准镜面反射区、平直区和干涉区。准镜面反射区以相干镜面反射为主,散射系数曲线斜率较大,平直以非相干散射即漫反射为主,散射系数曲线斜率较小,变化较为缓慢,干涉区的曲线斜率变大。从不同极化散射系数曲线可以看出,VV 极化的后向散射强于 HH 极化的,交叉极化之间的差别较小。三个区域分界点随入射频率、极化和地面参数等不同而变化。因此建立地杂波后向散射系数经验模型时,应当满足上述特征。

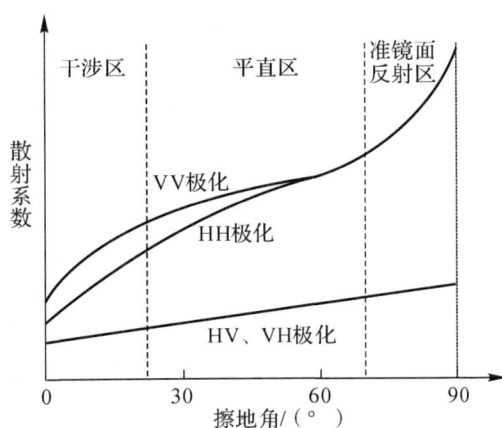

图 3.11 后向散射系数随入射角变化示意图

这里给出地杂波后向散射系数的几个经验模型,分别是 Morchin 模型、GIT(Georgia Institute of Technology,佐治业理工学院模型)模型和 Ulaby 模型等。

1. Morchin 模型

$$\sigma^0 = \frac{A\sigma_c^0 \sin\theta_g}{\lambda} + \mu \cot^2\beta_0 \exp\frac{-\tan^2(B-\theta_g)}{\tan^2\beta_0} \tag{3.27}$$

式中：θ_g 为擦地角；λ 为雷达工作波长；$\mu = \sqrt{f}/4.7$，f 为工作频率(GHz)；θ_c 为低擦地角临界点，$\theta_c = \arcsin[\lambda/(4\pi h_e)]$，$h_e \approx 9.3\beta_0^{2.2}$，$\sigma_c^0 = \theta_g/\theta_c$，$A,B,\beta_0$ 为常数，且与地形地貌有关。几种典型地貌时各参数的取值见表 3-3。

表 3-3   不同地貌时系数 A,B,β_0 和 σ_c^0 的取值

地　貌	A	B	β_0	σ_c^0
沙漠	0.001 26	$\pi/2$	0.14	θ_g/θ_c
农田	0.004	$\pi/2$	0.2	1
丘陵	0.012 6	$\pi/2$	0.4	1
高山	0.04	1.24	0.5	1

2. GIT 模型

国外从 20 世纪 70 年代以后针对不同的地面类型、雷达频率、擦地角进行了大量的测试实验。佐治亚理工大学提出了常用的 GIT 模型：

$$\sigma_0 = A(\theta_g + C)^B \exp\left[\frac{-D}{1 + \frac{0.1\sigma_h}{\lambda}}\right] \tag{3.28}$$

式中：θ_g 为擦地角(rad)；σ_h 为地表的标准偏差(cm)；λ 为雷达波长。该模型能够用于计算沙地、草地、农田、树林、城市、湿雪及干雪等七种地形的环境散射，频率覆盖范围为 3～100GHz，A,B,C 和 D 是根据经验获得的常数，具体可以参看文献。

3. Ulaby 模型

美国密歇根大学的 F. T. Ulaby 等根据大量的试验结果提出了 Ulaby 模型。该模型能够计算多种地物地貌环境在不同频段下的后向散射系数。其表达式为

$$\sigma_{dB}^0 = P_1 + P_2 \exp(-P_3\theta) + P_4 \cos(P_5\theta + P_6) \tag{3.29}$$

式中：θ 表示入射角；$P_1 \sim P_6$ 与地物类型、频段和极化有关，需要通过拟合实验数据确定。该模型能够用于土壤、树林、草地、雪地等几种类型的散射系数，各参数的取值可以参看文献，该模型与之前两个经验公式模型的不同是其能够区分不同极化的强弱。

3.3.2　海杂波后向散射系数模型

海杂波的强弱受多方面因素影响，主要包括工作频率、极化、入射角度、海况等。通过试验结果同样能拟合出海杂波后向散射系数经验公式，下面介绍几种典型经验公式。

1. Morchin 模型

其表达式为

$$\sigma^0 = \frac{4 \times 10^{-7} \cdot 10^{0.6(ss+1)} \, \sigma_c^0 \sin\theta_g}{\lambda} + \cot^2\beta_0 \exp\frac{-\tan^2\left(\frac{\pi}{2} - \theta_g\right)}{\tan^2\beta} \tag{3.30}$$

式中：θ_g 为擦地角；λ 为雷达工作波长；$\theta_c = \arcsin[\lambda/(4\pi h_e)]$，与 3.3.1 节地面公式中的一致。$ss$ 表示海况的级数，$h_e \approx 0.025 + 0.046 ss^{1.72}$，$\beta = [2.44(ss+1)^{1.08}]/57.29$，$\sigma_c^0 = 1$。表 3-4 给出了从 0 到 7 级海况对应的海面参数。仔细观察就能发现，该公式的计算结果反映的某种海况下的平均值，而由表 3-4 也能看出，实际海况对应的海面风速与浪高是具有一定范围的，该公式不能很好地反映风速、浪高等参数对散射系数的影响。这也从侧面说明经验公式若要反映具体海面外形参数和电磁参数对散射结果的影响，就应当在公式中增加变化参量以体现海面参数的贡献。

表 3-4 从 0 到 7 级海况

道格拉斯海况	平均浪高/m	风速/(m·s^{-1})
1	0~0.254	0~3.084
2	0.254~0.762	3.084~6.168
3	0.762~1.27	6.168~7.71
4	1.27~2.032	7.71~10.28
5	2.032~3.048	10.28~12.85
6	3.048~5.08	12.85~15.42
7	5.08~10.16	15.42~25.7

2. TSC 模型

TSC 模型表达式为

$$\sigma_{HH}^0 = 10\lg[1.7 \times 10^{-5} \theta_g^{0.5} G_u G_W G_A / (3.280\,8\lambda + 0.05)^{1.8}] \tag{3.31a}$$

$$\sigma_{VV}^0 = \begin{cases} \sigma_{HH}^0 - 1.73\ln(8.225\sigma_z + 0.05) + 3.76\lambda + 2.46\ln(\sin\theta_g + 0.000\,1) + 24.267\,2, & f < 2 \\ \sigma_{HH}^0 - 1.05\ln(8.225\sigma_z + 0.05) + 1.09\lambda + 1.27\ln(\sin\theta_g + 0.000\,1) + 10.945, & f \geqslant 2 \end{cases}$$
$$\tag{3.31b}$$

式中：θ_g 为擦地角；f 为工作频率，单位 GHz；σ_{HH}^0 和 σ_{VV}^0 分别水平和垂直极化，单位为 dB；σ_z 表示表面高度标准差，单位为 m；G_u 为方位因子；G_W 为风速因子；G_A 为擦地角因子。这个模型能够适用于低擦地角海杂波的近似计算，相较上一模型的改进是增加了风向对散射结果的影响。

3.4 环境散射系数解析模型

3.4.1 双尺度模型

实际的环境往往是多尺度的，比较典型的是复合双尺度，即大的轮廓上叠加着小的起伏，如图 3.12 所示，如果不能将多种尺度的散射机理均计入在内，计算结果的误差就很大。

根据前述的随机粗糙面理论,环境面复合双尺度结构产生的原因是由于功率谱密度所占范围很宽,且均有贡献。生成随机粗糙面时用到了线性滤波法,这相当于对功率谱进行了截断,只包含了低频部分,因此严格来讲,随机粗糙面生成的只是环境面大的轮廓和起伏。若将功率谱的贡献均计入其中,计算量会非常大。

图 3.12 复合双尺度环境模型

结合图 3.11 所知,散射系数的曲线按照特征分为三个区域,每个区域的散射机理是不同的,如果能够针对每一部分采用不同的计算方法,那么计算结果就更加精确,也就能很好地与试验结果相吻合。

从图 3.7 谱分布特征可以看出,环境面包含了高低频空间谱分量,它们的散射贡献是不同的,正好对应散射系数变化的各个区域,大体上低频分量对应环境面的大起伏外部轮廓形状,高频分量对应环境面的小起伏局部轮廓特征。这也说明散射计算模型可以从这个方面进行设计,将环境面高低频空间谱的贡献计入其中,这也是双尺度模型的本质思想。这种计算模型主要应用于具有较大空间尺度范围的粗糙面。

在该模型中,大尺度部分采用 KA,小尺度部分则利用 SPM 来求解。作为对 KA 与 SPM 的结合,双尺度模型已经广泛应用于多尺度粗糙面的散射,总的散射截面可认为是两部分结合,即小尺度部分受大尺度部分的倾斜调制。

图 3.13 所示为入射方向、接收方向和环境面之间的位置关系,其中环境的均值面位于 xOy 面上。由 KA 方法能够计算某一大面片上镜向方向 $\pm 20°$ 方向内的散射,计算公式为

$$\gamma_{mn}^{KA} = \frac{\pi k_0^2 \, |\boldsymbol{q}|^2}{q_z^4} \, |U_{mn}^{KA}|^2 \Pr(z_x, z_y) \tag{3.32}$$

式中:$\boldsymbol{q} = k_0(\hat{\boldsymbol{k}}_i - \hat{\boldsymbol{k}}_i) = q_x \hat{\boldsymbol{x}} + q_y \hat{\boldsymbol{y}} + q_z \hat{\boldsymbol{z}}$,$z_x = -q_x/q_z$,$z_y = -q_y/q_z$,$\Pr(z_x, z_y)$ 是关于环境面倾斜斜率的概率,U_{mn}^{KA} 是与反射系数和极化相关的因子,具体表达式为

$$U_{vv}^{KA} = \frac{q \, |q_z| \, [R_v(\hat{\boldsymbol{v}}_s \cdot \hat{\boldsymbol{k}}_i)(\hat{\boldsymbol{v}}_i \cdot \hat{\boldsymbol{k}}_s) + R_h(\hat{\boldsymbol{h}}_s \cdot \hat{\boldsymbol{k}}_i)(\hat{\boldsymbol{h}}_i \cdot \hat{\boldsymbol{k}}_s)]}{[(\hat{\boldsymbol{h}}_s \cdot \hat{\boldsymbol{k}}_i)^2 + (\hat{\boldsymbol{v}}_s \cdot \hat{\boldsymbol{k}}_i)^2] k_0 q_z} \tag{3.33a}$$

$$U_{vh}^{KA} = \frac{q \, |q_z| \, [R_v(\hat{\boldsymbol{v}}_s \cdot \hat{\boldsymbol{k}}_i)(\hat{\boldsymbol{h}}_i \cdot \hat{\boldsymbol{k}}_s) - R_h(\hat{\boldsymbol{h}}_s \cdot \hat{\boldsymbol{k}}_i)(\hat{\boldsymbol{v}}_i \cdot \hat{\boldsymbol{k}}_s)]}{[(\hat{\boldsymbol{h}}_s \cdot \hat{\boldsymbol{k}}_i)^2 + (\hat{\boldsymbol{v}}_s \cdot \hat{\boldsymbol{k}}_i)^2] k_0 q_z} \tag{3.33b}$$

$$U_{hv}^{KA} = \frac{q \, |q_z| \, [R_v(\hat{\boldsymbol{h}}_s \cdot \hat{\boldsymbol{k}}_i)(\hat{\boldsymbol{v}}_i \cdot \hat{\boldsymbol{k}}_s) - R_h(\hat{\boldsymbol{v}}_s \cdot \hat{\boldsymbol{k}}_i)(\hat{\boldsymbol{h}}_i \cdot \hat{\boldsymbol{k}}_s)]}{[(\hat{\boldsymbol{h}}_s \cdot \hat{\boldsymbol{k}}_i)^2 + (\hat{\boldsymbol{v}}_s \cdot \hat{\boldsymbol{k}}_i)^2] k_0 q_z} \tag{3.33c}$$

$$U_{hh}^{KA} = \frac{q \, |q_z| \, [R_v(\hat{\boldsymbol{h}}_s \cdot \hat{\boldsymbol{k}}_i)(\hat{\boldsymbol{h}}_i \cdot \hat{\boldsymbol{k}}_s) + R_h(\hat{\boldsymbol{v}}_s \cdot \hat{\boldsymbol{k}}_i)(\hat{\boldsymbol{v}}_i \cdot \hat{\boldsymbol{k}}_s)]}{[(\hat{\boldsymbol{h}}_s \cdot \hat{\boldsymbol{k}}_i)^2 + (\hat{\boldsymbol{v}}_s \cdot \hat{\boldsymbol{k}}_i)^2] k_0 q_z} \tag{3.33d}$$

式中:R_v 和 R_h 分别为菲涅尔反射系数,即

$$R_v = \frac{\varepsilon_r \cos\theta_i - \sqrt{\varepsilon_r - \sin^2\theta_i}}{\varepsilon_r \cos\theta_i + \sqrt{\varepsilon_r - \sin^2\theta_i}} \tag{3.34a}$$

$$R_h = \frac{\cos\theta_i - \sqrt{\varepsilon_r - \sin^2\theta_i}}{\cos\theta_i + \sqrt{\varepsilon_r - \sin^2\theta_i}} \quad\quad (3.34b)$$

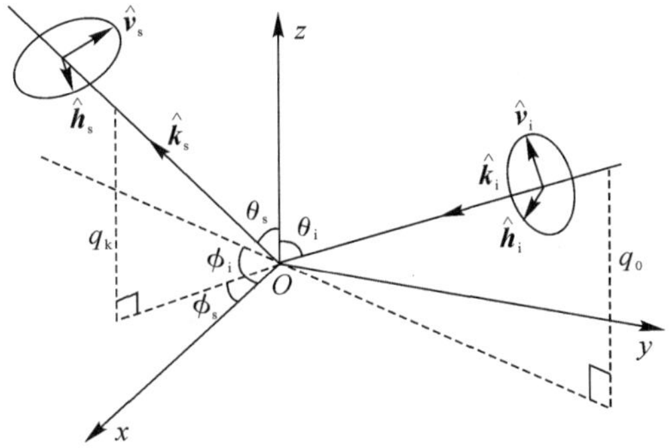

图 3.13　环境散射坐标示意图

由 SPM 方法计算大面片内部的非相干散射时的计算公式为

$$\gamma_{mn}^{SPM} = 8k_0^4\cos^2\theta_i\cos^2\theta_s \,|\alpha_{mn}|^2 W[k_0\sin\theta_s\cos(\varphi_s - \varphi_i) - k_0\sin\theta_i, k_0\sin\theta_s\sin(\varphi_s - \varphi_i)]$$

$$(3.35)$$

式中:$W(\cdot)$ 为 3.3.2 节中介绍的功率谱密度,α_{mn} 表示极化因子,表达式为

$$\alpha_{vv} = \frac{(\varepsilon_r - 1)[\varepsilon_r\sin\theta_i\sin\theta_s - (\varepsilon_r - \sin^2\theta_i)^{0.5}(\varepsilon_r - \sin^2\theta_s)^{0.5}\cos\varphi_s]}{[\varepsilon_r\cos\theta_i + (\varepsilon_r - \sin^2\theta_i)^{0.5}][\varepsilon_r\cos\theta_s + (\varepsilon_r - \sin\theta_s)^{0.5}]} \quad (3.36a)$$

$$\alpha_{vh} = \frac{-(\varepsilon_r - 1)(\varepsilon_r - \sin^2\theta_s)^{0.5}\sin(\varphi_s)}{[\cos\theta_i + (\varepsilon_r - \sin^2\theta_i)^{0.5}][\varepsilon_r\cos\theta_s + (\varepsilon_r - \sin^2\theta_s)^{0.5}]} \quad (3.36b)$$

$$\alpha_{hv} = \frac{(\varepsilon_r - 1)(\varepsilon_r - \sin^2\theta_i)^{0.5}\sin(\varphi_s)}{[\varepsilon_r\cos\theta_i + (\varepsilon_r - \sin^2\theta_i)^{0.5}][\cos\theta_s + (\varepsilon_r - \sin^2\theta_s)^{0.5}]} \quad (3.36c)$$

$$\alpha_{hh} = \frac{-(\varepsilon_r - 1)\cos(\varphi_s)}{[\cos\theta_i + (\varepsilon_r - \sin^2\theta_i)^{0.5}][\cos\theta_s + (\varepsilon_r - \sin\theta_s)^{0.5}]} \quad (3.36d)$$

值得指出的是,SPM 方法是定义在大面元上局部坐标系内。SPM 求解的是环境面小起伏,即功率谱高频部分的贡献,因此就需要对式(3.35)中 $W(\cdot)$ 函数进行截断,截选其高频部分,截断波数用 k_c 表示。

以上介绍的双尺度方法是针对某一面元的散射系数,若要计算整个粗糙面总的散射系数,可以采用如下公式:

$$\gamma_{mn} = \sum_{P=1,Q=1}^{N_x, N_y}(\gamma_{PQ,mn}^{KA} + \gamma_{PQ,mn}^{SPM})g_s(\hat{k}_i)g_T(\hat{k}_s) \quad (3.37)$$

式中:N_x 和 N_y 分别为两个方向上大面元的个数,$g_s(\hat{k}_i)$ 和 $\boldsymbol{g}_T(\hat{k}_s)$ 分别为照射天线和接收天线的方向图函数。可以看出,双尺度组合方法只需要在大面元上进行解析计算,然后进行叠加,计算量主要受制于大面元的数量,大面元剖分大小的变化并不会改变最后散射系数的大小。

3.4.2　基尔霍夫近似的面元法(FAKA)

基于 KA 的面元模型(Facet Approach-KA,FAKA)首先被提出用来计算海面的局部散射场及相延多普勒图(Delay Doppler Mapps,DDMs)。基于 KA 中的切平面近似,认为粗糙面由一系列表面光滑的面片组成。粗糙面几何样本主要表现的是大尺度部分的特征,粗糙面总的散射场可以通过 FAKA 直接计算离散后的面元散射场然后叠加获得。FAKA 方法计算得到的某一面片上的散射场为

$$\boldsymbol{E}^{s} = -\frac{\mathrm{j}k_0\exp(-\mathrm{j}k_0 r)}{4\pi r}E_{\mathrm{m}}F_{\mathrm{m}}(z_x,z_y)\sqrt{1+z_x^2+z_y^2}\exp[-\mathrm{j}\boldsymbol{q}\cdot\boldsymbol{r}]L_x L_y \times$$
$$\mathrm{sin}c[(q_x+q_y z_x)L_x/2]\mathrm{sin}c[(q_y+q_z z_y)L_y/2] \tag{3.38}$$

式中:

$$F_{\mathrm{m}}(z_x,z_y) = \{(\hat{m}\cdot\hat{v}')[\hat{k}_{\mathrm{s}}\times(\hat{n}\times\hat{v}')](1+R_{\mathrm{v}}) + (\hat{m}\cdot\hat{h}')[\hat{k}_{\mathrm{s}}\times(\hat{n}\times\hat{h}')](1+R_{\mathrm{h}})$$
$$+ [(\hat{m}\cdot\hat{h}')(\hat{n}\times\hat{v}')(1-R_{\mathrm{h}}) - (\hat{m}\cdot\hat{v}')(1-R_{\mathrm{v}})]\}\sqrt{1+z_x^2+z_y^2} \tag{3.39}$$

式中:r 为环境面的水平分量;E_{m} 为入射波幅度;$\hat{n}$ 为表面法向单位矢量;$\hat{v}'$,$\hat{h}'$ 表示局部垂直极化与水平极化的入射波,$\hat{m}$ 代表入射波的极化方式;L_x,L_y 分别为面片在 x 轴和 y 轴上的投影;函数 $\mathrm{sin}cx = \mathrm{sin}x/x$,该函数可以认为 FAKA 将小面元的散射视为天线辐射,具有明显的波瓣宽度,保证了在非镜面反射方向具有散射能量。函数 $\mathrm{sin}cx$ 的波瓣宽度由面元尺寸决定,面元越大,则波瓣越窄,散射能量就越集中于镜面反射方向。

利用以下公式可以求得这一面片上的散射系数:

$$\gamma_{\mathrm{mn}}^{\mathrm{FAKA}} = \frac{4\pi r^2(\hat{e}_{\mathrm{n}}\cdot\boldsymbol{E}^{s})^2}{AE_{\mathrm{m}}^2} \tag{3.40}$$

式中:$\hat{e}_{\mathrm{n}}$ 为面元法向单位矢量。

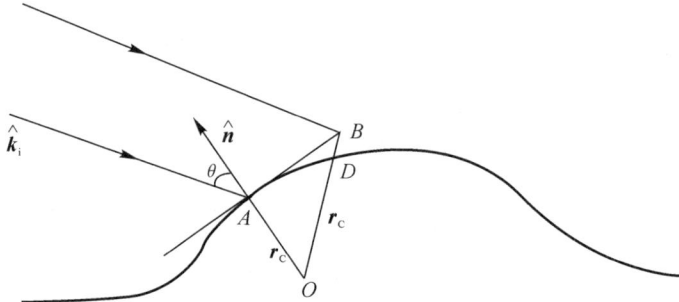

图 3.14 粗糙面局部散射示意

基于 FAKA 面元模型提供了一种简单高效的局部场获取方式,而且由于考虑粗糙面斜率的影响,其总场对极化信息更为敏感。然而,面元大小的选取是一个重要问题,直接决定了该方法的适用范围。面元的选取必须要综合考虑计算量与 KA 的适用条件,同时面元尺寸也不能过大以致无法近似模拟粗糙面的轮廓。

下面介绍 FAKA 面元尺寸选取原则。如图 3.14 所示,其中,A 为粗糙面上电磁波照射的一点,并且认为 AB 为粗糙面在 A 点的切平面边长的一半。

结合图 3.14,有

$$AB \gg \frac{1}{k_0\cos\theta}, BD \ll \frac{\cos\theta}{k_0} \tag{3.41}$$

同时又有

$$BD = OB - OD = \sqrt{AB^2+r_{\mathrm{c}}^2} - r_{\mathrm{c}} \tag{3.42}$$

式中:r_c 为粗糙面局部区域的曲率半径。结合上两式,可得

$$AB \gg \frac{1}{k_0 \cos\theta} \tag{3.43a}$$

$$AB \ll \sqrt{\left(\frac{\cos\theta}{k_0}\right)^2 + 2\frac{r_c \cos\theta}{k_0}} \tag{3.43b}$$

面元的大小由 AB 决定,所以式(3.43)就决定了面元大小选取的范围。实际计算中,在一定的精度的前提下,我们往往希望面元越大越好,这样会大大提高计算速度。所以我们更关注式(3.43b)对面元尺寸的限制。

采用面元法的重要原则是不能违背其相应统计模型的特性,所以我们采用其相应的统计模型来验证面元化后的合理性。由于 FAKA 视面元为平板,所以不受粗糙面类型影响,只要提供确定的几何模型即可。这里,以分形粗糙面为例,分形环境模型参数选取为 $k_0 = 5.71, B = 0.011, H = 0.7, M = 20$,粗糙面尺寸为 $1.5\text{m} \times 1.5\text{m}$,面元模型的尺寸分别为 0.03m 和 0.015m。分形粗糙面与仿真结果如图 3.15 所示,其中面元模型结果为 50 次样本结果取平均而得。从图 3.15(b)中可以观察到在 $0° \sim 50°$ 面元模型获得的结果与解析结果基本一致,$50°$ 后相差较大。当采用 KA 法计算大角度入射时的后向散射时结果是不准确的,也就是说 $50°$ 后的较大误差相对于真实结果是没有意义的。实际上,KA 法在大角度入射时的后向散射值远小于实际值,相较于解析解,面元模型在大角度的误差更小。通过算例仿真验证了面元模型计算分形环境散射率的有效性。

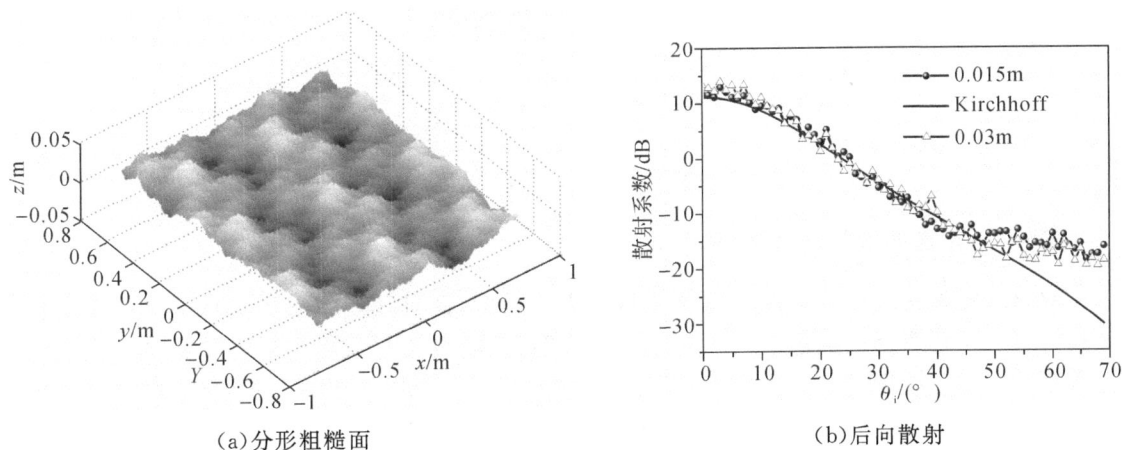

(a)分形粗糙面　　　　　　　　　　　(b)后向散射

图 3.15　分形粗糙面散射特性

3.4.3　小斜率近似模型(SSA)

小斜率近似模型(SSA)也是一种适用于大中小尺度粗糙面的散射计算解析近似方法。SSA 是将散射幅度对粗糙面的斜率作级数展开并推导而求得环境散射的计算表达式。其精度取决于级数展开的项数。项数越多,精度越高,计算复杂度也越高。一阶 SSA(SSA1)的表达式为

$$\gamma_{ab}^{SSA1}(\boldsymbol{k}_{s\perp}, \boldsymbol{k}_{i\perp}) = \frac{1}{\pi} \left| \frac{2q_k q_0}{q_k + q_0} B_{ab}(\boldsymbol{k}_{s\perp}, \boldsymbol{k}_{i\perp}) \right|^2 \exp\left[-(q_k + q_0)^2 C(0)\right] \times$$

$$\int \left\{ \exp\left[(q_k + q_0)^2 C(\boldsymbol{r}) - 1\right] \right\} \times \exp\left[-j(\boldsymbol{k}_{s\perp} - \boldsymbol{k}_{i\perp}) \cdot \boldsymbol{r}\right] d\boldsymbol{r} \tag{3.44}$$

式中:$\boldsymbol{k}_i = \boldsymbol{k}_{i\perp} - q_0 \hat{\boldsymbol{z}}$;且 a 与 b 分别代表散射波与入射波的极化方式;r 为环境面的水平分

量；$C(r)$ 为粗糙面的相关函数。对于高斯型、指数型的粗糙面，其相关函数都具有简明具体的表达形式。而对于基于 PM 谱或者 E 谱生成的海洋面，其相关函数表达式为

$$C(r) = C(r,\varphi) = C_0(r) - \cos(2\varphi) \times C_2(r) \qquad (3.45)$$

式中：

$$\left. \begin{aligned} C_0(r) &= \int_0^\infty W(K) J_0(Kr) \, dK \\ C_2(r) &= \int_0^\infty W(K) J_2(Kr) \Delta K \, dK \end{aligned} \right\} \qquad (3.46)$$

式中：J_n 为第一类 n 阶贝塞尔函数；$C_0(r)$ 代表着相关函数中各项同性的部分；$C_2(r)$ 则为非各项同性部分。图 3.16 为 $\varphi = 0$ 时，$C_0(r)$ 与 $C_2(r)$ 随 r 变化的曲线。从图中可以发现，在一定的距离范围内相关函数值变化剧烈，尤其某些负值情况，这些变化对散射结果具有重要影响。

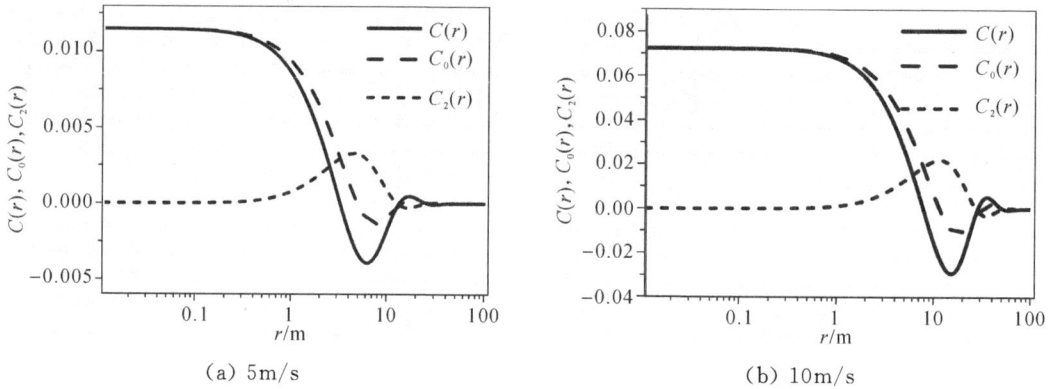

(a) 5m/s   (b) 10m/s

图 3.16　不同风速下 $C_0(r)$，$C_2(r)$，$C(r)$ 随距离变化曲线

3.4.4　改进的双尺度模型(KA-SSA1)

双尺度模型需要引入截断波数 k_c 来区分大小尺度，而且截断波数的选择多来源于实验数据或者大量仿真后的经验值。现有的研究表明，截断波数与入射电磁波长、入射角、环境参数有关。对于不同的仿真条件，最佳的截断波数也应不同。这给我们解决环境电磁散射问题带来了不便，所以寻求一种不依赖截断波数的双尺度模型。

近些年有学者提出在计算小尺度的贡献时以 SSA1 替代 SPM。由于 SSA1 的适用范围远大于 SPM，同时采用改进的 KA 方法计算大尺度的贡献，这样截断波数变化对结果的影响就会大大降低。双尺度方法中介绍过，求解高频功率谱贡献需要用截断波数 k_c 来进行截断。将 SSA1 引入双尺度方法时仍然需要用到截断波数 k_c。这样式(3.46)中的 $C_0(r)$ 和 $C_2(r)$ 就应当改写为

$$\begin{aligned} C_0(r) &= \int_{k_c}^\infty W(K) J_0(Kr) \, dK \\ C_2(r) &= \int_{k_c}^\infty W(K) J_2(Kr) \Delta K \, dK \end{aligned} \qquad (3.47)$$

式中：积分下限从 0 变成为 k_c，截取的是功率谱密度中高频分量贡献。用式(3.47)改写式(3.44)，并对其进行集平均就能得到类似式(3.37)的形式，其表达式为

$$\gamma_{mn} = \sum_{P=1,Q=1}^{Nx,Ny} \left\{ \gamma_{mn}^{SSA1} + \gamma_{mn}^{KA} \left[1 - e^{-(q_z \sigma_L)^2} \right] \left[1 - e^{-(q_z \sigma_S)^2} \right] \right\} g_s(\hat{\boldsymbol{k}}_i) g_T(\hat{\boldsymbol{k}}_s) \qquad (3.48)$$

式中：N_x 和 N_y 分别为两个方向上大面元的个数；$g_s(\hat{\boldsymbol{k}}_i)$ 和 $g_T(\hat{\boldsymbol{k}}_s)$ 分别为照射天线和接收天线的方向图函数。另外：

$$\sigma_L^2 = \int_0^{k_c} W(K)\,\mathrm{d}K \qquad \sigma_S^2 = \int_{k_c}^{\infty} W(K)\,\mathrm{d}K \tag{3.49}$$

式中：第一项表示来自于小尺度部分的海面散射场，该部分通过 SSA1 获得同时受到大尺度斜率倾斜调制；第二项则可视为大尺度的 KA 结果受小尺度相干场影响（以指数衰减因子的形式）后的结果。小尺度的粗糙度越大这种衰减就越明显。当截断波数 k_c 变大时，σ_L 变大且 σ_s 变小，则修正后的 KA 部分即式(3.49)中第二项变大。与此同时第一项中小斜率非相干场由于截断波数的增加导致镜面方向的结果变小，但是这一部分可以通过第二项的增加来进行补偿，这样截断波数对双尺度结果的影响便大大降低了。

为说明 KA-SSA1 的合理性，现对 E 谱海面的散射结果进行仿真，介电常数取海水温度为 20℃、含盐度为 35‰时的值，雷达波频率在 Ku 波段，k_0 为电磁波在空气中的波数，后向散射系数结果如图 3.17 所示。可以看出，改进 TSM 获得的结果较为准确。对比图 3.17(a)与图 3.17(b)可以看出，海面风速 5m/s 时，TSM 在截断波数为 $k_0/15$ 时与改进 TSM 的结果一致。

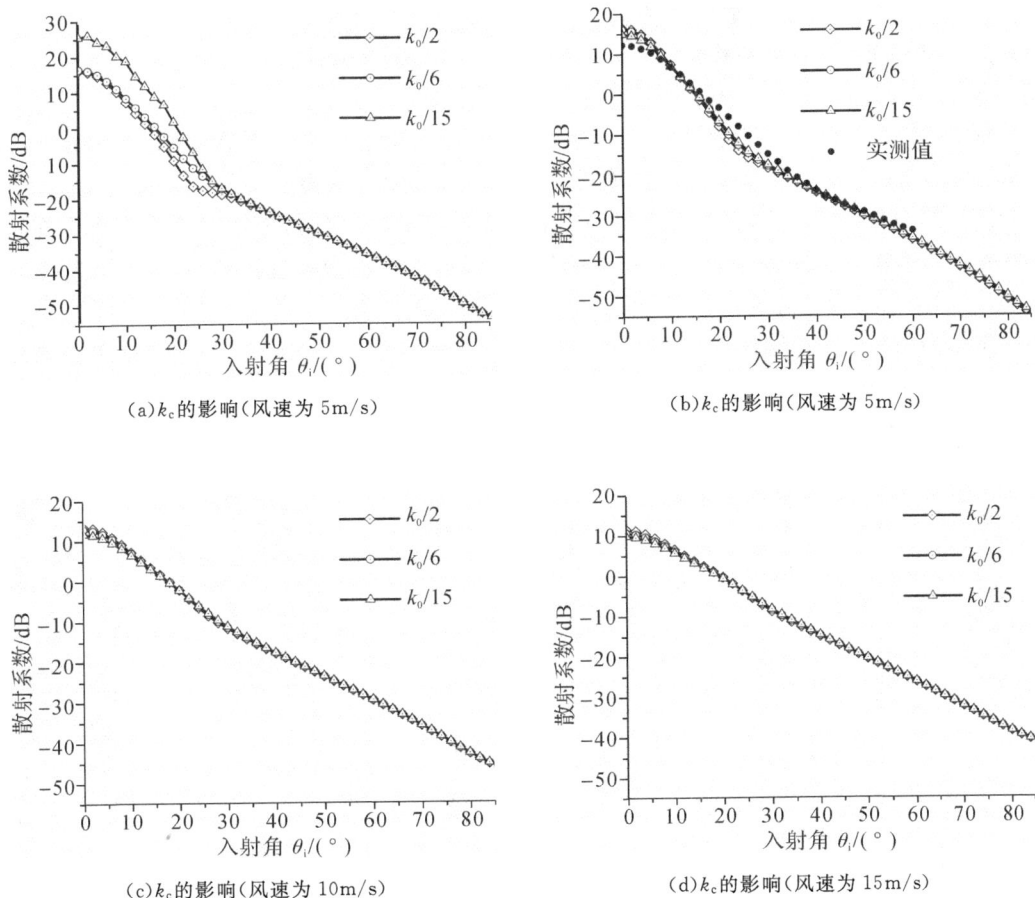

(a)k_c的影响（风速为 5m/s）

(b)k_c的影响（风速为 5m/s）

(c)k_c的影响（风速为 10m/s）

(d)k_c的影响（风速为 15m/s）

图 3.17　截断波数对改进 TSM 与 TSM 结果的影响

通过该算例说明说明：改进 TSM 可以获得传统 TSM 的精度，同时不受截断波数选取的影响。我们知道传统及其他改进的 TSM 截断波数的选取必须按照一定原则，这些原则要考虑海洋条件、入射频率或者入射姿态角等因素。而改进 TSM 不需要考虑截断波数选取的问题，从这一方面说改进 TSM 大大拓展了双尺度模型的应用范围。

3.5　算法有效性验证

1.造波池后向散射验证试验

造波池后向散射试验是利用造波池近似模拟不同风速下海面，利用造波装置推动造波池内水的运动以模拟海风吹动水面形成波浪的效果，通过改变造波推动装置的推力方向便能模拟出不同风向驱动海水的效果。造波池内的海水介电常数可以通过控制池水内含盐量的多少来实现，而池水内的含盐

图 3.18　环境后向散射试验示意图

量可以通过人为撒盐并搅拌来调节。采集试验如图 3.18 所示，波池大小约为 $300\text{m} \times 50\text{m}$。分别测量了收发天线在 X 和 Ku 两波段下的散射结果。

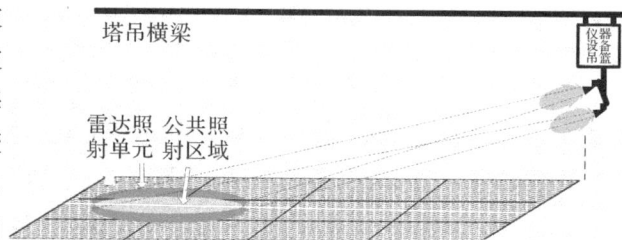

实际的测试中，将天线和接收信号装置安装在造波池上方对试验数据进行采集。调节发射和接收装置的水平和高度位置便能模拟不同照射角度，采集中应当始终保持波束中心对准造波池的中心位置不变，且收发装置与中心位置的距离也应保持不变。通过对试验数据的采集并整理就能得到不同海况下的后向散射系数。设定方位角为 0° 且保持不变，即沿造波池长边方向，水面驱动装置也沿该方向，即风向 0°。擦地角的变化范围为 5°～60°。收发装置距离水面中心的距离为 100m，工作频率在 X 波段时，海水相对介电常数 $\varepsilon_r = 61-j33$，工作频率在 Ku 波段时，海水相对介电常数 $\varepsilon_r = 45-j38$。模拟 3 种风速，分别为 $2\text{m/s},4\text{m/s},5\text{m/s}$。仿真采用双尺度模型，仿真结果与实测结果的对比如图 3.19 和图 3.20 所示。

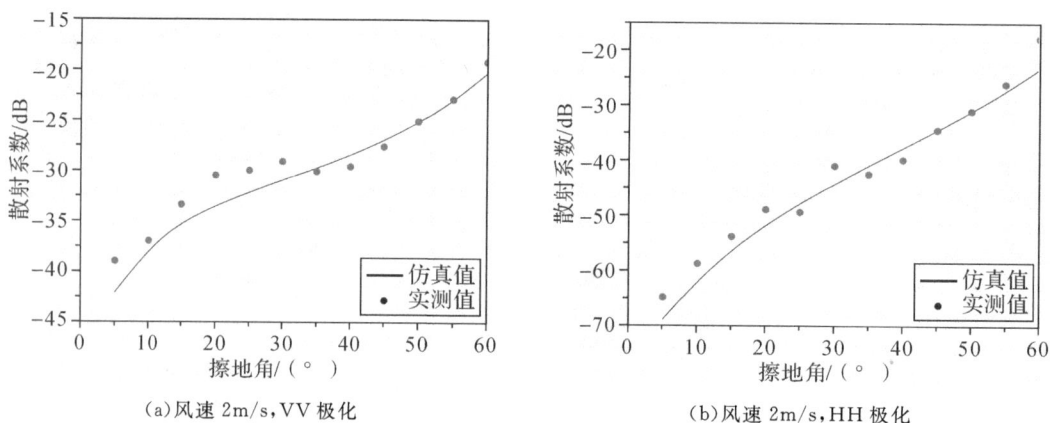

(a)风速 2m/s,VV 极化

(b)风速 2m/s,HH 极化

图 3.19　X 波段,VV/HH 极化下海面后向散射系数比对

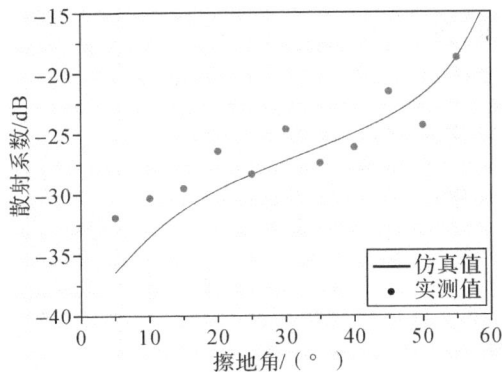

(c)风速 4m/s,VV 极化

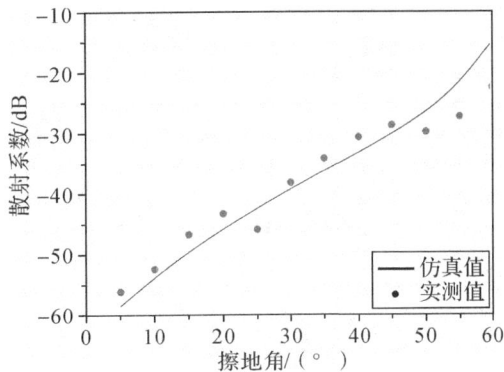

(d)风速 4m/s,HH 极化

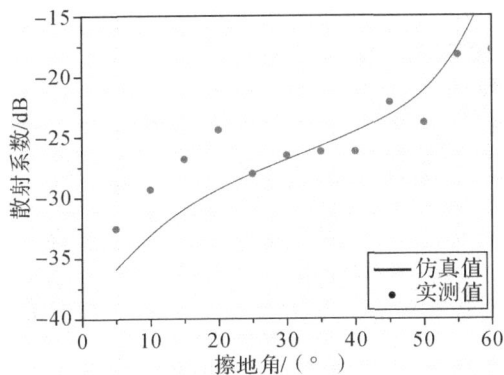

(e)风速 5m/s,VV 极化

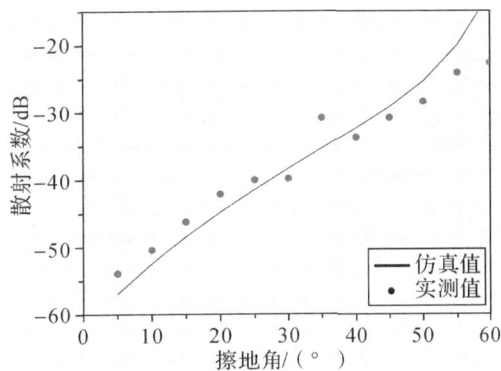

(f)风速 5m/s,HH 极化

续图 3.19　X 波段,VV/HH 极化下海面后向散射系数比对

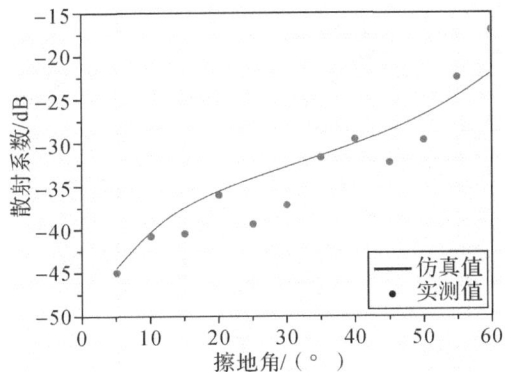

(a)风速 2m/s,VV 极化

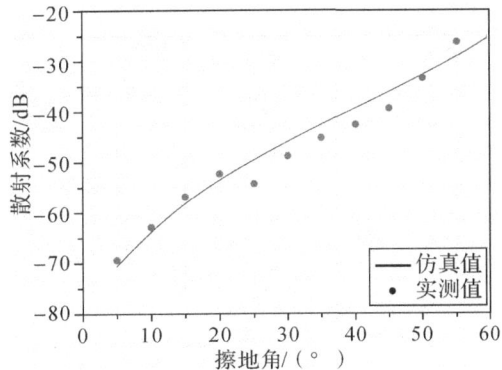

(b)风速 2m/s,HH 极化

图 3.20　Ku 波段,VV 极化、HH 极化下海面后向散射系数比对

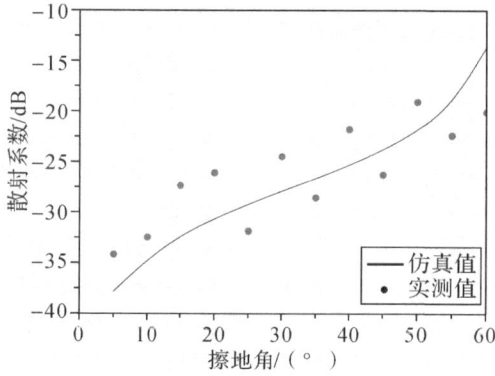

(c)风速 4m/s,VV 极化

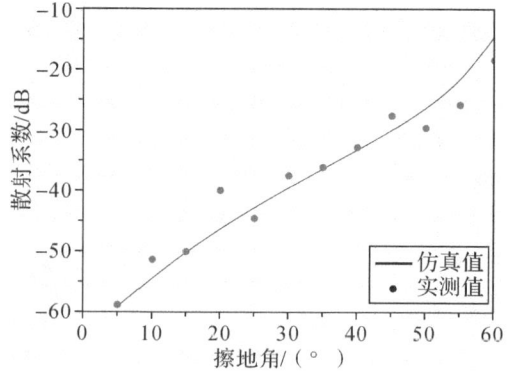

(d)风速 4m/s,HH 极化

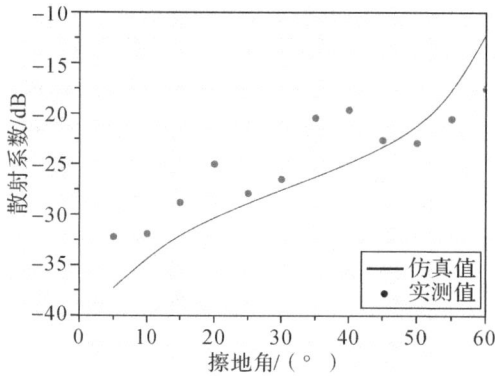

(e)风速 5m/s,VV 极化

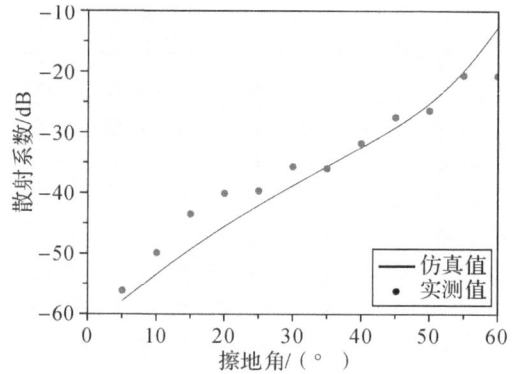

(f)风速 5m/s,HH 极化

续图 3.20　Ku 波段,VV 极化、HH 极化下海面后向散射系数比对

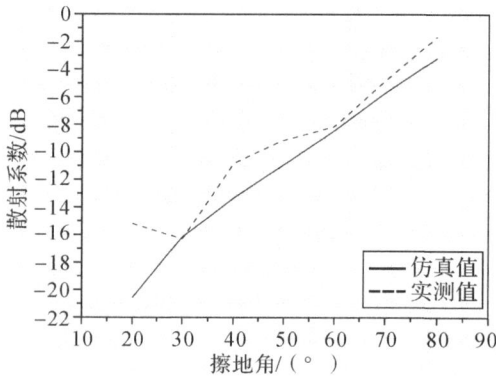

（a)VV 极化

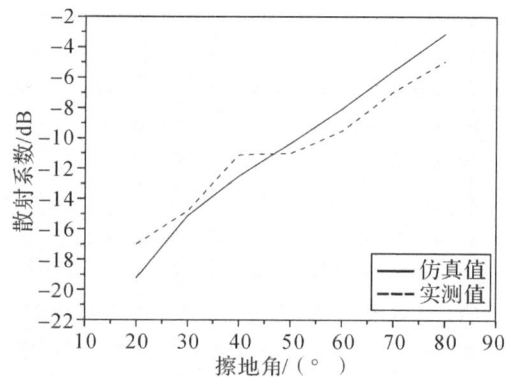

（b）HH 极化

图 3.21　X 波段,VV/HH 极化下土壤后向散射系数比对

从图中可以看出:不同风速下,VV 极化和 HH 极化下的仿真散射系数曲线均能与实测结果相吻合。每组实测结果的曲线存在一定起伏是因为测试的样本较少,仿真曲线是对 50

次样本计算值的平均。仿真结果与试验测试结果的均二次方根误差不大于 4dB。该算例验证了双尺度模型在计算环境后向散射系数时的精度。

2. 土壤后向散射验证试验

以土壤环境模型作为测试模型,环境的均二次方根高度 $h = 0.2m$,相关长度 $l = 0.6m$,设置工作频率在 X 波段,设置相对介电常数 $\varepsilon_r = 3 - j0.000024$,方位角为 $0°$,计算擦地角 $20° \sim 80°$ 时,HH 极化,VV 极化下的后向散射系数。雷达与环境面中心距离均为 200m。图 3.21 的计算结果表明:后向散射系数与实测结果数据在整个计算范围内的均二次方根误差小于 2.5dB,算法的有效性得到了验证。

3.6　环境散射变化规律

3.6.1　散射系数随环境参数的变化规律

环境后向散射系数与环境的电磁参数和外形参数都有关系,而本章介绍的经验公式给出的是某些特殊条件下的平均值,本节利用双尺度模型对散射系数随环境各参数的变化进行计算,并总结规律。

1. 环境后向散射系数随均二次方根高度的变化规律

计算条件:雷达与环境面中心距离均为 2km,相对介电常数 $\varepsilon_r = 5.93 - j4.05$,环境轮廓均二次方根高度 H 为 0.2m,相关长度 L_x 为 0.6m,小起伏相关长度 $l_x = 0.5m$,方位角为 $0°$,计算擦地角为 $5° \sim 70°$ 时,VV 极化下的后向散射系数。

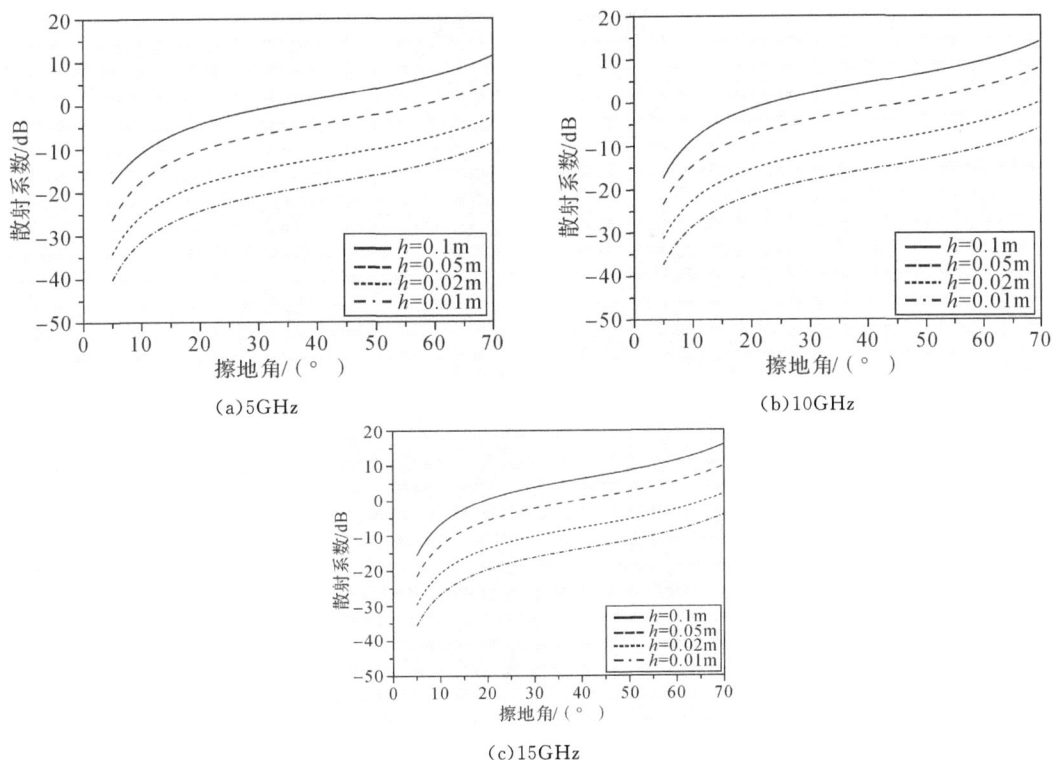

(a) 5GHz

(b) 10GHz

(c) 15GHz

图 3.22　小起伏均二次方根高度对后向散射系数的影响

由图 3.22 所示的计算结果看出：当小起伏均二次方根高度变大时，环境面变得粗糙，漫反射变大，后向散射系数变强。随着工作频率的增高，散射系数也会整体变大，这是因为频率的升高，环境粗糙度的电长度也随之增加，从而导致后向散射系数变大。

2.环境后向散射系数随相关长度的变化规律

计算条件：雷达与环境面中心距离均为 2km，相对介电常数 $\varepsilon_r = 5.93 - j4.05$，环境轮廓均二次方根高度 H 为 0.2m，相关长度 L_x 为 0.6m，小起伏均二次方根高度 $h = 0.1$m，方位角为 0°，计算擦地角为 5°～70°时，VV 极化下的后向散射系数。由图 3.23 所示的计算结果看出：当相关长度变小时，环境面变得粗糙，漫反射变大，后向散射系数变强；当频率升高时，环境均二次方根高度的电长度会增加，环境散射系数会增加，同时，相关长度的电长度会增加，这会使得环境散射系数减小，综合的效果表现为散射系数增强，说明均二次方根高度变化带来的贡献要大于相关长度变化带来的贡献。

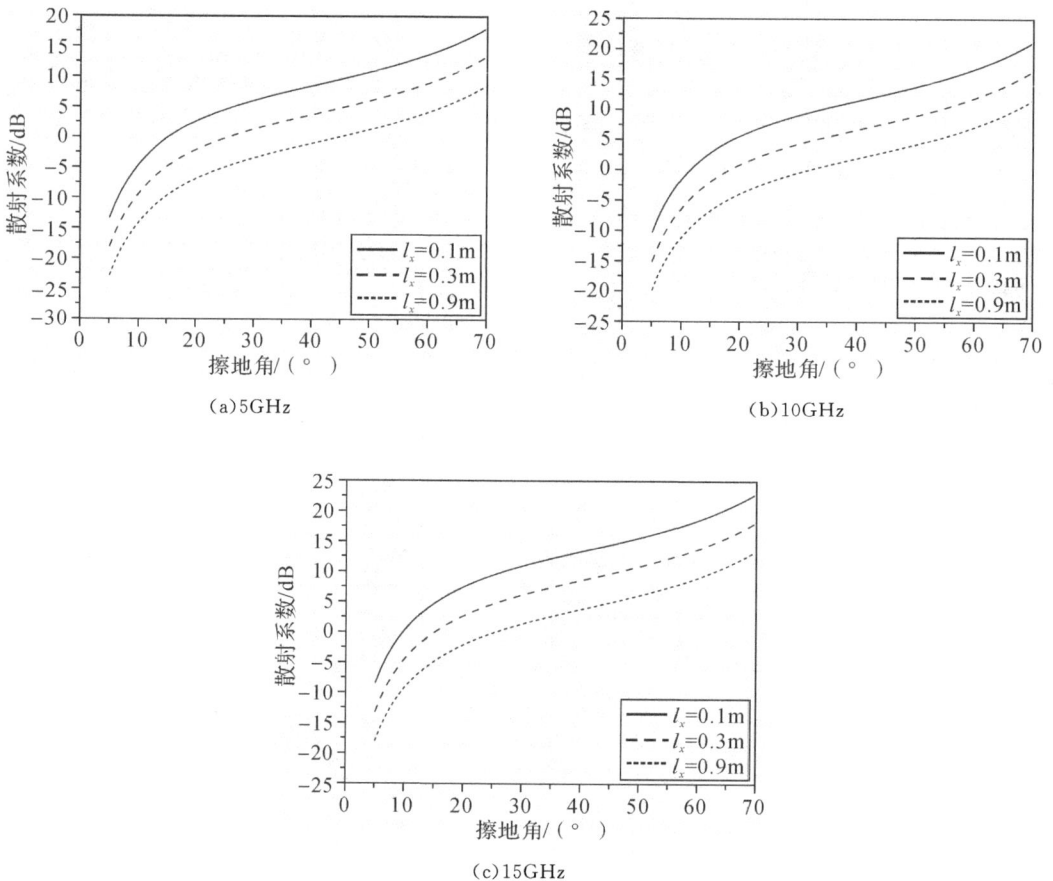

(a)5GHz

(b)10GHz

(c)15GHz

图 3.23　小起伏相关长度对后向散射系数的影响

3.环境后向散射系数随工作频率的变化规律

(1)以相关长度为参量。设定雷达与环境面中心距离均为 2km，相对介电常数 $\varepsilon_r = 5.93 - j4.05$，环境轮廓均二次方根高度 H 为 0.2m，相关长度 L_x 为 0.6m，方位角为 0°，计算小起伏均二次方根高度 $h = 0.01$m，擦地角为 30°照射下后向散射系数在不同极化照射下随工作频率变化的曲线。由图 3.24 所示的计算结果可以看出:VV 极化下的后向散射系数总体要比 HH 极化下的高。随着频率的增加,环境均二次方根高度的电长度变大,后向散射系数会变大,而相关长度的电长度也会变大,后向散射系数会变小,两者与散射系数变化的关系正好相反,而图示中显示最终的后向散射系数增强。这说明环境均二次方根高度的影响强于相关长度的影响。

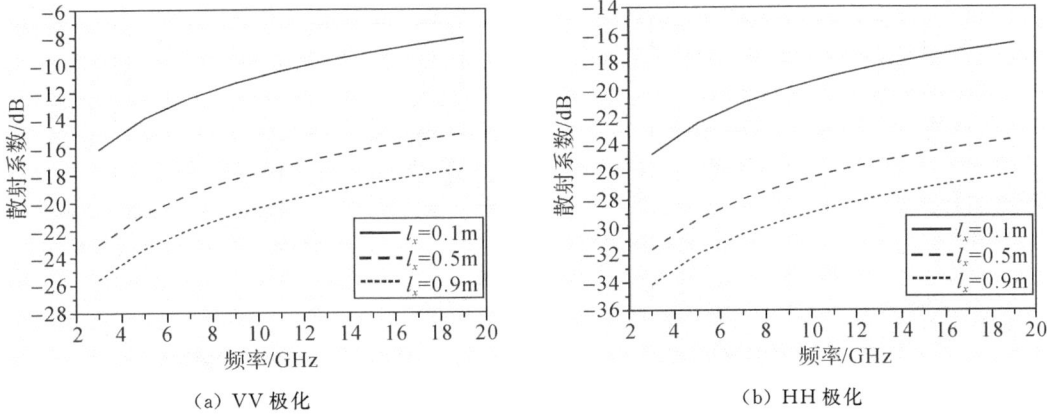

图 3.24 小起伏相关长度对后向散射系数的影响

由图 3.24 还可以看出:同一频率下,环境均二次方根高度相同,相关长度越大,环境面的曲率便越大,也就显得更加平坦,由此导致后向散射系数越小。

(2)以均二次方根高度为参量。设定雷达与环境面中心距离均为 2km,相对介电常数 ε_r = 5.93−j4.05,环境轮廓均二次方根高度 H 为 0.2m,相关长度 L_x 为 0.6m,方位角为 0°,计算小起伏相关长度 l_x = 0.5m,擦地角为 60°照射下后向散射系数在不同极化照射下随工作频率变化的曲线。从图 3.25 所示的计算结果可以看出:随着频率的增加,均方高度变化的影响要强于相关长度的影响。

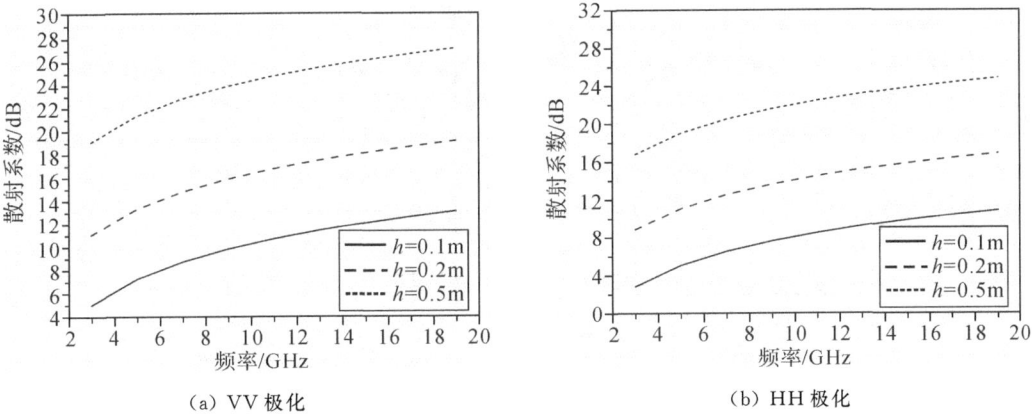

图 3.25 小起伏均二次方根高度对后向散射系数的影响

(3)以擦地角为参量。设定雷达与环境面中心距离均为 2km,相对介电常数 ε_r = 5.93

—j4.05,方位角为 0°,计算环境轮廓均二次方根高度 H 为 0.2m,相关长度 L_x 为 0.6m,小起伏均二次方根高度 $h = 0.4$m,相关长度 $l_x = 0.4$m,后向散射系数在不同极化照射下随工作频率变化的曲线。由图 3.26 所示的计算结果可以看出:后向散射系数随频率变化的曲线在大擦地角,也就是在近垂直入射时更加靠近环境的准镜面反射区,其散射系数的整体量级就高,这也符合环境面散射的基本规律。

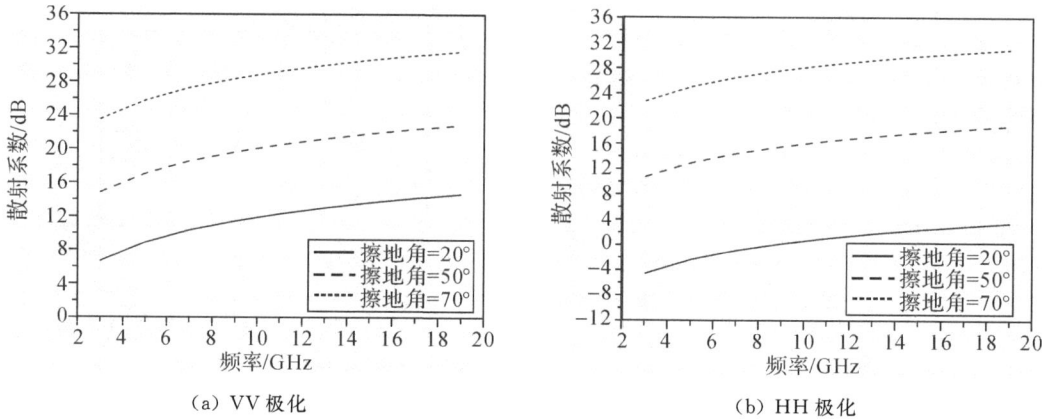

图 3.26 入射擦地角对后向散射系数的影响

4.环境后向散射系数随相对介电常数的变化规律

计算条件:雷达与环境面中心距离均为 2km,工作频率在 X 波段,环境轮廓均二次方根高度 H 为 0.2m,相关长度 L_x 为 0.6m,小起伏均二次方根高度 $h = 0.1$m,相关长度 $l_x = 0.1$m,方位角为 0°,计算擦地角 5°~70°时,不同极化下的后向散射系数。由图 3.27 所示的计算结果可以看出:当相对介电常数的实部增大时,VV 极化下的后向散射系数会增强,HH 极化下的散射系数变化不明显。

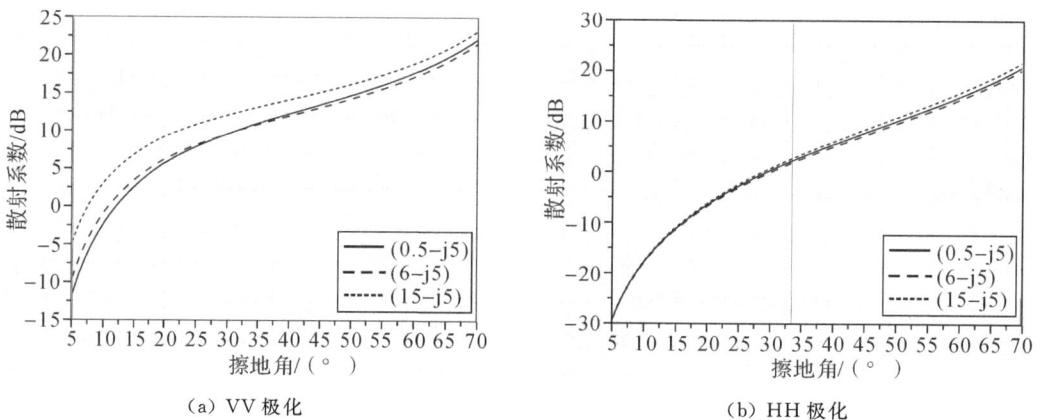

图 3.27 相对介电常数实部对后向散射系数的影响

由图 3.28 所示的计算结果可以看出:当相对介电常数的虚部的绝对值增大时,VV 极化和 HH 极化下的后向散射系数均会增加,且变化相对于实部情况下的会比较明显。环境相对介电常数的虚部比较大,说明介质的导电特性会比较好。该算例也说明从环境散射系数的极化特征能够作为分析环境组成材质如含水量、矿物质量、盐分等的一个依据。

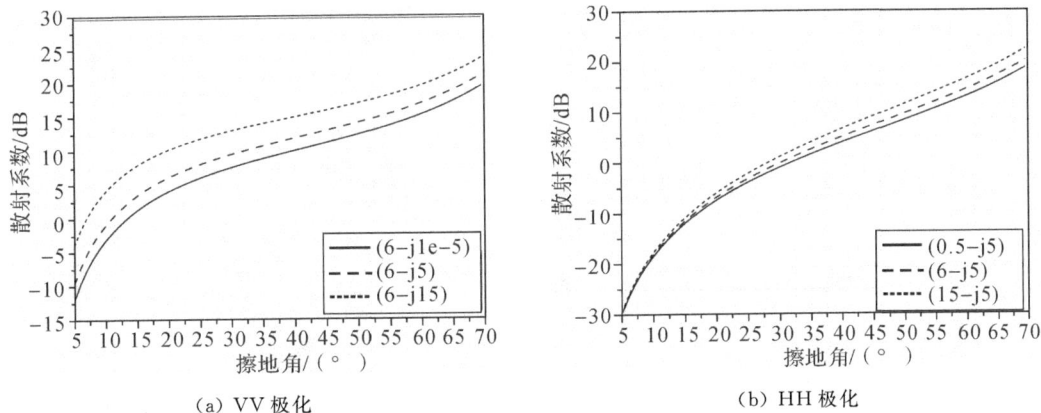

（a）VV 极化　　　　　　　　　（b）HH 极化

图 3.28　相对介电常数虚部对后向散射系数的影响

5.环境后向散射系数随大起伏均二次方根高度的变化规律

计算条件:雷达与环境面中心距离均为 2km,工作频率在 X 波段,环境轮廓相关长度 L_x 为 0.6m,小起伏均二次方根高度 $h = 0.01$m,相关长度 $l_x = 0.05$m,方位角为 0°,计算擦地角为 5°～70°时,不同极化下的后向散射系数。由图 3.29 所示的计算结果可以看出:环境轮廓均二次方根高度增加,后向散射系数仍然会增加,并且 HH 极化下的散射系数比 VV 极化的在小擦地角时差别要。

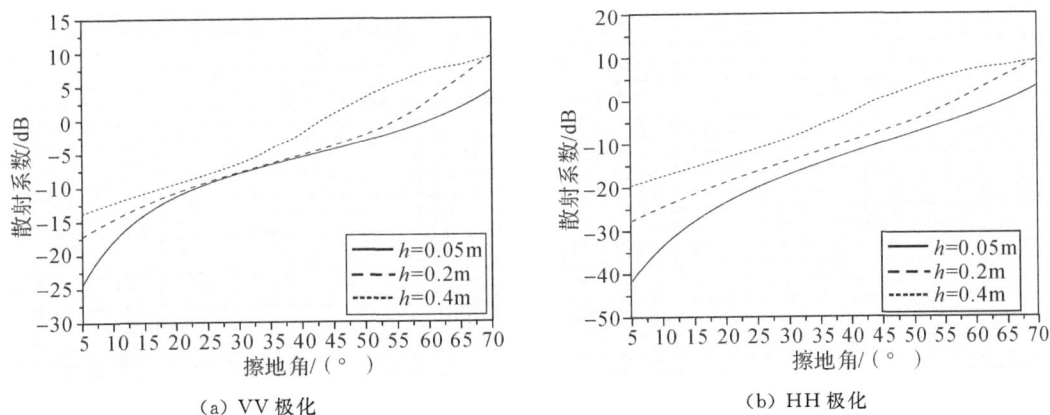

（a）VV 极化　　　　　　　　　（b）HH 极化

图 3.29　大起伏均二次方根高度对后向散射系数的影响

6.海环境后向散射系数随风速变化规律

计算条件:雷达与环境面中心距离均为 2km,工作频率为 5GHz,10GHz 及 14GHz,相对介电常数 $\varepsilon_r = 42.08 - j39.45$,风向为 0°,计算擦地角为 5°～70°时,不同极化下的后向散射系数。

由图 3.30 所示的计算结果可以看出:当海面风速增大时,海面后向散射系数会变大,且 VV 极化比 HH 极化在擦地角较小时的计算结果要大。随着频率的增加,风速越小,散射系数的差别越大。

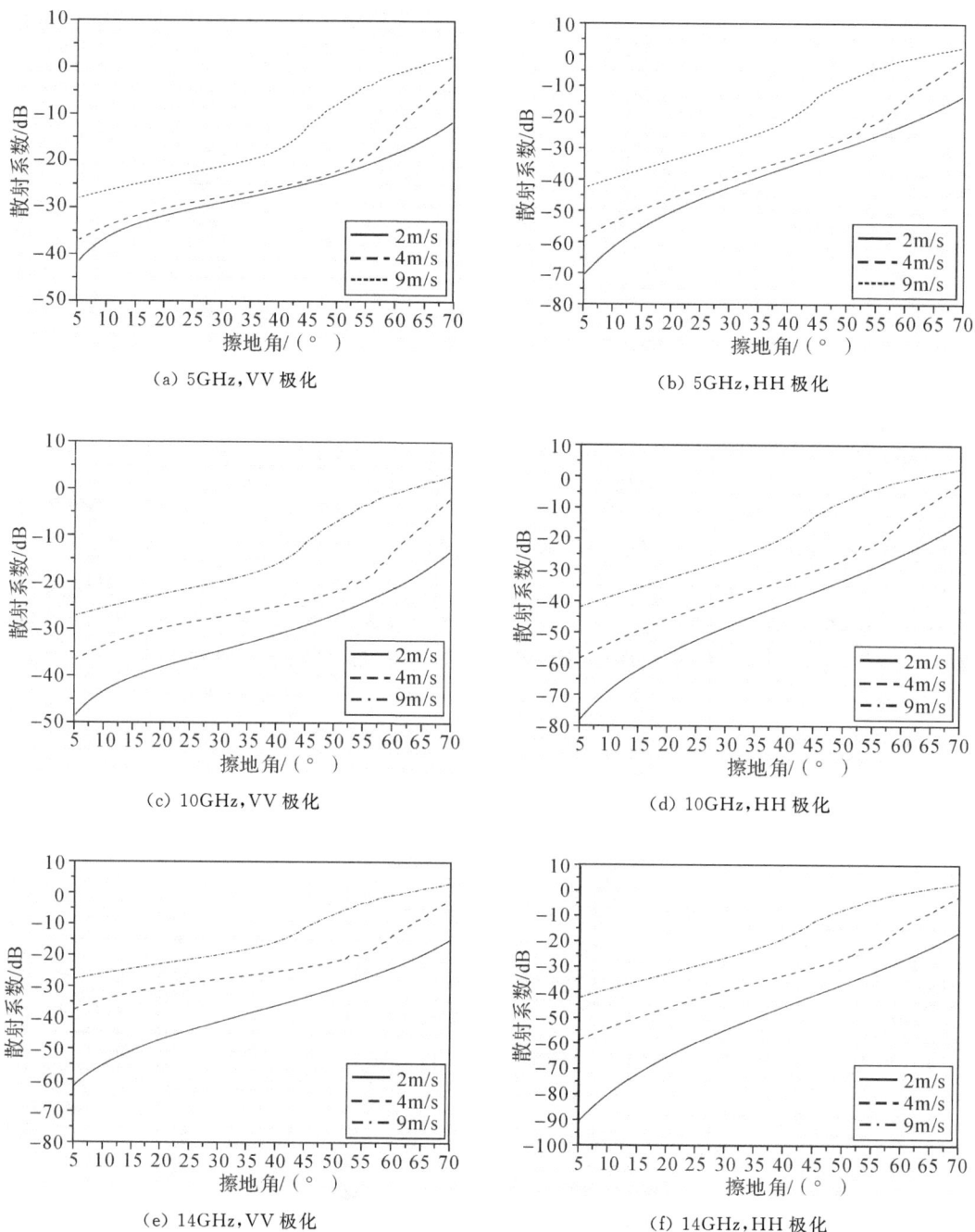

(a) 5GHz,VV 极化

(b) 5GHz,HH 极化

(c) 10GHz,VV 极化

(d) 10GHz,HH 极化

(e) 14GHz,VV 极化

(f) 14GHz,HH 极化

图 3.30　风速对海环境后向散射系数的影响

7. 环境后向散射系数随大起伏相关长度的变化规律

计算条件:雷达与环境面中心距离均为 2km,工作频率在 X 波段,环境轮廓均二次方根高度 H 为 0.2m,小起伏均二次方根高度 $h = 0.01$m,相关长度 $l_x = 0.05$m,方位角为 0°,计算擦地角 5°~70°时,不同极化下的后向散射系数。

由图 3.31 所示的计算结果可以看出:环境轮廓相关长度增加,环境表面的起伏变缓,类镜面结构比较明显,后向散射系数会减小,HH 极化下的散射系数比 VV 极化下的要小。

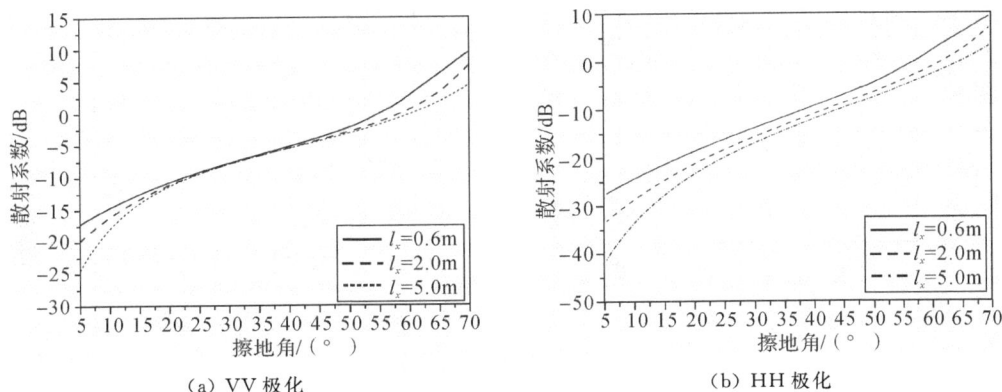

(a) VV 极化　　　　　　　　　　　　(b) HH 极化

图 3.31　大起伏相关长度对后向散射系数的影响

8.海环境后向散射系数随风向变化规律

计算条件:雷达与环境面中心距离均为 2km,工作频率在 X 波段,相对介电常数 $\varepsilon_r = 42.08 - j39.45$,计算擦地角为 $5° \sim 70°$ 时,不同极化下不同风向变化的后向散射系数。由图 3.32 所示的计算结果可以看出:当风速较小时,风向变化对后向散射的影响较弱,而风速较大时,风向变化主要影响在大擦地角时的散射。VV 极化与 HH 极化相比,后向散射系数的差别主要在小擦地角的区域。

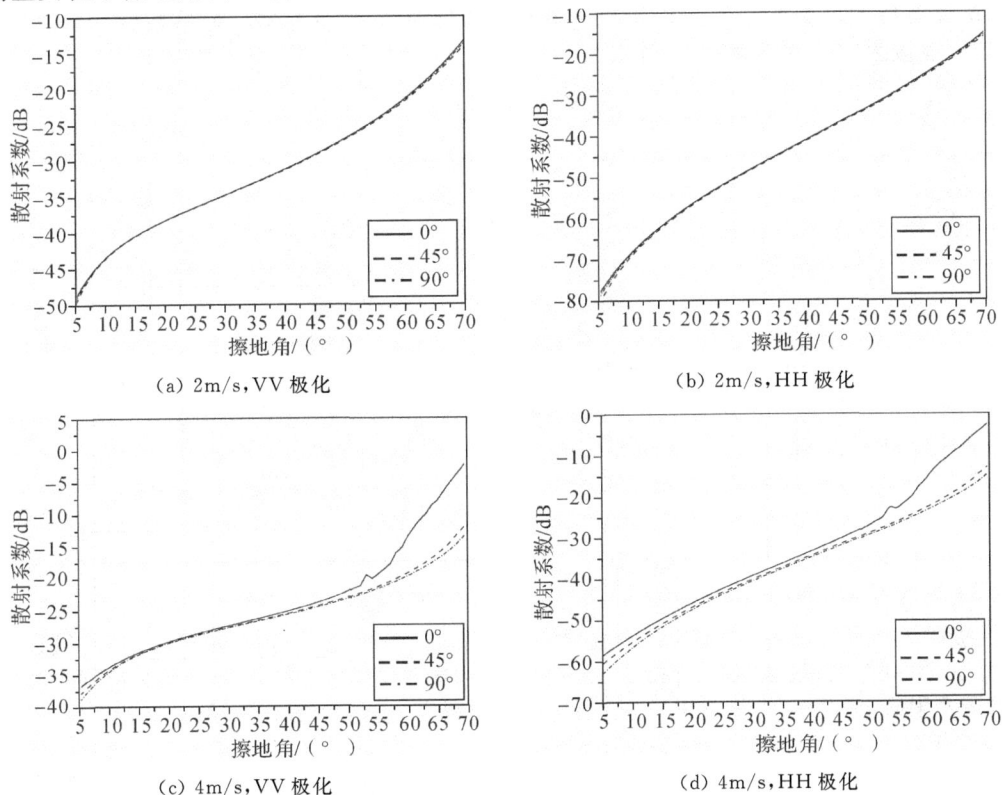

(a) 2m/s,VV 极化　　　　　　　　　　(b) 2m/s,HH 极化

(c) 4m/s,VV 极化　　　　　　　　　　(d) 4m/s,HH 极化

图 3.32　风向对海环境后向散射系数的影响

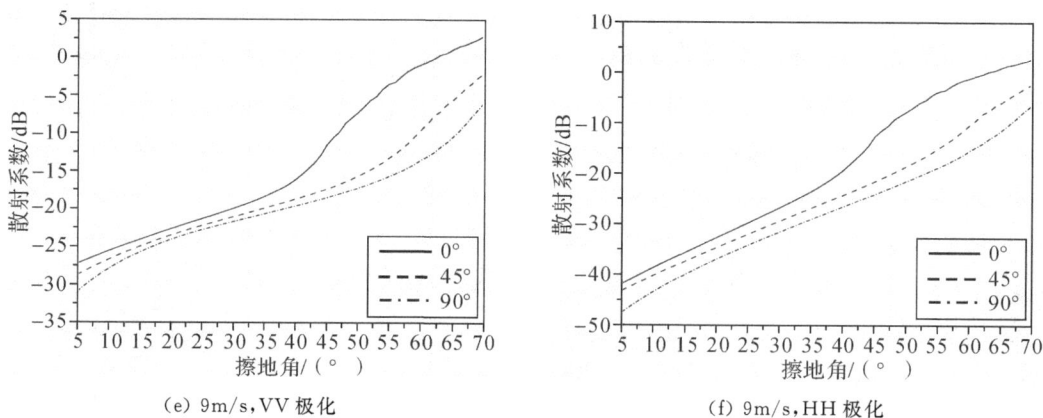

(e) 9m/s,VV 极化　　　　　　　　(f) 9m/s,HH 极化

续图 3.32　风向对海环境后向散射系数的影响

3.6.2　环境布儒斯特效应

环境的布儒斯特效应是指当入射波为垂直极化波时,存在一个使得镜向反射比较小的角,这个角就是布儒斯特角,这个效应就是布儒斯特效应。布儒斯特角的求解可以通过计算环境菲涅尔反射系数 R_h 和 R_v 来获得。

图 3.33 所示为 VV 极化下,由菲涅尔反射系数计算的镜向反射系数随擦地角变化的曲线。由图 3.33 可以看出,当相对介电常数的实部变大时,布儒斯特角变小,当虚部绝对值变大时,布儒斯特角也会变小。以上给出的布儒斯特效应是由菲涅尔反射系数计算得到的,实际计算环境散射多采用环境的散射系数。

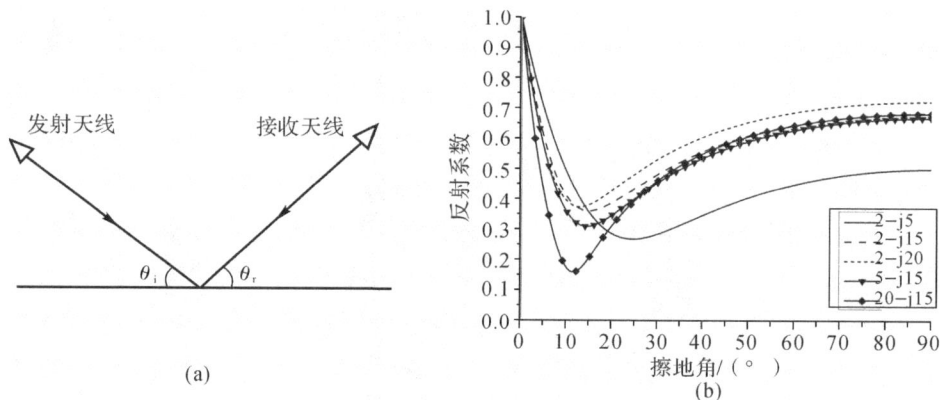

(a)　　　　　　　　　　　　　(b)

图 3.33　环境布儒斯特效应

1.造波池镜向散射验证试验

将接收天线置于发射天线的镜向位置便能够非常方便地进行镜向散射试验,发射天线擦地角在 5°～15° 内,发射天线与接收天线距离造波池中心距离为 100m,且在角度采集中保持不变,入射和接收极化均为 VV 极化。工作频率 X 波段时的相对介电常数 $\varepsilon_r = 60.5 - j35.8$,工作频率 Ku 波段时,$\varepsilon_r = 42.0 - j39$。

图 3.34 所示为计算和实测结果的对比,从图上可以看出:计算和实测结果曲线在 7° 附近均有局部最小值,而这个最小值就是海水在该条件下的布儒斯特角。试验中造波池的尺寸有限,而天线照射波束的范围较宽,这是导致角度和幅度误差的一个原因,另外天线距离

造波池中心较近也是引起误差的一个原因。该算例说明双尺度模型是能够满足计算需要的。

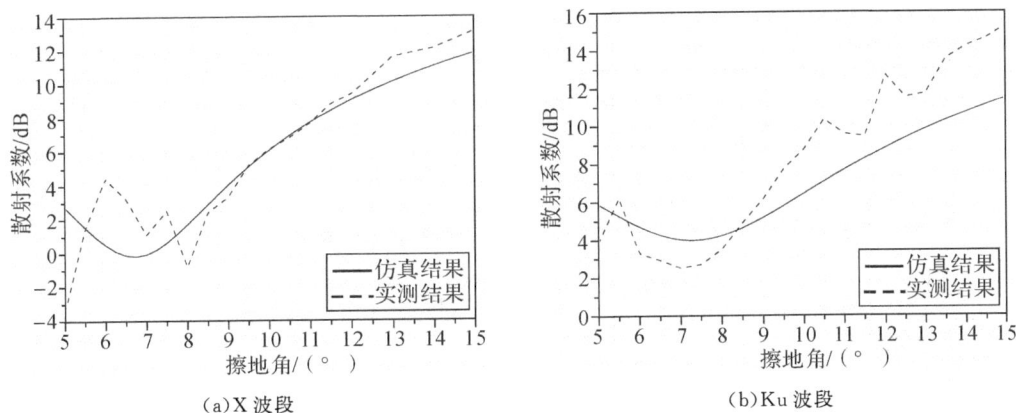

（a）X 波段　　　　　　　　　　　（b）Ku 波段

图 3.34　环境镜向散射试验示意图

2. 地面环境布儒斯特角随介电常数的变化规律

计算条件：工作频率在 X 波段，雷达与环境面中心距离均为 2km，均二次方根高度 $h=0.01\text{m}$，相关长度 $l=1\text{m}$，方位角为 $0°$，计算擦地角为 $5°\sim60°$ 范围内镜向散射系数曲线。

由图 3.35 所示的计算结果可以看出：随着介电常数实部的增大，布儒斯特角逐渐减小；随着介电常数虚部绝对值的减小，布儒斯特角略微会变大，并且布儒斯特角位置处的曲线深度会增加。这也是与反射系数随介电常数的变化规律是一致的。

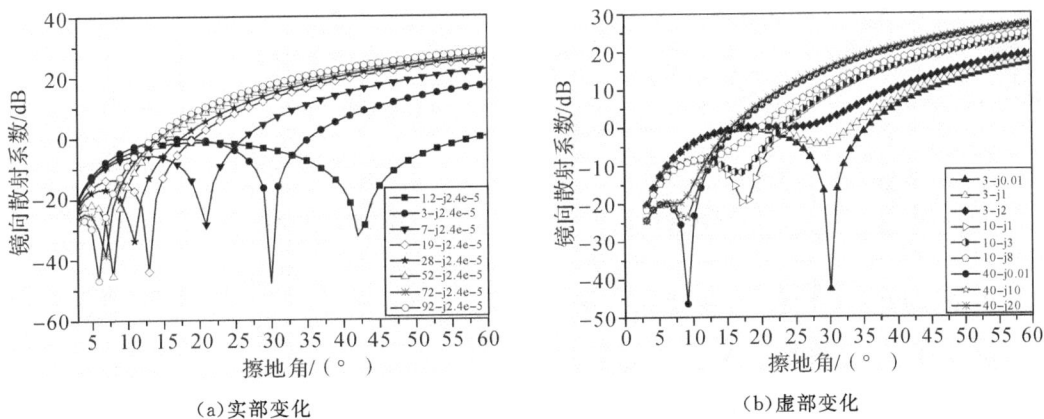

（a）实部变化　　　　　　　　　　（b）虚部变化

图 3.35　环境镜向散射系数随介电常数的变化规律

3. 地面环境布儒斯特角随工作频率的变化规律

计算条件：雷达与环境面中心距离均为 2km，均二次方根高度 $h=0.01\text{m}$，相关长度 $l=1\text{m}$，方位角为 $0°$，$\varepsilon_r=3-j0.01$，计算擦地角为 $5°\sim60°$ 范围内镜向散射系数曲线。由图 3.36所示的计算结果可以看出：布儒斯特角的位置几乎不随频率的改变而发生改变，随着工作频率的增大，环境面均二次方根高度对应的电尺寸变大，环境面相关长度对应的电尺寸也变大,综合表现为环境面的相干散射增强,这样镜向散射系数整体会变大。

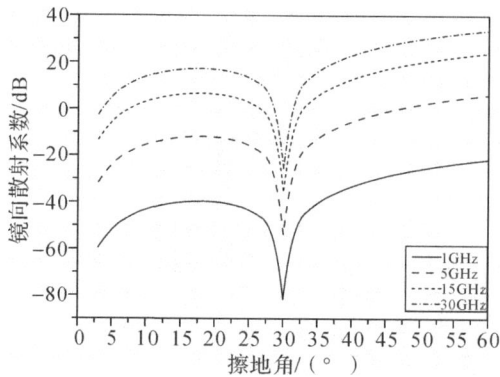

图 3.36　环境镜向散射系数随工作频率的变化规律

4.地面环境布儒斯特角随均二次方根高度的变化规律

计算条件:工作频率在 X 波段,雷达与环境面中心距离均为 2km,相关长度 $l = 1m$,方位角为 $0°$,$\varepsilon_r = 3-j0.01$,计算擦地角为 $5°\sim60°$ 范围内镜向散射系数曲线。由图 3.37 所示的计算结果可以看出:随着均二次方根高度增大,环境面变得粗糙,相干散射变弱,镜向散射系数整体变小。

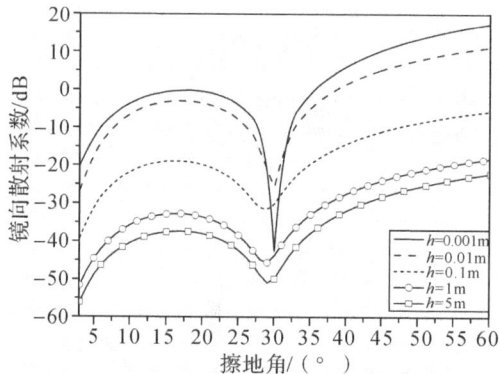

图 3.37　环境镜向散射系数随均二次方根高度的变化规律

5.海面布儒斯特角随风速的变化规律

计算条件:工作频率在 X 波段,雷达与环境面中心距离为 2km,风向为 $0°$,$\varepsilon_r = 42.08-j38.45$,计算擦地角为 $5°\sim60°$ 范围内镜向散射系数曲线。由图 3.38 所示的计算结果可以看出:随着风速增大,镜向散射在大部分角度都会呈现减小的趋势。

6.海面布儒斯特角随风向的变化规律

计算条件:工作频率在 X 波段,雷达与环境面中心距离均为 2km,风速为 $2m/s$,$\varepsilon_r = $

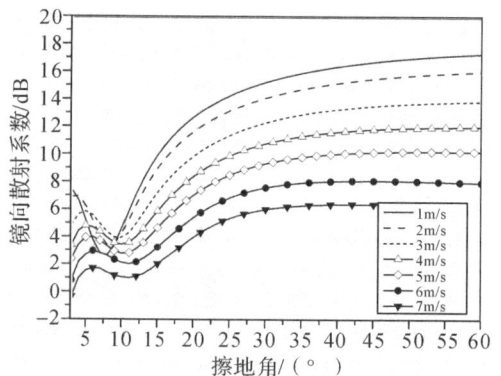

图 3.38　环境镜向散射系数随风速的变化规律

42.08－j38.45,计算擦地角为 5°～60°范围内镜向散射系数曲线。由图 3.39 所示的计算结果可以看出:当风向到 90°,即侧风时,等效的海面变得平坦,相干散射变强。但整体而言,风向对前向散射的影响较弱。

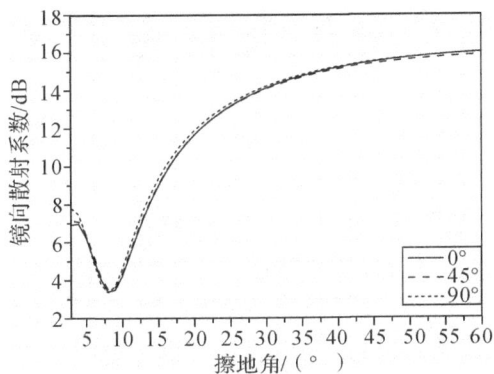

图 3.39 环境镜向散射系数随风向的变化规律

3.7 本 章 小 结

本章主要介绍了环境电磁散射特性的计算模型,并利用该计算模型对环境电磁散射特性进行了分析,介绍了利用环境电磁计算模型分析布儒斯特效应,计算了环境布儒斯特效应随环境参数变化的规律,具体为:

(1)介绍了基于实验结果的几种经验公式。这些经验公式能够用于计算典型地物地貌条件下的环境介电常数。

(2)介绍了基于谱密度函数的随机粗糙面生成理论。

(3)介绍了用于计算环境散射系数的经验模型和解析模型。前一类方法通常用来预估环境散射系数的大小,后一类方法主要是双尺度模型,能够用来精确计算多尺度特征环境的散射系数,该类方法通过造波池后向散射系数试验结果验证了其计算精度。

(4)利用解析模型分析了散射系数随环境参数的变化,详细给出了散射系数随统计参数、环境电磁参数变化的曲线。

本章介绍的解析模型不仅是计算复合散射中环境贡献的基础,而且是后面章节即将介绍的杂波建模的基础。

第4章　目标与环境复合电磁散射特性建模

目标与环境复合散射是雷达探测、目标识别、成像及远程遥感等领域中的基础问题。目标与环境复合散射特性的分析与研究为后续的信号处理、数据分析提供原始的数据支撑。

目标与环境复合散射不仅包含目标散射、环境散射，而且包含了目标与环境耦合散射。这类问题通常是电大、多尺度的，尤其是其中包含的耦合散射涉及目标与环境的相互作用，处理这类问题的关键是如何计入耦合散射。一种思路是采用数值方法求得目标与环境相互作用的耦合矩阵，进而用直接或迭代求解的方法获得耦合电磁流；另一种思路是采用高频方法计算其多次反射或散射的贡献。前一种思路需要借助数值计算方法，这就要涉及面元剖分、基函数选取、耦合矩阵元素构造、矩阵性态分析及求解等。环境面元本身就受到粗糙面模型难以精细剖分的限制，即使能够建立起耦合矩阵，它的矩阵条件数也通常很大，直接求解与迭代求解均难以奏效。正因为如此，构造耦合矩阵方法不能作为一种通用型的解决手段。后一种思路则是计入耦合散射较强的部分，舍弃耦合散射比较弱的部分，这样就能极大地减少运算量，提高计算效率。

本章介绍的目标与环境复合散射计算方法是一种混合方法，具体为：目标散射的贡献采用第2章介绍的远近场一体化高频计算方法，环境散射采用的是第3章介绍的解析方法，耦合散射则采用高频近似方法。本书计算耦合散射采用的是弹跳射线法SBR，该方法本身基于的就是几何光学法（GO）和物理光学法（PO），每条射线的轨迹就是循着耦合散射比较强的方向在推进，如果进一步根据散射贡献的强弱对射线的弹跳次数进行截断以保留强耦合散射贡献，这样就能兼顾计算效率与精度之间的矛盾。值得注意的是，该混合方法计算的是环境散射RCS，即雷达散射截面积，而不是散射系数。

目标与环境复合散射特性受到目标参数与环境参数的影响，还会受到目标与环境相互位置关系尤其是距离的影响。文中给出的复合散射计算模型包含了距离因子及方向图对复合散射的加权。

本章介绍的复合散射混合计算方法的计算精度得到了造波池试验的验证。随后利用该混合计算方法分析了各类参数变化下的目标环境复合散射特性。

4.1　弹跳射线法（SBR）

4.1.1　计算步骤

对于耦合散射，数值方法是通过迭代计算或矩阵求解得到耦合电流，进而计算耦合散射场，而高频方法则不同，它是根据散射机理的不同或照射路径下散射贡献的强弱求得模型的感应电流,进而求得耦合散射场。实际的计算效果表明,数值计算方法的计算精度高,但有时会出现不收敛或者计算时间太长的不足,高频计算方法能够反映主要的耦合散射贡献,计算效率高,但计算精度会降低。

在这些计算耦合散射的高频方法中,一种比较有效的是 SBR 方法,该方法是将入射波看作一簇光线,当光线入射在模型表面时,通过几何光学法(GO)计算其经过弹跳后的反射路径和照射方向,如此重复,当行进光线无法弹跳时,计算最后一次弹跳时模型表面的感应电流并用 PO 法计算散射贡献,这便是 SBR 方法的整个实现过程。图 4.1 所示为 SBR 其中一条光线经过两次弹跳之后散射的情况,前两次的反射对应的是最强耦合路径,求解反射点和反射方向的方法是 GO,最后一次散射的计算方法采用的是 PO。

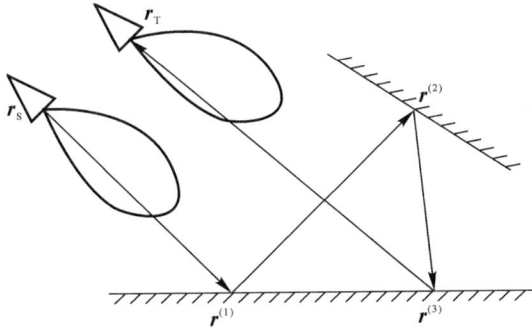

图 4.1　SBR 方法某一射线寻迹示意图

可以看出,每一次的弹跳散反射贡献相当于计算目标与环境耦合比较强方向上的耦合散射,对应的是数值方法中近距强耦合矩阵元素。传统的 SBR 方法通常假设入射波为平面波,实际中,入射雷达与目标环境模型距离并非无穷大,因此入射波应当看作是球面波,并且雷达天线方向图也应当被考虑在内。

为了求得距离有限且包含天线方向图幅度加权的耦合散射计算公式,假设入射波的电场和磁场可以表示为

$$E^{\mathrm{inc}} = \hat{e}_{\mathrm{i}} \eta_0 \frac{\mathrm{e}^{-jk_0 \hat{k}_{\mathrm{i}} \cdot (r - r_{\mathrm{s}})}}{|r - r_{\mathrm{s}}|}, H^{\mathrm{inc}} = \hat{h}_{\mathrm{i}} \frac{\mathrm{e}^{-jk_0 \hat{k}_{\mathrm{i}} \cdot (r - r_{\mathrm{s}})}}{|r - r_{\mathrm{s}}|} \tag{4.1}$$

式中:r_{s} 表示入射天线位置矢量;$\hat{e}_{\mathrm{i}}$ 和 $\hat{h}_{\mathrm{i}}$ 分别表示入射波电场和磁场矢量方向;k_0 表示入射波的波数;$\hat{k}_{\mathrm{i}}$ 表示入射波矢量方向。计算经过 n 次弹跳后的入射波为

$$\left. \begin{aligned} E_{\mathrm{i}}^{(n)} &= \hat{e}_{\mathrm{r}}^{(n)} \eta_0 \left\{ \prod_{m=1}^{n} \frac{\mathrm{e}^{-jk_0 \hat{k}_{\mathrm{r}}^{(m-1)} \cdot [r^{(m)} - r^{(m-1)}]}}{|r^{(m)} - r^{(m-1)}|} \right\} \frac{\mathrm{e}^{-jk_0 \hat{k}_{\mathrm{r}}^{(n)} \cdot [r - r^{(n)}]}}{|r - r^{(n)}|} \\ H_{\mathrm{i}}^{(n)} &= [\hat{k}_{\mathrm{r}}^{(n)} \times \hat{e}_{\mathrm{r}}^{(n)}] \left\{ \prod_{m=1}^{n} \frac{\mathrm{e}^{-jk_0 \hat{k}_{\mathrm{r}}^{(m-1)} \cdot [r^{(m)} - r^{(m-1)}]}}{|r^{(m)} - r^{(m-1)}|} \right\} \frac{\mathrm{e}^{-jk_0 \hat{k}_{\mathrm{r}}^{(n)} \cdot [r - r^{(n)}]}}{|r - r^{(n)}|} \end{aligned} \right\} \tag{4.2}$$

式中:$\hat{k}_{\mathrm{r}}^{(m)}$ 表示第 m 次反射后的方向矢量;特别地,$\hat{k}_{\mathrm{r}}^{(0)} = \hat{k}_{\mathrm{i}}$,$r^{(m)}$ 表示第 m 次反射时反射点的位置矢量,$r^{(0)} = r_{\mathrm{s}}$;$\hat{e}_{\mathrm{r}}^{(n)}$ 表示经过第 n 次反射后的电场矢量方向,可以通过以下公式进行计算:

$$\hat{e}_{r}^{(n)} = R_{v}^{(n)}[\hat{e}_{r}^{(n-1)} \cdot \hat{e}_{v}^{(n-1)}]\hat{e}_{v}^{(n)} + R_{h}^{(n)}[\hat{e}_{r}^{(n-1)} \cdot \hat{e}_{h}^{(n-1)}]\hat{e}_{h}^{(n)} \tag{4.3}$$

式中：$R_{v}^{(n)}$ 和 $R_{h}^{(n)}$ 分别表示第 n 次反射时垂直和平行极化波的反射系数；$\hat{e}_{h}$ 和 $\hat{e}_{v}$ 分别表示电场水平分量和垂直分量方向。

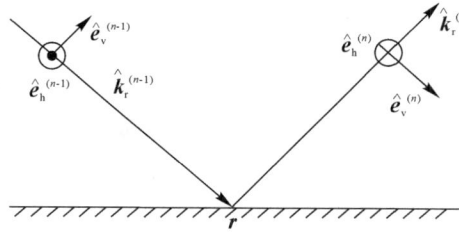

图 4.2　第 n 次反射时示意图

当经过第 n 次反射之后，射线停止弹跳而向自由空间中传播时，则需要将第 $n-1$ 次的反射波当作在 $r^{(n)}$ 位置矢量处的入射波，并用 PO 计算方法计算其散射场，推导过程参见目标散射，最终得到：

$$E_{S}(r_{T}) = \frac{e^{-[jk_{0}\hat{k}_{s} \cdot [r_{T} - r^{(n-1)}]]}}{4\pi R_{CT}} \int_{\Delta s} e^{jk_{0}(\hat{k}_{s} - \hat{k}_{i}) \cdot [r' - r^{(n-1)}]} ds' \cdot \prod_{m=1}^{n-1} \frac{e^{-jk_{0}\hat{k}_{r}^{(m)} \cdot [r^{(m)} - r^{(m-1)}]}}{|r^{(m)} - r^{(m-1)}|} \times$$

$$\left\{(jk_{0} + \frac{2}{R_{CT}} - j\frac{2}{k_{0}R_{CT}^{2}})\eta_{0}\hat{k}_{s} \times [\hat{k}_{s} \times (\hat{n} \times h)] - (jk_{0} + \frac{2}{R_{CT}})\hat{k}_{s} \times (\hat{n} \times e)\right\}$$

$$\tag{4.4}$$

式中：$R_{CT} = |r_{T} - r^{(n-1)}|$，表示第 $n-1$ 次弹跳点的位置矢量 $r^{(n-1)}$ 与接收天线位置矢量 r_{T} 的距离。另外：

$$\left.\begin{array}{l} \hat{n} \times h = [\hat{h}_{r}^{(n-1)} \cdot \hat{h}_{v}^{(n-1)}][\hat{n} \times \hat{h}_{v}^{(n)}](1 - R_{v}) + [\hat{h}_{r}^{(n-1)} \cdot \hat{h}_{h}^{(n-1)}][\hat{n} \times \hat{h}_{h}^{(n)}](1 + R_{h}) \\ \hat{n} \times e = [\hat{e}_{r}^{(n-1)} \cdot \hat{e}_{v}^{(n-1)}][\hat{n} \times \hat{e}_{v}^{(n)}](1 + R_{v}) + [\hat{e}_{r}^{(n-1)} \cdot \hat{e}_{h}^{(n-1)}][\hat{n} \times \hat{e}_{h}^{(n)}](1 - R_{h}) \end{array}\right\}$$

$$\tag{4.5}$$

再利用 Gordon 积分公式计算上式中的积分，最终得到每条射线对应的复二次方根 RCS。计算过程中仍然需要对面元进行可见性的判断，仍然可以采用 Z-buffer 技术。这样就可以求得其中一条射线产生散射对应的耦合散射截面积：

$$\sqrt{\sigma_{cn}} = \frac{R_{T0}}{2\sqrt{\pi}R_{CT}} \int_{\Delta s} e^{jk_{0}(\hat{k}_{s} - \hat{k}_{i}) \cdot [r' - r^{(n-1)}]} ds' \cdot \prod_{m=1}^{n-1} \frac{e^{-jk_{0}\hat{k}_{r}^{(m)} \cdot [r^{(m)} - r^{(m-1)}]}}{|r^{(m)} - r^{(m-1)}|}$$

$$\hat{e}_{s0} \cdot \left\{(jk_{0} + \frac{2}{R_{CT}} - j\frac{2}{k_{0}R_{CT}^{2}})\eta_{0}\hat{k}_{s} \times [\hat{k}_{s} \times (\hat{n} \times h)] - (jk_{0} + \frac{2}{R_{CT}})\hat{k}_{s} \times (\hat{n} \times e)\right\}$$

$$\tag{4.6}$$

式中：R_{T0} 表示接收场点 r_{T} 与目标中心 r_{0} 之间的距离；$\hat{e}_{s0}$ 表示接收天线电场矢量。最终能够求得总的耦合散射复二次方根 RCS 为

$$\sqrt{\sigma_{C}} = \sum_{n=1}^{N_{r}} \sqrt{\sigma_{cn}} T_{dn}(\hat{k}_{i}, n) g_{s}(\hat{k}_{i}) g_{T}(\hat{k}_{s}) \tag{4.7}$$

式中：N_r 指的是射线的总数；$g_s(\hat{\boldsymbol{k}}_i)$ 表示的是射线在弹跳开始时即首次弹跳位置处对应的发射天线方向图因子；$g_T(\hat{\boldsymbol{k}}_s)$ 表示的是射线在离开模型位置处到达接收天线时对应的接收天线方向图因子。

SBR 方法求解耦合散射适用于由若干平面拼接的结构。当拼接成的环境面构成类平面结构时，该方法其实就退化为一种更为简便的计算模型，即"四路径"模型。如图 4.3 所示，"四路径"模型能够计算得到目标散射、一次耦合散射（图中路径 1 和路径 2）及二次耦合散射（图中路径 3）。可得

$$\sqrt{\sigma_C} = \rho_1 \sqrt{\sigma_{T1}} + \rho_2 \sqrt{\sigma_{T2}} + \rho_{31}\rho_{32}\sqrt{\sigma_{T3}} \tag{4.8}$$

式中：$\rho_1 = \rho_s R_{v,h}$ 指的是路径 1 对应的复反射系数，$\rho_2 = \rho_s R_{v,h}$ 指的是路径 2 对应的复反射系数，$\rho_{31} = \rho_s R_{v,h}$ 和 $\rho_{32} = \rho_s R_{v,h}$ 指的是路径 3 对应的两次反射计算得到的复反射系数，$\sqrt{\sigma_{T1}}$，$\sqrt{\sigma_{T2}}$ 及 $\sqrt{\sigma_{T3}}$ 表示的是 3 条路径下耦合散射的复二次方根 RCS。ρ_s 为粗糙面反射因子，其表达式为

$$\rho_s = \begin{cases} e^{-2(2\pi\tau)^2}, & 0 \leqslant \tau \leqslant 0.1 \\ 0.812\,537/[1 + 2(2\pi\tau)^2], & \tau > 0.1 \end{cases} \tag{4.9}$$

式中：$\tau = \sigma_h \cos\theta_i / \lambda$，$\theta_i$ 为入射角；σ_h 为环境的均二次方根高度；λ 为工作波长。

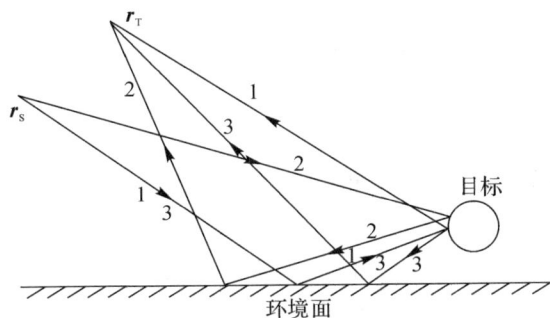

图 4.3　"四路径"模型示意图

"四路径"模型是 SBR 方法的特殊情况，只计入了耦合比较强的若干次散射贡献，该方法实现的过程简单，非常适用于环境粗糙程度不高的情形，并且与 SBR 方法相比，其不存在寻迹的操作，因此计算效率很高。"四路径"模型通常被用来进行精度要求不高时的计算预估；而 SBR 方法虽然适用性广，但是射线寻迹的过程很耗时，并且随着弹跳次数的增加，耦合散射的贡献会因为耦合距离的增加，耦合强度迅速衰减，因此在实际应用过程中往往对其弹跳的次数进行限制，舍弃散射贡献比较弱的高次弹跳，这样能够极大地缩短运算时间。

4.1.2　kd-tree 加速方法

SBR 方法计算每根射线的寻迹过程非常耗时，这时可以采用树结构对模型部件或组成部分进行分类，例如八叉树方法。本书采用另外一种比较高效的空间划分方法，即 kd-tree。它是空间二叉树模型的一种改进，可以将三维空间进行区域部分，而且区域的大小可以根据具体的实际应用进行改变。射线跟踪加速的最终目的是：用最少的求相交测试确定模型场景中部件相互的遮挡，射线与模型部件交点。利用 kd-tree 可以先将目标模型分解成若干

小区域,再判断射线与哪个区域相交,该区域内部三角面片的遮挡情况。这种算法可以迅速降低每根射线寻迹计算的复杂度。

这里以二维空间的 kd-tree 为例,如图 4.4 所示,图中的三角形表示目标场景内部的三角面片。划分过程采用递归思想,尝试根据目标场景内三角面元的集中或疏散的程度来选择分割平面,并用分割平面将目标场景划分成多个小长方体,每个长方形内包含的三角面元数大体相等,这样划分的目的是使射线跟踪代价最小。

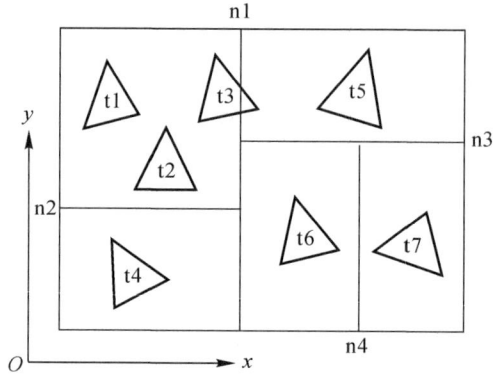

图 4.4　二维空间的 kd-tree 剖分示意图

通过不断地对目标场景进行分割,直到相关节点的三角面片数目满足分割停止的两个条件之一,即节点内部的三角形数量少于用户规定的数量或树的深度超过了用户规定的最大深度,则不再对目标场景进行分割即建树停止。如果三角面片跨越分割面(如图中的三角面片 t3),相关的两个子节点就都需要包含这个三角面片。最终得到目标场景所对应的kd-tree。

目标场景的 kd-tree 剖分数据建立好以后,所有的入射射线和反射射线就能进行追踪循迹。射线将首先从 kd-tree 的根节点开始,如图 4.5 所示,通过射线是否与目标包围盒相交来判断射线追踪能否继续进行下去,如果不相交则追踪停止,如果相交则遍历其各个子节点判断该射线与各个子节点是否相交,直到遇到叶子节点。

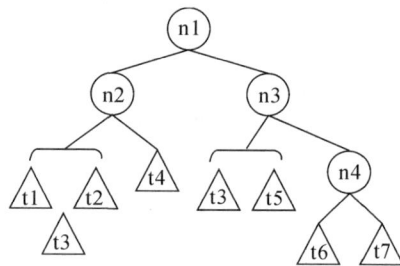

图 4.5　kd-tree 数据结构

图 4.6 所示为射线寻迹的具体实现流程。由图上可以看出:每条射线寻迹的过程是从根节点开始判断相交情况,渐渐深入至子节点,射线与子节点在空间距离上满足一定条件后就会继续进入更深层的树结构,层次越深,与射线可能存在相交关系的三角面元数越少。kd-tree 的优势是没有采用八叉树结构的大小相同的规则图形来划分,而是采用大小不规则

的长方形来划分,这样能够平衡各射线寻迹中的时间开销。

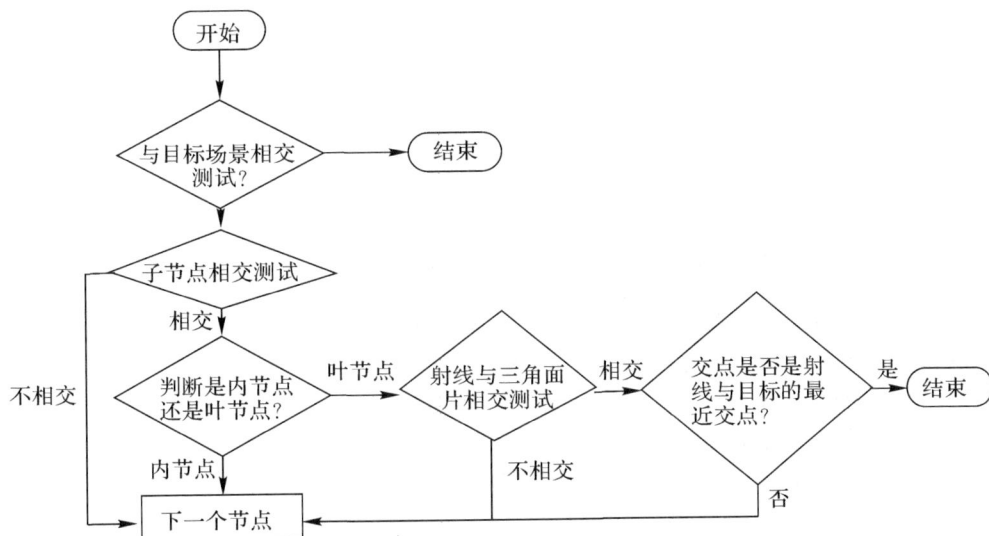

图 4.6　基于 kd-tree 的 SBR 算法流程图

采用的 SBR 方法不仅适用于雷达与模型距离无穷远时的特殊情况,而且适用于距离变化时的普遍情况。值得注意的是,每条射线的入射幅度和接收幅度应当根据入射和接收天线的方向性函数进行加权。

4.2　修正四路径模型

4.2.1　基于修正物理光学的反射系数

对于光滑的平板,反射系数 ρ 即为菲涅尔反射系数 R_h 或 R_v。而对于微粗糙表面,其散射主要集中在镜面反射方向,但漫散射增强了,镜面反射会有所减弱。所以此时直接采用菲涅尔反射系数不能真实反映目标粗糙度对多径散射的影响。有的学者以物理光学模型来描述粗糙面微波频段的反射系数,即认为反射系数按 $e^{-2k^2h^2\cos^2\theta}$ 衰减,通过引入粗糙度反射因子 ρ_s 来对传统四路径模型的反射系数进行修正,此时粗糙因子修正后的复反射系数为

$$\rho = \rho_s R_{v,h} \tag{4.10}$$

式中,ρ_s 见式(4.9)。该复反射系数模型认为布儒斯特角位置与表面粗糙特性没有关系。然而,试验数据表明,随着表面粗糙度增加,布儒斯特角的位置向垂直入射角方向偏移。Greffet 使用微扰法对布儒斯特角的这种特性进行了解释,但只能适用于微粗糙的表面。所以需要一种基于高阶物理光学的反射系数模型,该模型既能表现布儒斯特角的偏移特性,同时又有更广泛的适用范围。

物理光学源自于 Stratton-Chu 积分方程。对 Stratton-Chu 积分方程采用切平面近似,并对散射场按级数展开可获得反射系数为

$$R_p = e^{-2k^2h^2\cos^2\theta}\{R_{p00} + m^2[R_{p02} + R_{p20} - (R_{h00} + R_{v00})\cot^2\theta] + \cdots\} \tag{4.11}$$

式中:p 为极化方式;m 为表面的均二次方根斜率;R_{pkn} 为局部反射系数 R_p 关于斜率的泰勒展开式系数。对于光滑表面,R_{h00} 与 R_{v00} 与菲涅尔反射系数相等。

以垂直极化为例,式中前几项的泰勒展开式系数为

$$R_{v00} = \frac{\eta_1 \cos\theta - \eta_2 \cos\theta_t}{\eta_1 \cos\theta + \eta_2 \cos\theta_t} \tag{4.12a}$$

$$R_{v10} = \left[\eta_1 \sin\theta (1 - R_{v00}) - \eta_2 \frac{k_1 \cos\theta}{k_2 \cos\theta_t} \sin\theta_t (1 + R_{v00}) \right] / (\eta_1 \cos\theta + \eta_2 \cos\theta_t) \tag{4.12b}$$

$$R_{v02} = \frac{-\eta_2 (1 - k_1^2/k_2^2)(1 + R_{v00})}{2 (\eta_1 \cos\theta + \eta_2 \cos\theta_t) \cos\theta_t} \tag{4.12c}$$

$$R_{v02} = \frac{R_{v02}}{\cos^2\theta_t} - R_{v10} \frac{\eta_1 \sin\theta + \eta_2 \dfrac{k_1 \cos\theta}{k_2 \cos\theta_t} \sin\theta_t}{\eta_1 \cos\theta + \eta_2 \cos\theta} \tag{4.12d}$$

式中:k_1 与 k_2 分别为上层与下层介质的波数;θ 与 θ_t 为入射角与传播角度且有 $k_1 \sin\theta = k_2 \sin\theta_t$。将式中的 η_1 换为 η_2,则水平极化的系数 R_{hkn} 便可获得。

式(4.11)中关于斜率的高阶项也可以推导出,但是除非表面斜率非常大,否则更高阶的贡献完全可以忽略。当表面斜率过大时,更高次的散射效应不可忽略,简单的"四路径"散射模型也不再适用。观察该式可以发现,零阶项即为式(4.10)中的反射系数表达式。现我们根据式(4.11)采用一种新的反射系数为

$$R_p = \rho_s \left[R_{p00} + m^2 (R_{p02} + R_{p20}) \right] \tag{4.13}$$

图 4.7 所示为式(4.13)中的反射系数模型与式(4.10)中的反射系数模型以及实测数据的对比。

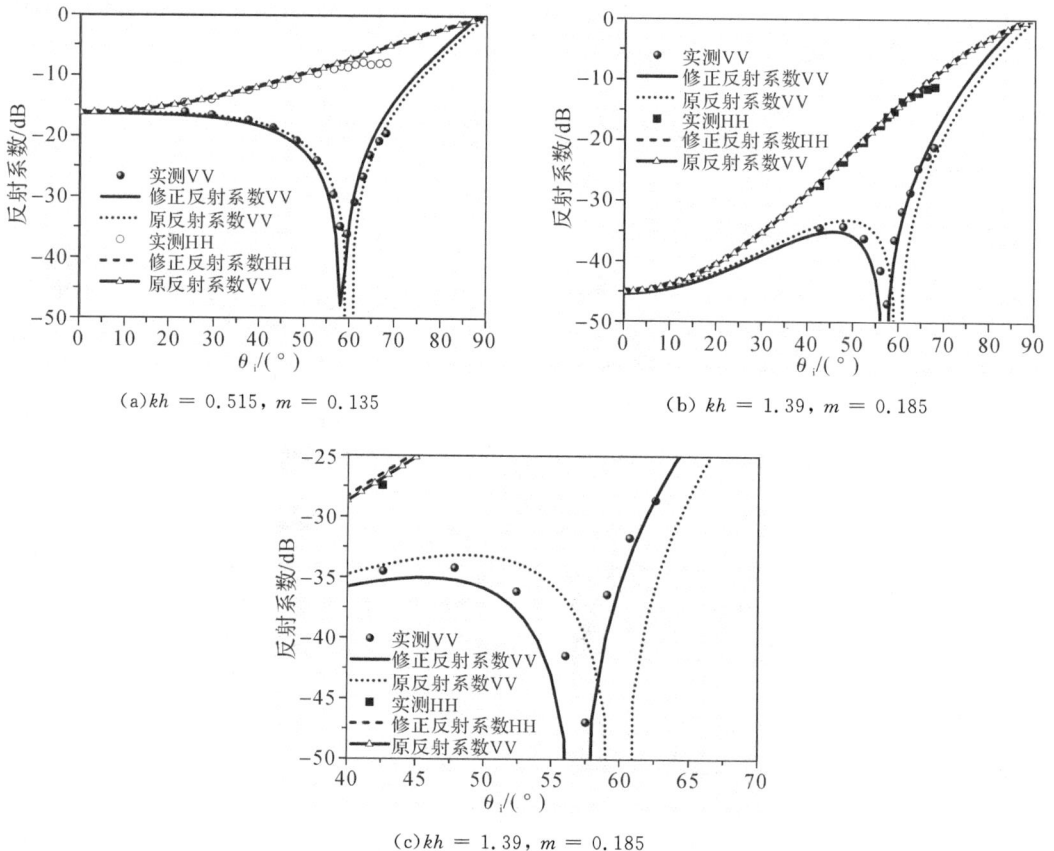

(a)$kh = 0.515, m = 0.135$

(b)$kh = 1.39, m = 0.185$

(c)$kh = 1.39, m = 0.185$

图 4.7　反射系数与实测数据的对比

其中表面相对介电常数为 $\varepsilon_r = 3.0 - j0.0$,可以发现当归一化的均二次方根高度 $kh =$ 0.515,表面斜率的均二次方根 $m = 0.135$ 时,垂直极化的布儒斯特角位于 $60°$。此时两种反射系数模型与实测数据匹配均较好。当 $kh = 1.39$, $m = 0.185$ 时即表面粗糙度明显增加时,布儒斯特角位于 $57.5°$,从图 4.7(b) 以及相应的放大图图 4.7(c) 中可以发现,式(4.13) 中的反射系数模型匹配效果更好。通过图 4.7 的结果可以总结出:式(4.10) 中传统反射系数的布儒斯特角位置不随表面粗糙度变化,而式(4.13) 中新的反射系数的布儒斯特角位置随粗糙度增加向垂直入射角度偏移,这种偏移与实测数据更为匹配。所以说式(4.13) 中的反射系数模型较传统模型更为合理有效。

4.2.2　粗糙面的均二次方根斜率

设高斯粗糙面的相关长度为 l_g,均二次方根高度为 h_g,根据表面均二次方根斜率定义

$$m_g^2 = h_g^2 C''(0) \tag{4.14}$$

式中:$C''(0)$ 为相关函数的二阶导数在相关长度为 0 处的值。对于高斯粗糙面有 $C''(0) = 2(h_g / l_g)^2$,所以其均二次方根斜率为

$$m_g = \sqrt{2}\, h_g / l_g \tag{4.15}$$

对于指数型粗糙面,其相关函数不是二阶可导的。在实际的应用中,指数型粗糙面的相关函数与功率谱密度都进行了一定的处理。其中,一种带限的指数型相关函数被提出用来截断谱函数中的高频部分。仿真结果显示,该模型具有很高的精度。由于高斯相关函数在高频处衰减十分剧烈,因此在带限指数型相关函数中,采用高斯相关函数对指数功率谱函数进行截断。其形式为

$$W(k) = \frac{h_e^2 l_e^2}{2\pi} \left[1 + (kl_e^2)^2\right]^{-1.5} \left[\frac{1}{R}\exp\left(-\left(\frac{kl_g}{2}\right)^2\right)\right] \tag{4.16}$$

其中,高斯谱函数的常数部分被归一化的参数 R 代替。R 能够保证式(4.16) 对波数的 k 的积分收敛为 $h_g{}^2$,R 的具体表达式为

$$R = 1 - q\frac{\sqrt{\pi}}{2}e^{q^2/4}\mathrm{erfc}\left(\frac{q}{2}\right) \tag{4.17}$$

式中:erfc 为误差函数,$q = l_g / l_e$。粗糙面的均二次方根斜率可由功率谱密度函数导出

$$
\begin{aligned}
m_e^2 &= \int_0^\infty k^3 W(k)\,\mathrm{d}k \\
&= \left(\frac{h_e}{L_e}\right)\frac{\sqrt{\pi}}{qR}\exp\left(\frac{q^2}{4}\right) \times \left[\left(1 + \frac{q^2}{2}\right)\mathrm{erfc}\left(\frac{q}{2}\right) - \frac{q}{\sqrt{\pi}}\exp\left(-\frac{q^2}{4}\right)\right] \\
&\approx \left(\frac{h_e}{L_e}\right)^2 \frac{\sqrt{\pi}}{q}
\end{aligned}
\tag{4.18}
$$

对于海洋粗糙面,其表面的均二次方根也可以由式(4.18) 获得,只需将谱函数换为海谱函数。

4.3　复合散射高效计算方法构建过程

目标与环境复合散射是由目标散射、环境散射和耦合散射三部分组成的。目标散射利用前面介绍的目标散射计算方法,即 PO 计算方法＋PTD 计算方法来进行计算:

$$\sqrt{\sigma_T} = \sum_{i=1}^{N} \sqrt{\sigma_i}\, T_i(\hat{\boldsymbol{k}}_i, \boldsymbol{n}) g_s(\hat{\boldsymbol{k}}_i) g_T(\hat{\boldsymbol{k}}_s) + \sum_{i=1}^{N_d} \sqrt{\sigma_{di}}\, T_{di}(\hat{\boldsymbol{k}}_i, \boldsymbol{n}) g_s(\hat{\boldsymbol{k}}_i) g_T(\hat{\boldsymbol{k}}_s) \tag{4.19a}$$

式中：N 表示目标面元的总数；N_d 表示目标棱边的个数；其他参数的定义参看第 2 章中的介绍，这里不再赘述。

环境散射利用双尺度方法进行计算，其复二次方根 RCS 的表达式为

$$\sqrt{\sigma_S} = \sum_{i=1}^{N_s} \sqrt{\gamma_i \Delta s \frac{R_{T0}^2}{R_{iS} R_{iT}}} \, e^{-jk_0 \hat{k}_i \cdot (r_i - r_S)} \tag{4.19b}$$

式中：Δs 表示离散后，环境大面元的面积；r_i 表示环境大面元中心的位置矢量；γ_i 表示利用第 3 章中的环境散射计算模型得到的环境面元散射系数；R_{iS} 和 R_{iT} 分别表示环境面元与发射天线及接收天线的距离。

利用本节中介绍的 SBR 方法进行计算耦合散射复二次方根 RCS，就得到了目标与环境复合散射截面积计算方法，则有

$$\sqrt{\sigma} = \sqrt{\sigma_T} + \sqrt{\sigma_S} + \sqrt{\sigma_C} \tag{4.20}$$

4.4 算法验证

将目标模型 1 置于水面上方，目标高度分别为 1m，3m 和 5m，目标轴向偏转角度分别为 0°，45°和 90°。设定工作频率在 X 波段，且水面相对介电常数为 $\varepsilon_r = 61 - j33$；工作频率在 Ku 波段，且相对介电常数为 $\varepsilon_r = 45 - j38$。

目标中心与发射/接收天线之间的距离为 13m，水面大小为 100m×60m，入射和接收均为 VV 极化。首先通过测量设备采集目标与环境复合散射截面积，然后用 4.3 节介绍的混合方法对目标-环境模型（见图 4.8）进行计算，得到擦地角为 5°～45°范围内的后向散射截面积。

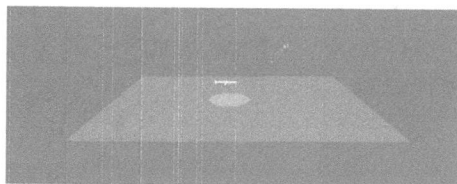

图 4.8　复合散射计算模型

计算结果如图 4.9 和图 4.10 所示。结果表明：本书提出的目标与环境复合散射计算方法具有比较高的计算精度。并且，目标的姿态对复合散射的结果影响非常大。X 波段下的平均误差不超过 3dB，Ku 波段下的平均误差不超过 4dB。该算例还表明：本节提出的快速计算方法的精度是能够得到保证的，能够适用目标不同高度、不同姿态、不同环境参数及目标与天线距离较小的条件。

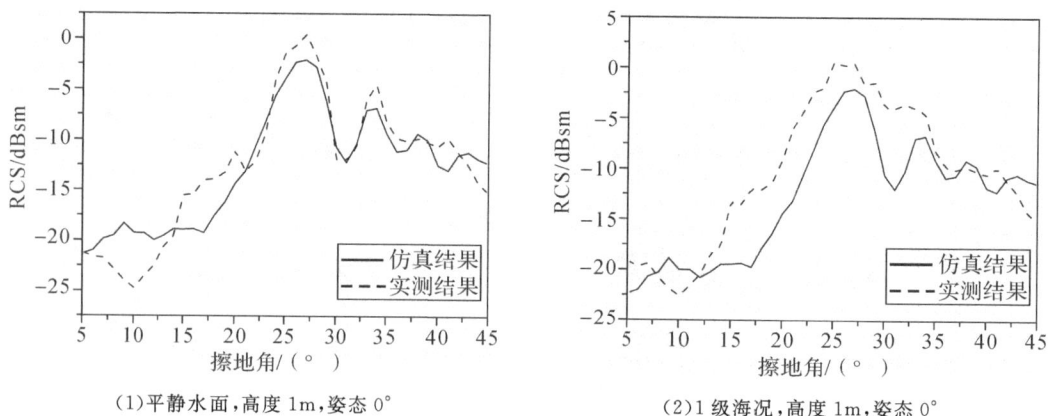

(1)平静水面，高度 1m，姿态 0°

(2)1 级海况，高度 1m，姿态 0°

图 4.9　X 波段 VV 极化下复合散射验证

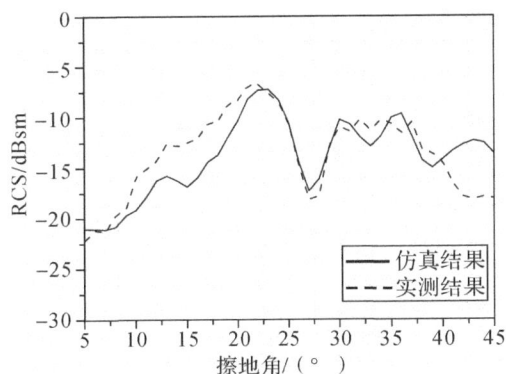

(3)平静水面,高度 1m,姿态 45°

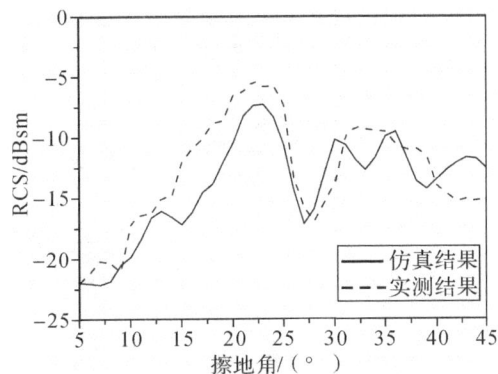

(4)1 级海况,高度 1m,姿态 45°

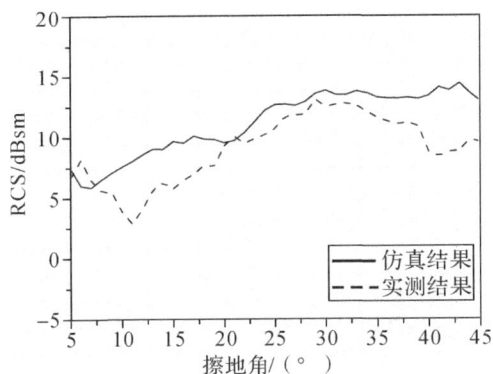

(5)平静水面,高度 1m,姿态 90°

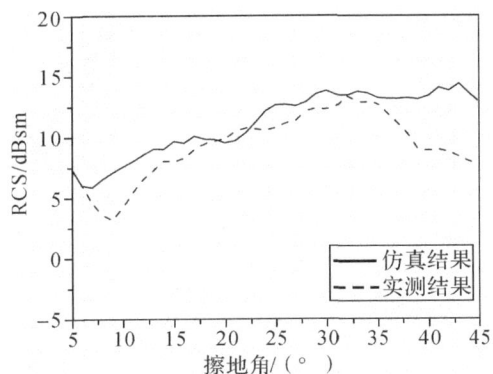

(6)1 级海况,高度 1m,姿态 90°

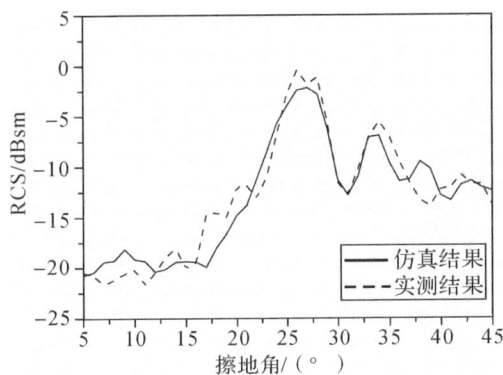

(7)平静水面,高度 3m,姿态 0°

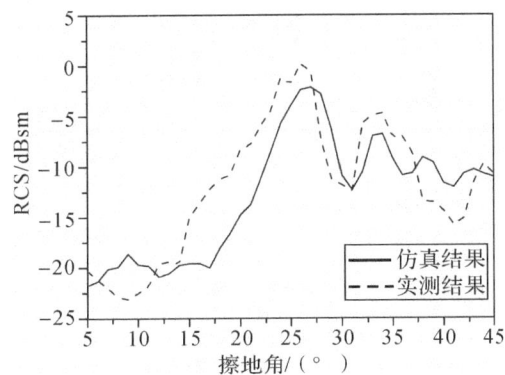

(8)1 级海况,高度 3m,姿态 0°

续图 4.9　X 波段 VV 极化下复合散射验证

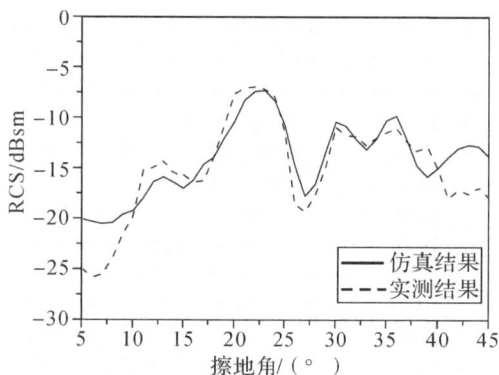

(9)平静水面,高度 3m,姿态 45°

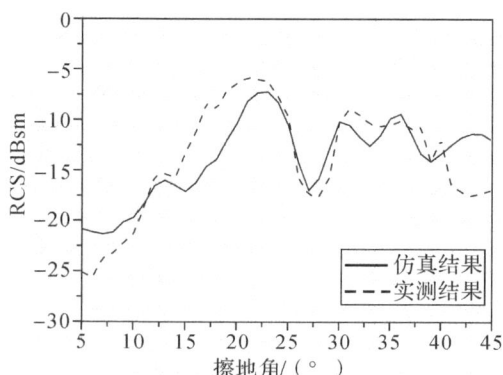

(10)1 级海况,高度 3m,姿态 45°

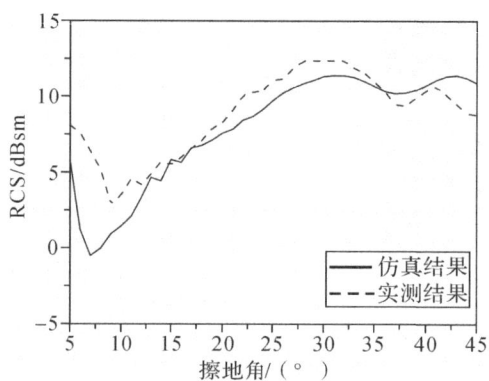

(11)平静水面,高度 3m,姿态 90°

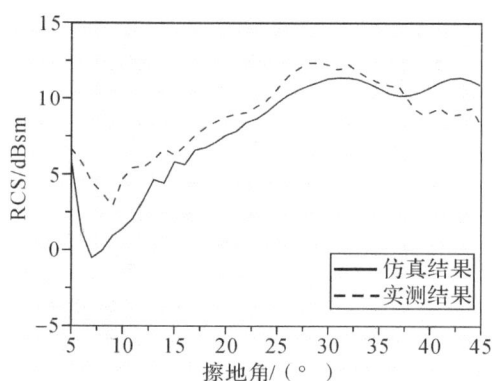

(12)1 级海况,高度 3m,姿态 90°

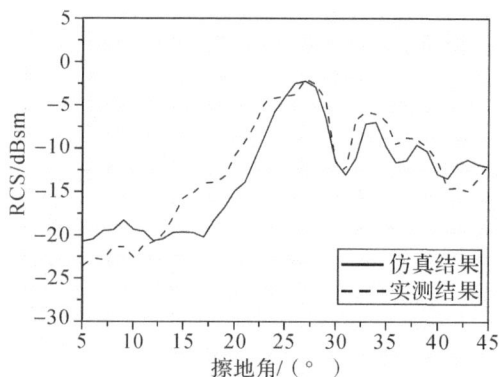

(13)平静水面,高度 5m,姿态 0°

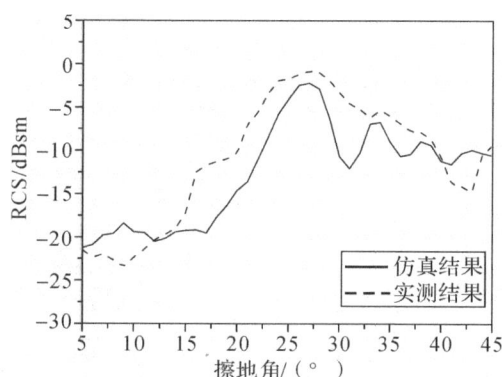

(14)1 级海况,高度 5m,姿态 0°

续图 4.9　X 波段 VV 极化下复合散射验证

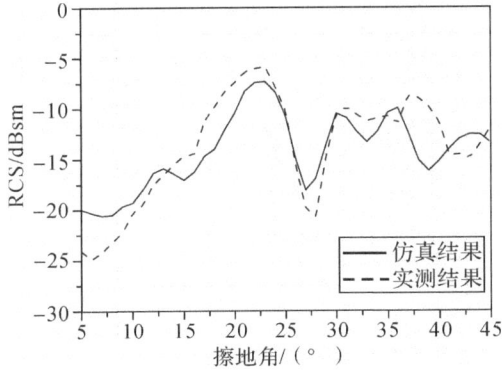

(15)平静水面,高度 5m,姿态 45°　　　　　　(16)1 级海况,高度 5m,姿态 45°

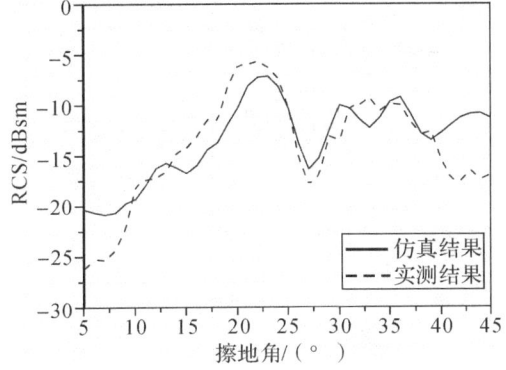

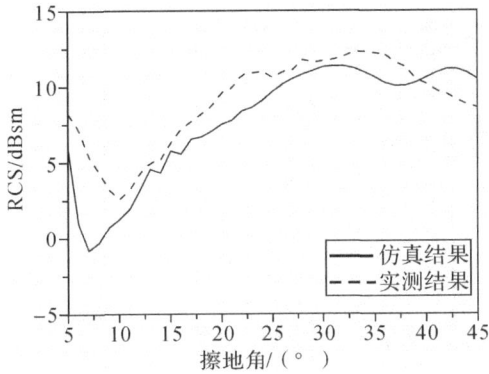

(17)平静水面,高度 5m,姿态 90°　　　　　　(18)1 级海况,高度 5m,姿态 90 度

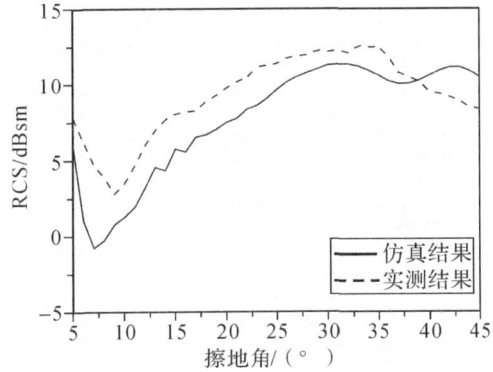

续图 4.9　X 波段 VV 极化下复合散射验证

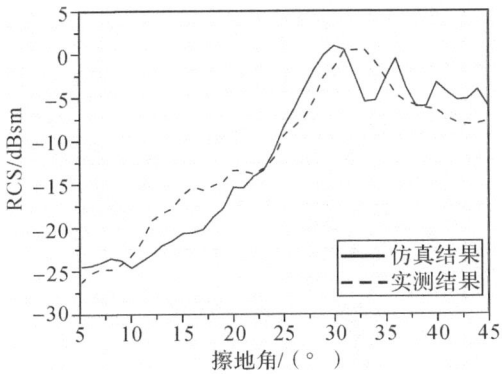

(1)平静水面,高度 1m,姿态 0°　　　　　　(2)1 级海况,高度 1m,姿态 0°

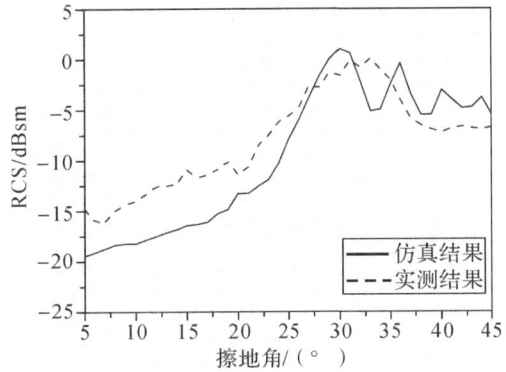

图 4.10　Ku 波段 VV 极化下复合散射验证

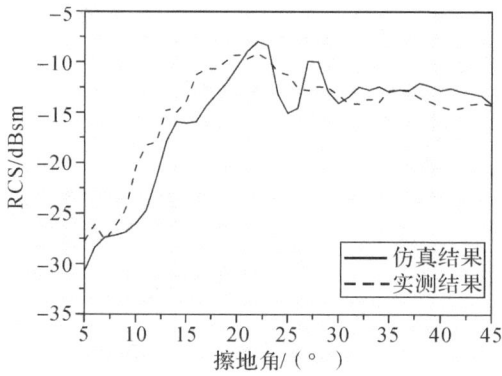

（3）平静水面，高度 1m，姿态 45°

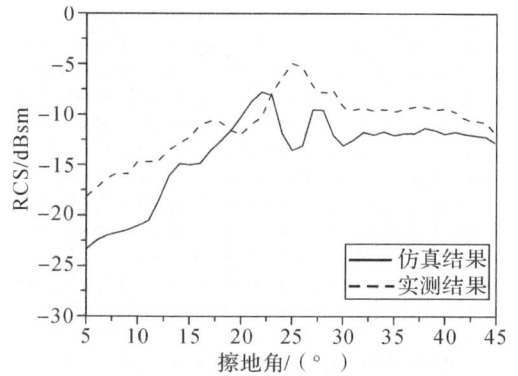

（4）1 级海况，高度 1m，姿态 45°

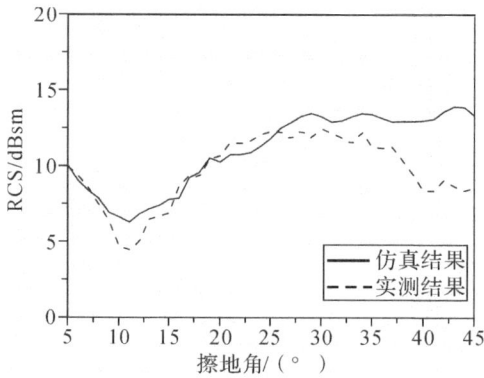

（5）平静水面，高度 1m，姿态 90°

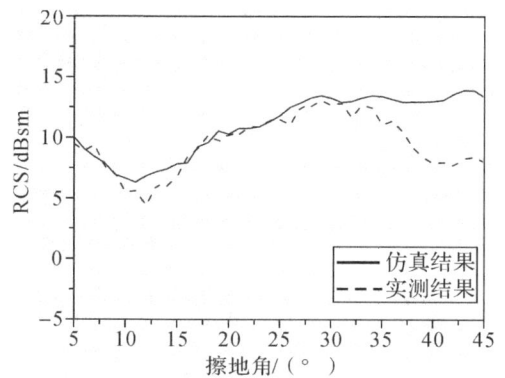

（6）1 级海况，高度 1m，姿态 90°

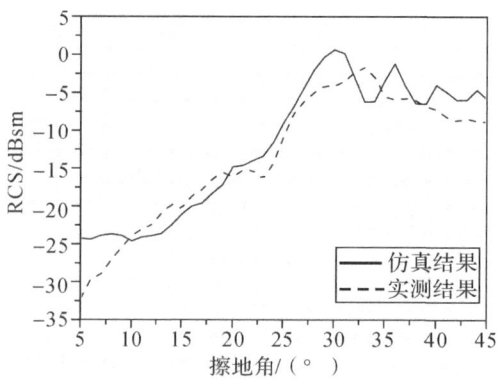

（7）平静水面，高度 3m，姿态 0°

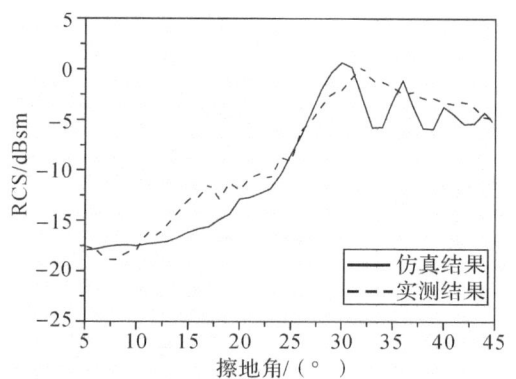

（8）1 级海况，高度 3m，姿态 0°

续图 4.10　Ku 波段 VV 极化下复合散射验证

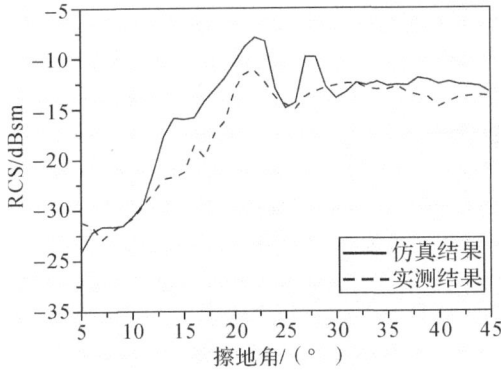

(9)平静水面,高度 3m,姿态 45°

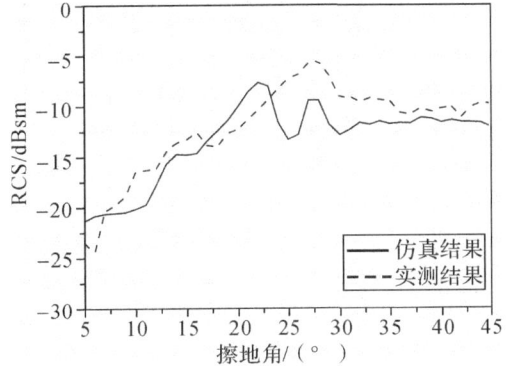

(10)1 级海况,高度 3m,姿态 45°

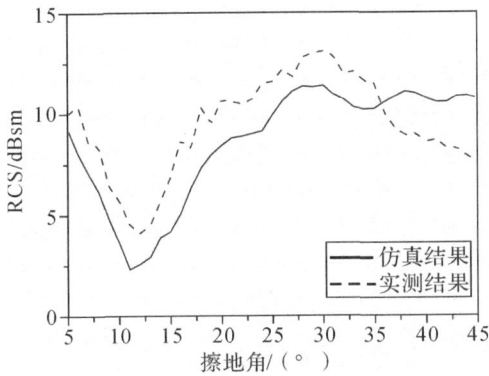

(11)平静水面,高度 3m,姿态 90°

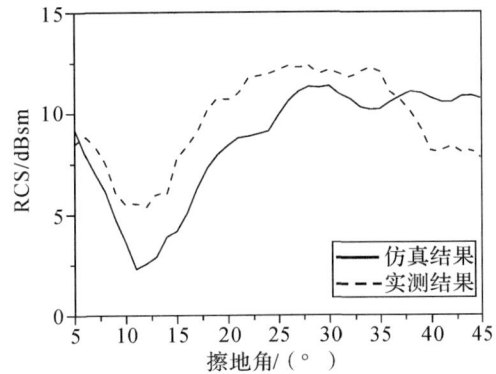

(12)1 级海况,高度 3m,姿态 90°

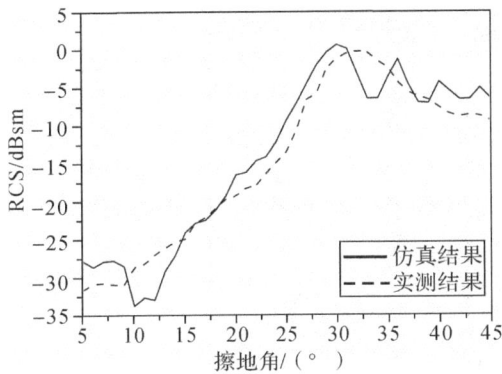

(13)平静水面,高度 5m,姿态 0°

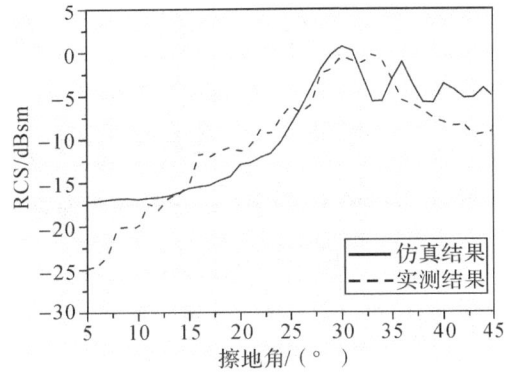

(14)1 级海况,高度 5m,姿态 0°

续图 4.10　Ku 波段 VV 极化下复合散射验证

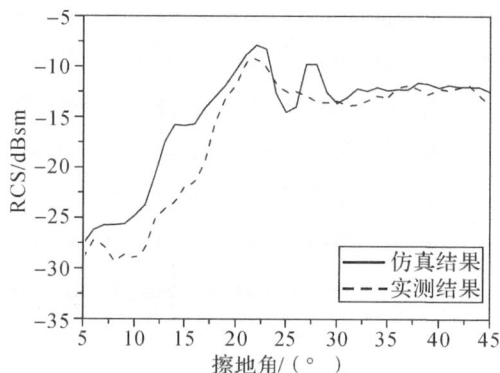

(15)平静水面,高度 5m,姿态 45°

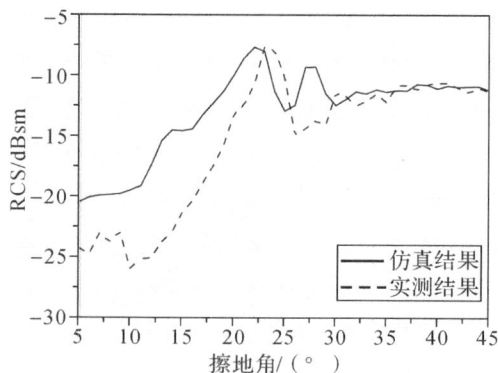

(16)1 级海况,高度 5m,姿态 45°

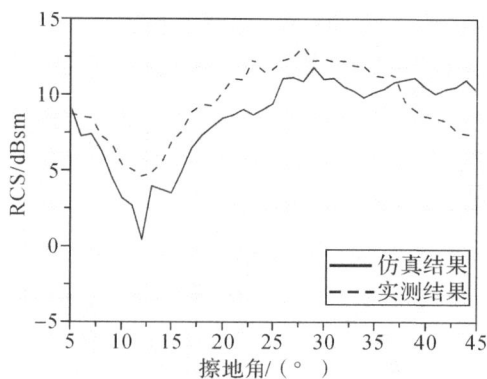

(17)平静水面,高度 5m,姿态 90°

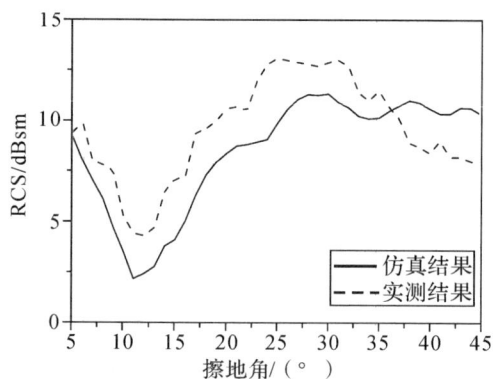

(18)1 级海况,高度 5m,姿态 90°

续图 4.10　Ku 波段 VV 极化下复合散射验证

4.5　目标与环境复合散射变化规律

4.5.1　在不同距离时复合散射的单/双站 RCS

算例 1:将目标模型 1 放置于环境面之上,环境面位于 xOy 面内,目标高度 H_T 为 5 m, 目标与环境相互位置关系如图 4.11 所示。

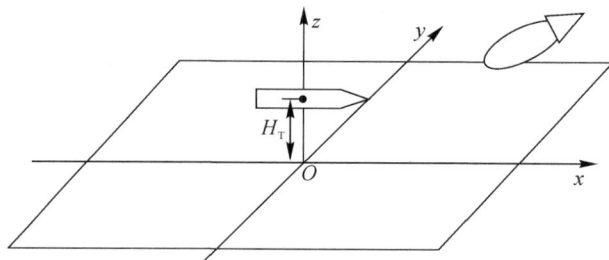

图 4.11　目标与环境复合散射模型示意图

　　设工作频率在 X 波段,入射和接收天线均为 VV 极化,单站入射角度设置为方位 0°,擦地角 0°～90°,双站入射角度设置为方位为 0°,擦地角为 45°,接收方位角为 0°,接收擦地角 0°～90°。环境相对介电常数 $\varepsilon_r = 3 - j0.000\,024$,环境面轮廓均二次方根高度 $H = 0.01\text{m}$,相关长度 $L_x = 0.6\text{m}$,小起伏均二次方根高度 $h = 0.2\text{m}$,相关长度 $l_x = 0.6\text{m}$,环境面大小为 2 000m×2 000m,天线旁瓣电平为 -20dB。分别给出了天线与目标中心距离为 100m 和 2 000m 时的单/双站复合散射 RCS。由图 4.12 所示的计算结果可以看出:复合散射的三部分散射中,环境散射占据了主要地位。单站耦合散射在 30°左右存在一个局部极小值,这个角度就是耦合散射的布儒斯特角,其有别于前面介绍的环境布儒斯特效应。另外,当天线与目标环境模型距离发生变化时,复合散射的整体幅度变化明显,这主要是因为距离增加使得天线有效照射面积增大,环境散射的贡献进一步增强,从而使得复合散射的整体值变大;距离的增加还会使得广义布儒斯特效应更加接近远场照射时的情况,也就更加接近环境布儒斯特角。

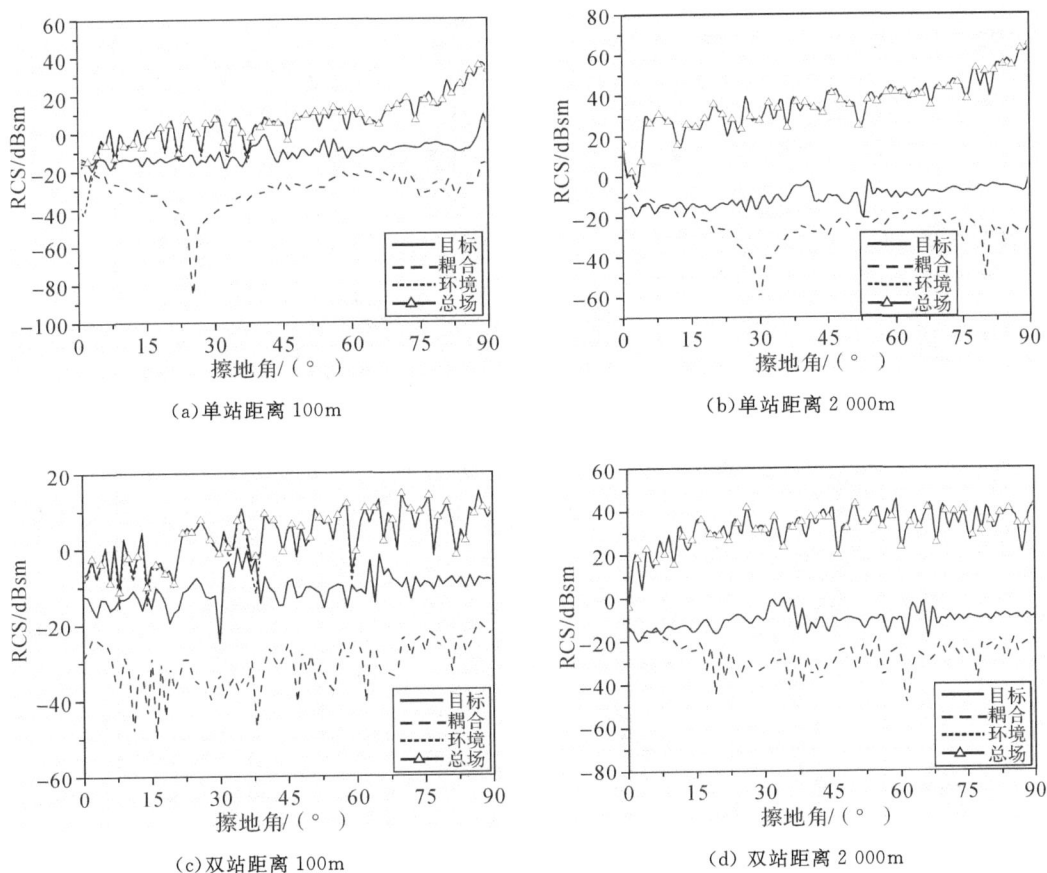

图 4.12　模型 1 在不同距离时复合散射的单/双站 RCS

　　算例 2:将目标模型 2 放置于环境面之上,环境面位于 xOy 面内,目标高度 H_T 为 5m。设定工作频率在 X 波段,入射和接收天线均为 VV 极化,单站入射角度设置为方位 0°,擦地角为 0°～90°,环境相对介电常数 $\varepsilon_r = 3 - j0.000\,024$,环境面轮廓均二次方根高度 $H = 0.$

2m,相关长度 $L_x = 0.6$m,小起伏均二次方根高度 $h = 0.2$m,相关长度 $l_x = 0.6$m,环境面大小为 $2\,000$m×2000m,旁瓣电平-20dB。分别给出了天线与目标中心距离为100m与2 000m时VV极化下的单站复合散射RCS。由图4.13的示的计算结果可以看出:目标与环境距离较大时的环境散射和耦合散射会增强。这是因为距离较近时,天线的有效照射区域较小,自然环境散射就会小。

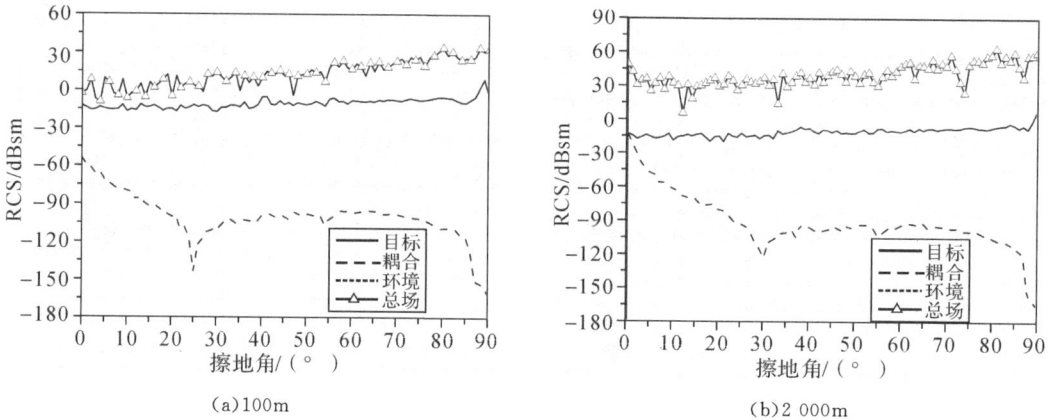

(a)100m   (b)2 000m

图 4.13   模型 2 不同距离时复合散射的后向 RCS

算例 3:将目标模型 3 放置于环境面之上,环境面位于 xOy 面内,目标高度 H_T 为 5m。设定工作频率在 X 波段,入射和接收天线均为 VV 极化,其他计算条件与上一算例中的一致。分别给出了天线与目标中心距离为 100m 与 2 000m 时 VV 极化下的单站复合散射 RCS。由图 4.14 所示的计算结果可以看出:目标的后向散射比较强,复合散射的主要贡献是由目标与环境两者散射共同构成的。

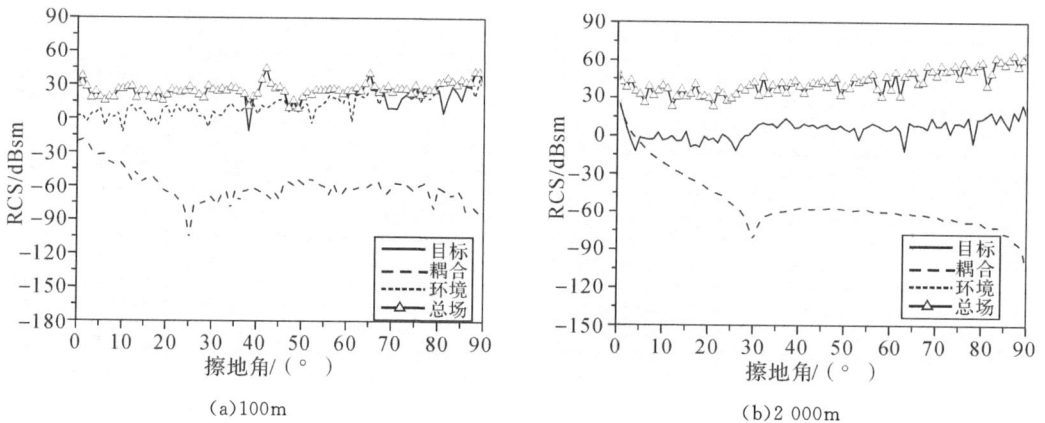

(a)100m   (b)2 000m

图 4.14   模型 3 在不同距离时复合散射的后向 RCS

算例 4:将目标模型 4 放置于环境面之上,环境面位于 xOy 面内,目标高度 H_T 为 5m。设定工作频率在 X 波段,入射和接收天线均为 VV 极化,其他计算条件与上一算例中的一致。分别给出了天线与目标中心距离为 100m 与 2 000m 时 VV 极化下的单站复合散射

RCS。由图 4.15 所示的计算结果可以看出:该算例的目标散射与环境散射占据复合散射的主要贡献,也说明目标形状对目标散射和复合散射的影响是非常明显的。

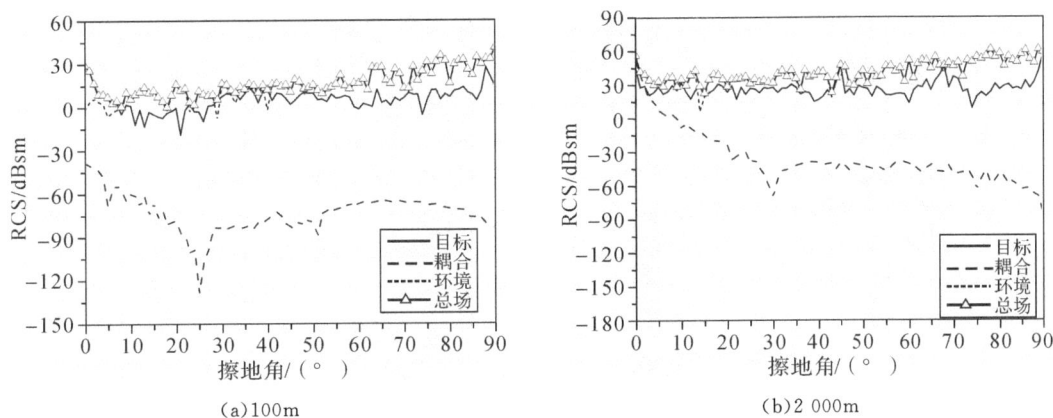

(a)100m　　　　　　　　　　(b)2 000m

图 4.15　模型 4 在不同距离时复合散射的后向 RCS

算例 5:将目标模型 5 放置于环境面之上,目标高度 H_T 为 5m。设定工作频率在 X 波段,入射和接收天线均为 VV 极化,其他计算条件与上一算例中的一致。分别给出了天线与目标中心距离为 100m 与 2 000m 时 VV 极化下的单站复合散射 RCS。由图 4.16 所示的计算结果可以看出:该算例中远距离照射时的环境散射比较强。

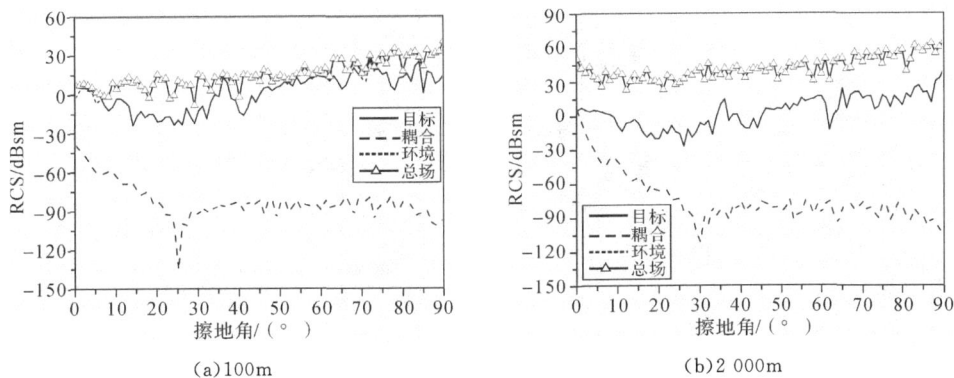

(a)100m　　　　　　　　　　(b)2 000m

图 4.16　模型 5 在不同距离复合散射后向 RCS

4.5.2　复合散射特性随工作频率的变化规律

算例 1:将目标模型 1 置于环境上方,目标高度 H_T 为 5m。设定入射和接收天线均为 VV 极化,单站入射角度为方位 0°,擦地角 0°~90°。环境相对介电常数 $\varepsilon_r = 6-j4$,环境面均二次方根高度 $H = 0.2m$,相关长度 $L_x = 0.6m$,小起伏均二次方根高度 $h = 0.01m$,相关长度 $l_x = 1m$,环境面大小为 2 000m×2 000m。计算天线与目标中心距离为 2 000m 时的单站复合散射。由图 4.17 所示的计算结果可以看出:随着频率的增加,环境面显得更加粗糙,耦合散射在大部分角度范围内会减小。环境的介电常数对应的环境布儒斯特角大约在 20°附近。因为本算例中环境面的等效粗糙度对应的电尺寸比较大,所以布儒斯特效应不明显。这也说明布儒斯特效应是与环境表面参数紧密相关的。当频率升高时,环境散射与复合散射均随之增加,目标散射也会随之发生变化。

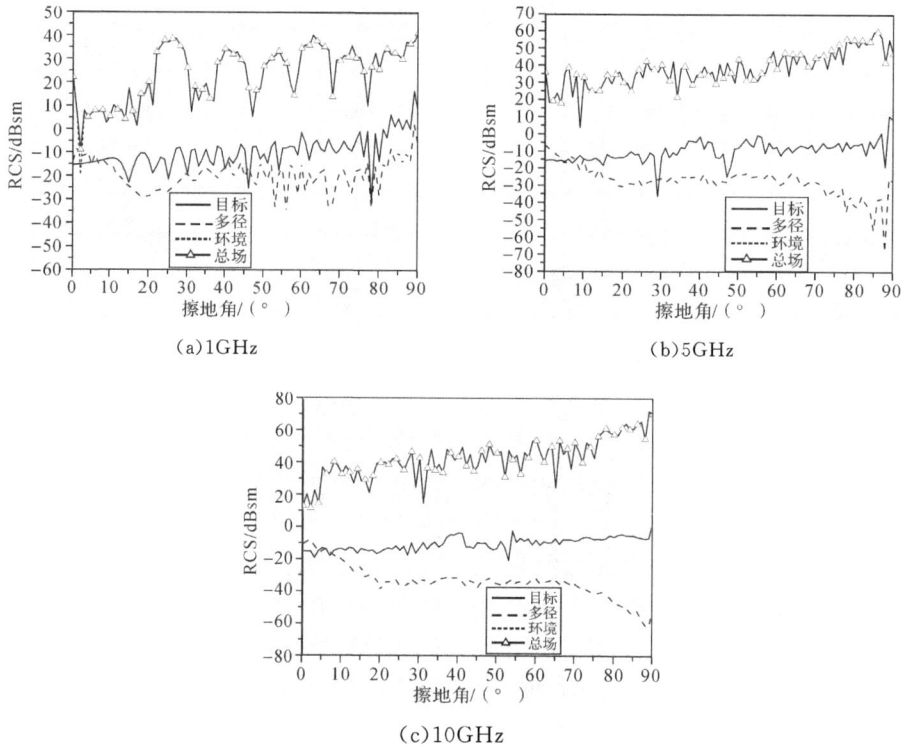

(a)1GHz

(b)5GHz

(c)10GHz

图 4.17　模型 1 在不同频率时复合散射后向 RCS

算例 2:将目标模型 2 置于环境上方,环境面位于 xOy 面内,目标高度 H_T 为 6m。设定入射和接收天线均为 VV 极化,单站入射角度为方位 0°,擦地角为 0°~90°。环境相对介电常数 $\varepsilon_r = 7-j5$,环境面均二次方根高度 $H = 0.2m$,相关长度 $L_x = 0.6m$,小起伏均二次方根高度 $h = 0.01m$,相关长度 $l_x = 1m$,环境面大小为 2 000m×2 000m。计算天线与目标中心距离为 2 000m 时复合散射后向 RCS。如图 4.18 所示,频率较高时,目标散射略微增加,耦合散射有所减小,环境散射会增加。

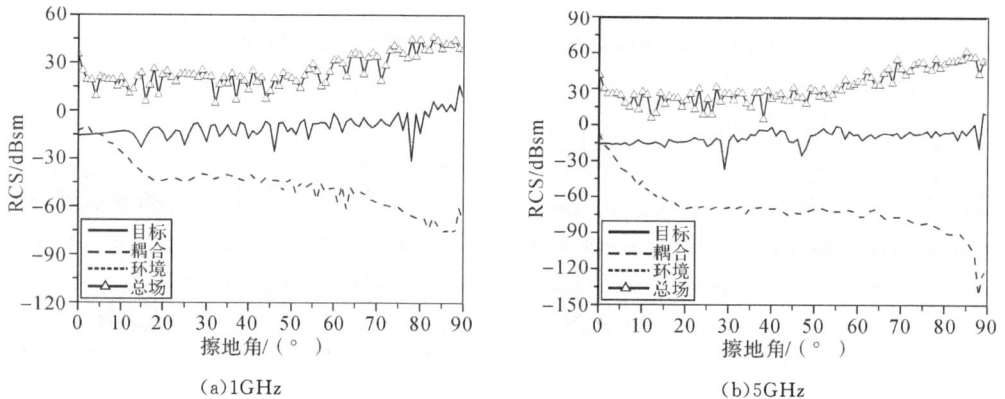

(a)1GHz

(b)5GHz

图 4.18　模型 2 在不同频率时复合散射的后向 RCS

(c)10GHz

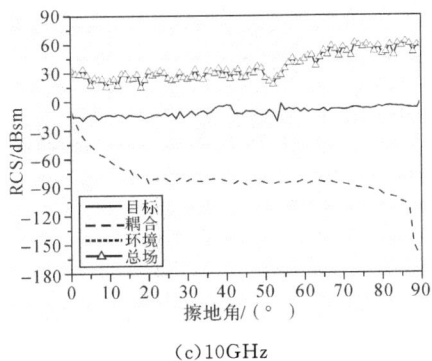

续图 4.18　模型 2 在不同频率时复合散射的后向 RCS

算例 3：将目标模型 3 置于环境上方，环境面位于 xOy 面内，目标高度 H_T 为 5m。设入射和接收均为 VV 极化，入射角为方位为 0°、擦地角为 0°～90°。环境相对介电常数 $\varepsilon_r =$ $8-j6$，环境面均二次方根高度 $H = 0.2$m，相关长度 $L_x = 0.6$m，小起伏均二次方根高度 h $=0.001$m，相关长度 $l_x = 1$m，环境面大小为 2 000m×2 000m。

计算天线与目标中心距离为 2 000m 时的后向复合散射。如图 4.19 所示，频率较低时，粗糙度较小，类镜面程度比较明显，耦合散射比较强，环境散射比较小。由于环境面较大，因此综合的效果仍然表现为随着频率的降低，复合散射减小。

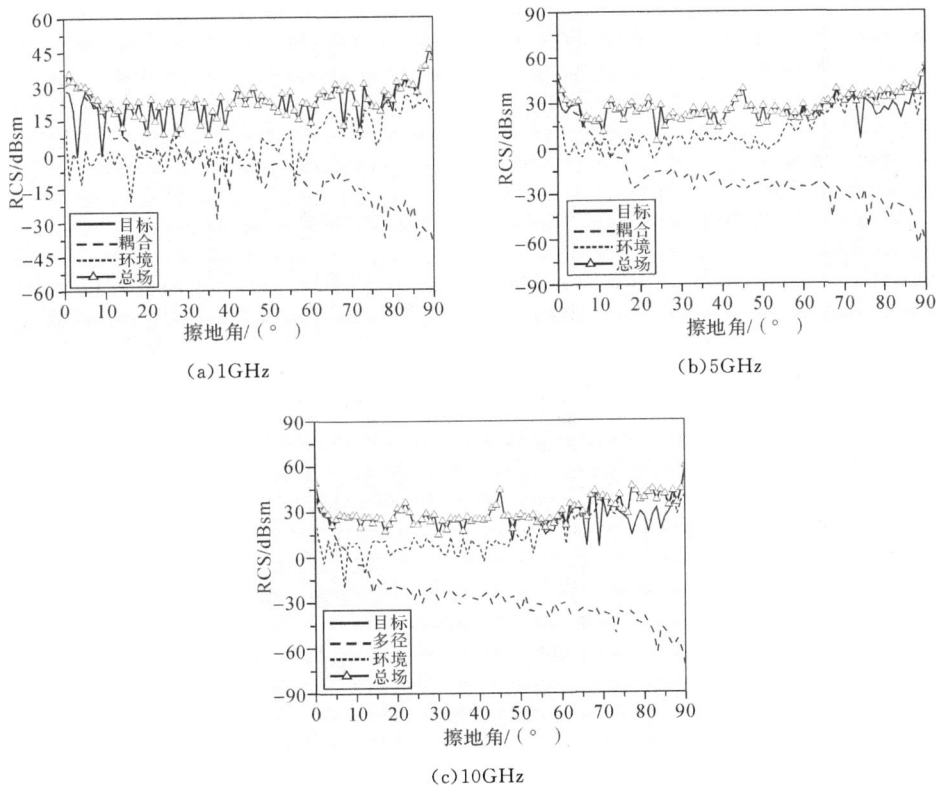

（a）1GHz

（b）5GHz

(c)10GHz

图 4.19　模型 3 在不同频率时复合散射后向 RCS

算例 4:将目标模型 4 置于环境上方,目标高度 H_T 为 6 m。设定单站入射角度为方位为 0°,擦地角为 0°~90°。环境相对介电常数 $\varepsilon_r = 8 - j6$,环境面均二次方根高度 $H = 0.2$m,相关长度 $L_x = 0.6$m,小起伏均二次方根高度 $h = 0.000\ 1$m,相关长度 $l_x = 1$m,环境面大小为 2 000m×2 000m。VV 极化下,计算天线与目标中心距离为 2 000m 时复合散射后向 RCS。如图 4.20 所示:频率升高时,耦合散射较小,环境散射升高,与上一算例的结论是一致的。

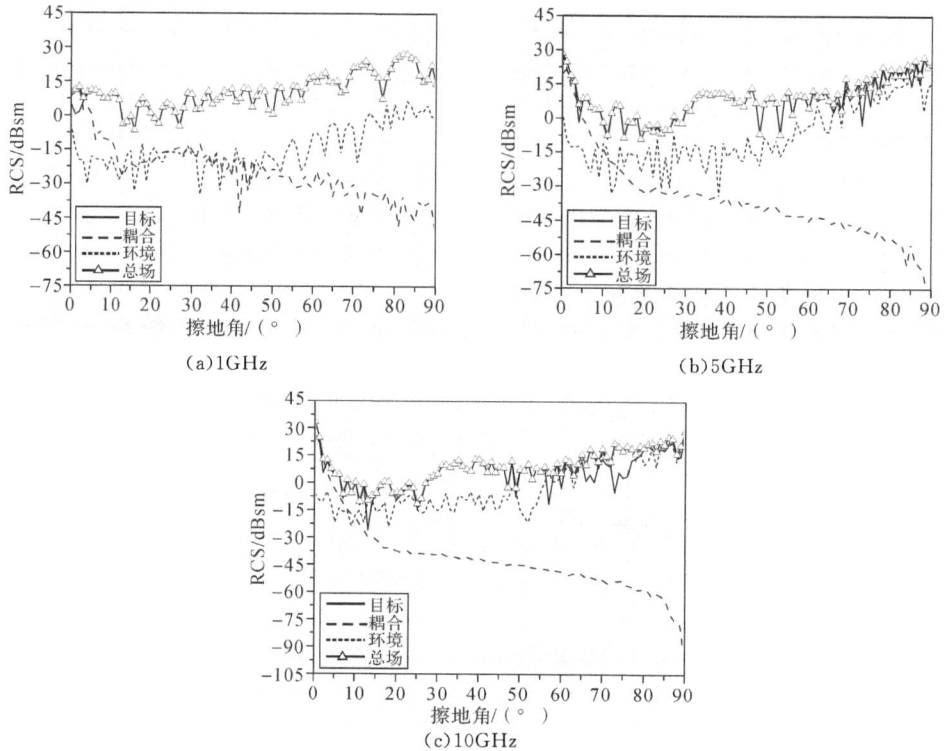

(a)1GHz

(b)5GHz

(c)10GHz

图 4.20　模型 4 在不同频率时复合散射后向 RCS

算例 5:将目标模型 5 置于环境上方,目标高度 H_T 为 6m。设环境相对介电常数 $\varepsilon_r = 10 - j11$,环境面均二次方根高度 $H = 0.2$m,相关长度 $L_x = 0.6$m,小起伏均二次方根高度 $h = 0.000\ 1$m,相关长度 $l_x = 1$m,环境面大小为 2 000m×2 000m。VV 极化下,计算天线与目标中心距离为 2 000m 时复合散射后向 RCS。如图 4.21 所示,频率较低且擦地角较小时,目标散射、多径散射及环境散射均比较相当,多径与环境散射引起的干扰会对有用信号的接收造成很大的影响。

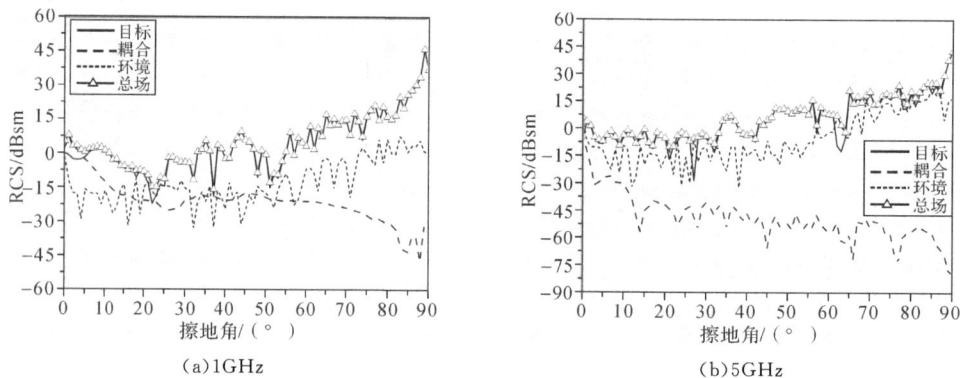

(a)1GHz

(b)5GHz

图 4.21　模型 5 在不同频率时复合散射后向 RCS

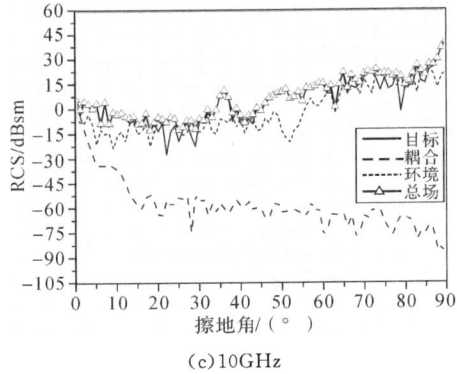

(c)10GHz

续图 4.21　模型 5 在不同频率时复合散射后向 RCS

4.5.3　复合散射特性随极化的变化规律

算例 1:将目标模型 1 置于环境面上方。目标高度 H_T 为 5m。设定单站入射角度设置为方位 0°,擦地角 0°～90°。环境面轮廓均二次方根高度 $H = 0.001\mathrm{m}$,相关长度 $L_x = 0.6\mathrm{m}$,小起伏均二次方根高度 $h = 0.001\mathrm{m}$,相关长度 $l_x = 0.2\mathrm{m}$,环境面大小为 2 000m×2 000m,工作频率在 X 波段。VV 和 HH 极化下,计算天线与目标中心距离为 2 000m 时复合散射后向 RCS。如图 4.22 所示,耦合散射在 VV 极化下存在布儒斯特效应,HH 极化条件下消失。极化对环境散射,尤其是低擦地角的影响比较大,VV 极化下的值较 HH 极化下的值要大。

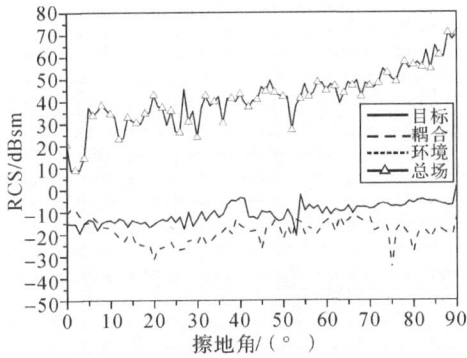

(a)$\varepsilon_\mathrm{r} = 6-\mathrm{j}4$,VV 极化

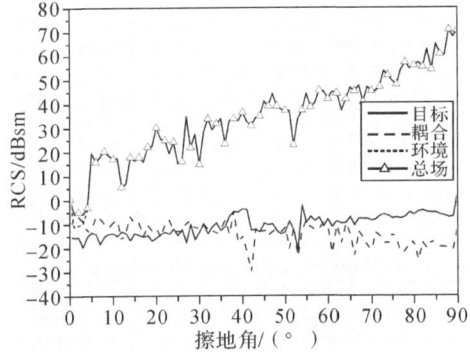

(b)$\varepsilon_\mathrm{r} = 6-\mathrm{j}4$,HH 极化

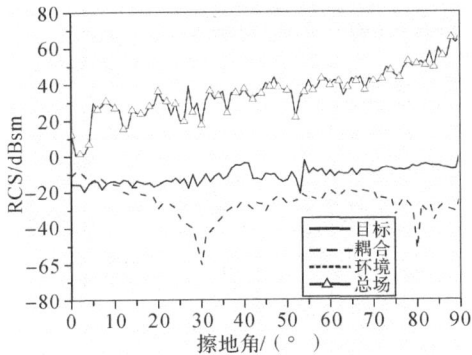

(c)$\varepsilon_\mathrm{r} = 3-\mathrm{j}0.000\ 024$,VV 极化

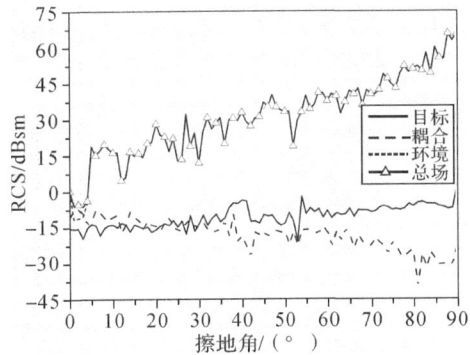

(d)$\varepsilon_\mathrm{r} = 3-\mathrm{j}0.000\ 024$,HH 极化

图 4.22　模型 1 在不同极化时复合散射后向 RCS

　　算例 2: 将模型 2 置于环境面上方。目标高度 H_T 为 5m。设单站入射角为方位 0°,擦地角 0°~90°。环境面均二次方根高度 $H = 0.001$m,相关长度 $L_x = 0.6$m,小起伏均二次方根高度 $h = 0.001$m,相关长度 $l_x = 0.2$m,环境面大小为 2 000m×2 000m,工作频率在 X 波段。VV 和 HH 极化下,计算天线与目标中心距离为 2 000m 时复合散射后向 RCS。如图 4.23 所示,由于环境面粗糙度比较小,显得平坦,目标散射和耦合散射相当,两者混在一起都会对复合散射造成严重影响。

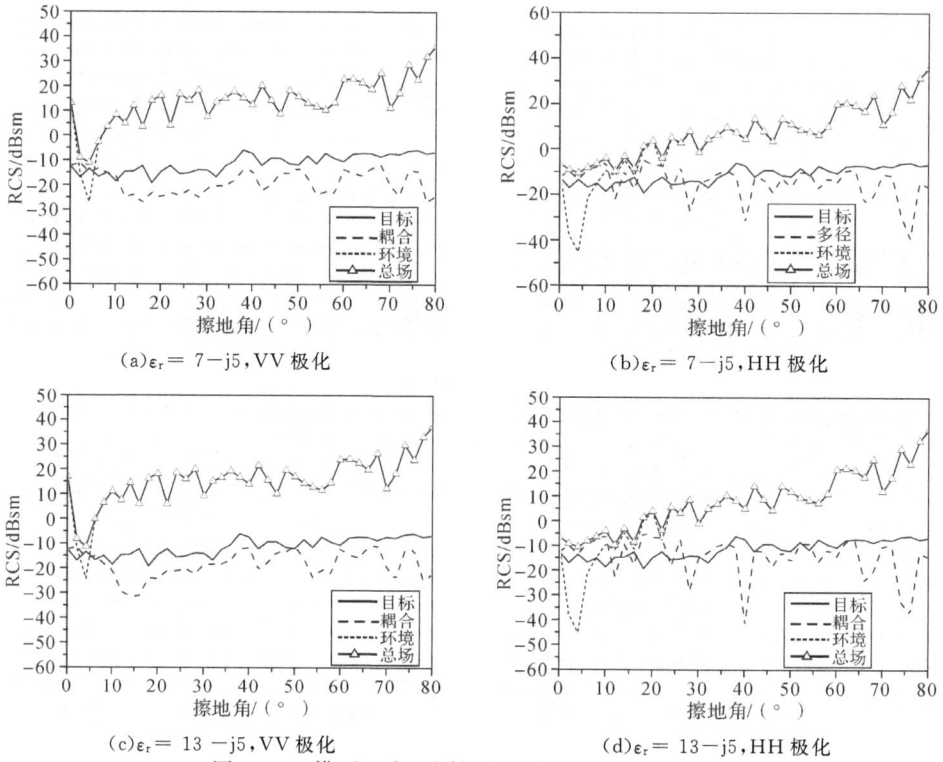

(a)$\varepsilon_r = 7-j5$,VV 极化

(b)$\varepsilon_r = 7-j5$,HH 极化

(c)$\varepsilon_r = 13-j5$,VV 极化

(d)$\varepsilon_r = 13-j5$,HH 极化

图 4.23　模型 2 在不同极化时复合散射后向 RCS

　　算例 3: 将目标模型 3 置于环境面上方。目标高度 H_T 为 5m。计算条件为方位 0°,环境面均二次方根高度 $H = 0.000\,5$m,相关长度 $L_x = 0.6$m,小起伏均二次方根高度 $h = 0.000\,5$m,相关长度 $l_x = 0.2$m,环境面大小为 2 000m×2 000m,工作频率在 X 波段。天线与目标中心距离为 2 000m。

　　计算不同极化时后向复合散射 RCS。如图 4.24 所示,目标散射与耦合散射均较强,HH 极化下环境散射较小,目标散射、多径散射和环境散射三者相差较小。

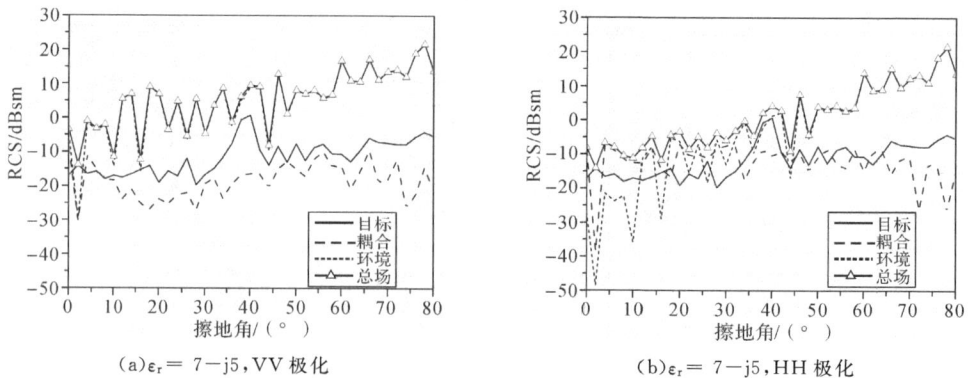

(a)$\varepsilon_r = 7-j5$,VV 极化

(b)$\varepsilon_r = 7-j5$,HH 极化

图 4.24　模型 3 在不同极化时复合散射后向 RCS

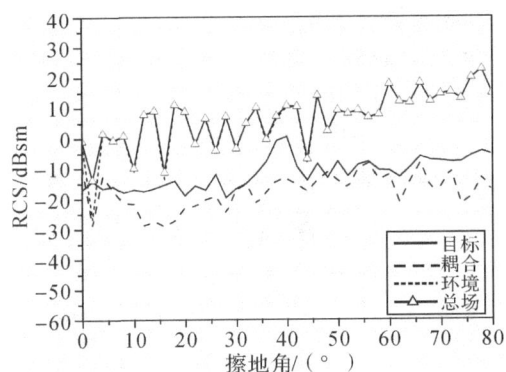

(c)$\varepsilon_r = 13 - j5$,VV 极化　　　　(d)$\varepsilon_r = 13 - j5$,HH 极化

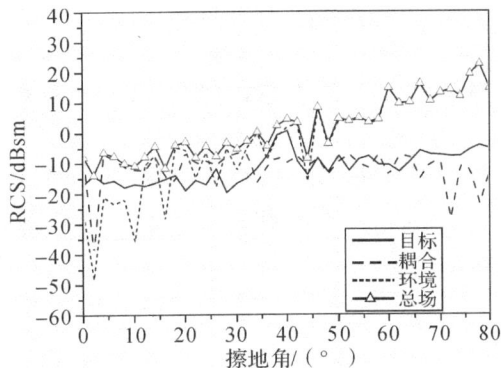

续图 4.24　模型 3 在不同极化时复合散射后向 RCS

算例 4:将模型 4 置于环境面上方。目标高度 H_T 为 5m。设定单站入射角度设置为方位 0°,擦地角 0°~90°。环境面均二次方根高度 $H = 0.000\,5$m,相关长度 $L_x = 0.6$m,小起伏均二次方根高度 $h = 0.000\,5$m,相关长度 $l_x = 0.2$m,环境面大小为 2 000m×2 000m,工作频率在 X 波段。VV 和 HH 极化下,计算天线与目标中心距离为 2 000m 时复合散射后向 RCS。由图 4.25 所示的计算结果可以看出,耦合散射要强于目标散射。

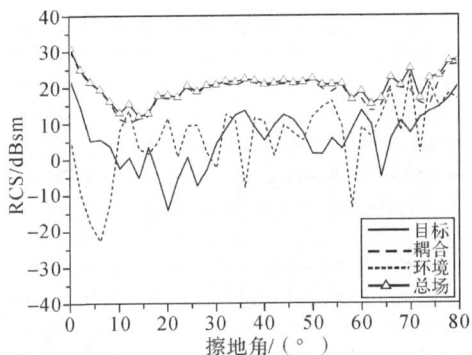

(a)$\varepsilon_r = 20 - j10$,VV 极化　　　　(b)$\varepsilon_r = 20 - j10$,HH 极化

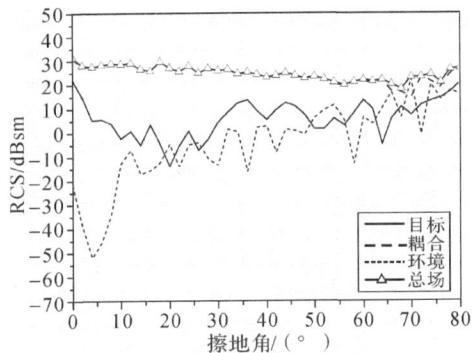

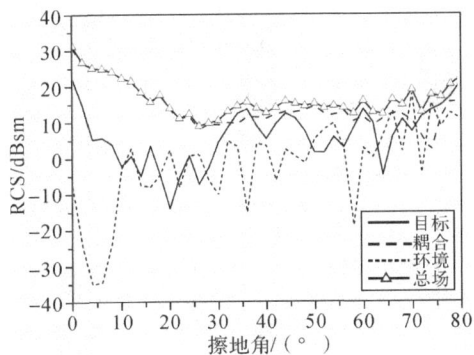

(c)$\varepsilon_r = 3 - j2$,VV 极化　　　　(d)$\varepsilon_r = 3 - j2$,HH 极化

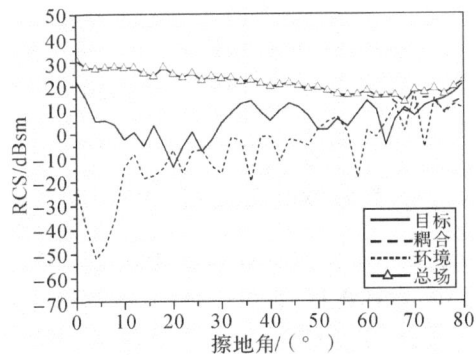

图 4.25　模型 4 在不同极化时复合散射后向 RCS

算例 5:将模型 5 置于环境面上方。目标高度 H_T 为 5m。设入射角度为方位 0°,擦地角 0°~90°。环境面均二次方根高度 $H = 0.001$m,相关长度 $L_x = 0.6$m,小起伏均二次方根高度 $h = 0.001$m,相关长度 $l_x = 0.6$m,环境面大小为 2 000m×2 000m,工作频率在 X 波段。VV 和 HH 极化下,计算天线与目标中心距离为 2000 米时复合散射后向 RCS。如图 4.26 所示,$\varepsilon_r = 6-j4$ 时擦地角为 20°附近,$\varepsilon_r = 3-j0.000\ 024$ 时擦地角为 30°附近,耦合散射存在一个局部最小值。这些局部最小值与相对介电常数下环境布儒斯特角的理论值是对应的。当相对介电常数的虚部较小时,布氏角的深度更深,耦合散射的布儒斯特效应更明显。

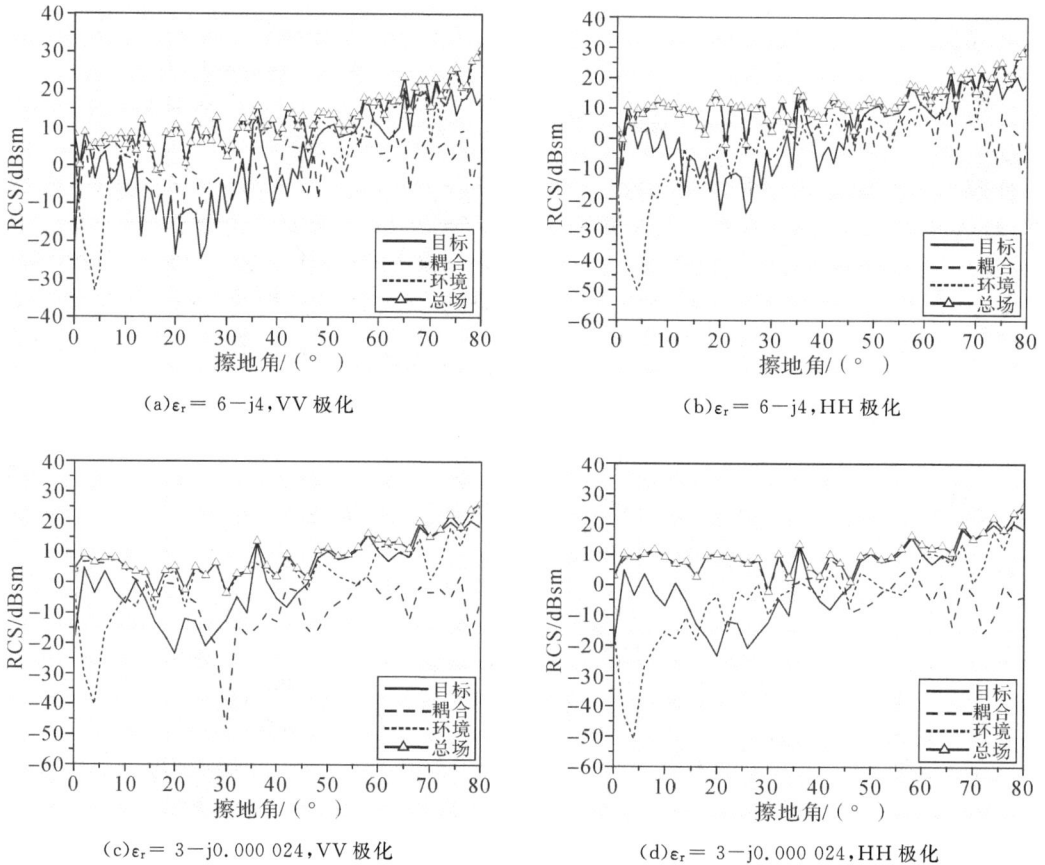

(a)$\varepsilon_r = 6-j4$,VV 极化

(b)$\varepsilon_r = 6-j4$,HH 极化

(c)$\varepsilon_r = 3-j0.000\ 024$,VV 极化

(d)$\varepsilon_r = 3-j0.000\ 024$,HH 极化

图 4.26　模型 5 在不同极化时复合散射后向 RCS

4.5.4　复合散射全空域的 RCS

为了显示复合散射计算方法的计算能力,下面来看一算例。

算例:目标选用模型 3,即直升机模型,工作频率在 X 波段,入射和接收均为 V 极化,海面风速 2m/s,海面风向相对入射波主波束照射方向为 0°。设定雷达与目标之间的距离为 100m,后向散射的计算角度范围覆盖擦地角 0°~90°,方位角 0°~360°的上半球面,结果采用二维图形式来显示。VV 极化下,计算目标与环境复合散射近场空域 RCS 如图 4.27 所示,目标散射比较强的在擦地角为 90°,即天顶附近,以及方位角为 90°和 180°方向,即正侧向;耦合散射比较强的方向集中在正侧向;环境散射比较强的方向集中在天顶附近;复合散射集中反映了三者的合成。

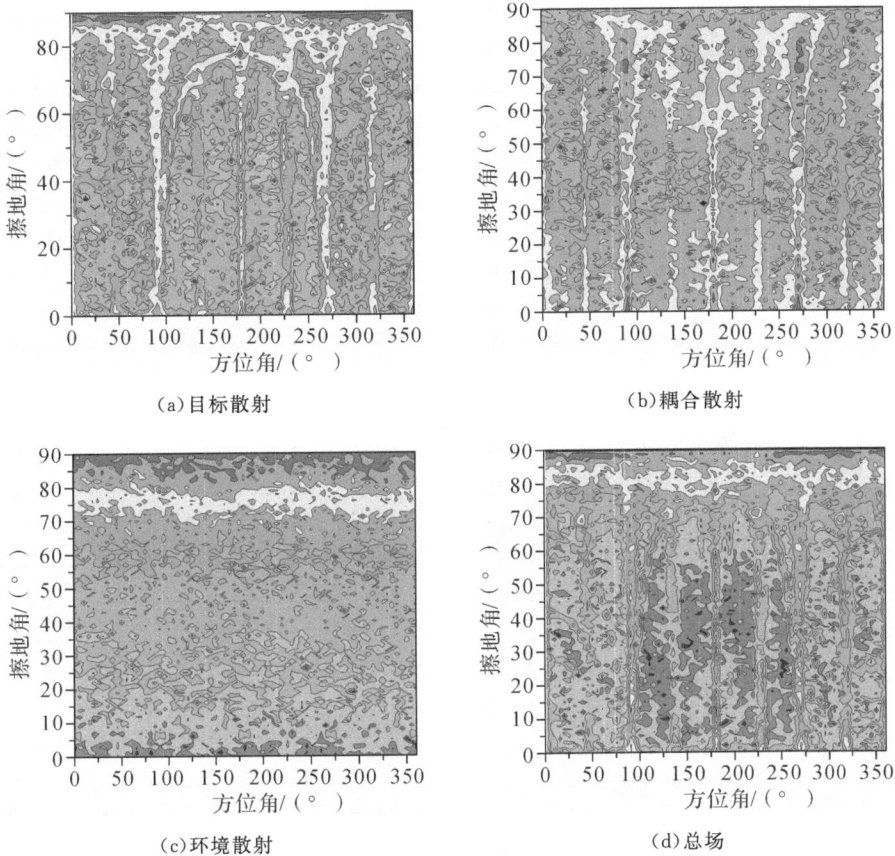

（a）目标散射　　　　　　　　　　　（b）耦合散射

（c）环境散射　　　　　　　　　　　（d）总场

图 4.27　VV 极化下,目标与环境复合散射近场空域 RCS

4.5.5　复合散射特性随目标参数的变化规律

1.随目标类型变化

目标分别为直径 30cm 的导体球、模型 1、模型 3 及模型 4,环境面位于 xOy 面内,目标高度 H 为 5m。设入射和接收均为 VV 极化,入射角为方位 0°、擦地角 0°~90°。环境相对介电常数 $\varepsilon_r = 6-j4$,环境面均二次方根高度 $h = 0.001m$,相关长度 $l_x = 1m$,环境面大小为 2 000m×2 000m,工作频率在 X 波段,天线与目标中心距离为 100m。计算不同目标类型下的复合散射后向 RCS。如图 4.28 所示:由于环境参数不变,模型下的环境散射基本相同;不同目标类型下的复合散射差异很大,当目标尺寸较小时,总场中环境散射占据主要贡献;当目标尺寸变大时,目标散射和耦合散射变强占据主要贡献。目标类型对于耦合散射有较大影响。总体而言,目标外形对耦合散射的影响比较明显。另外,目标与天线相对姿态也会对耦合散射产生比较大的影响。耦合散射,大约在 20°左右均存在局部最小值,布儒斯特效应比较明显,但是随着目标形状的不同,该角的位置会发生一些偏移。可见,耦合散射的这一特性与目标类型紧密相关。

(a)导体球　　　　　　　　　　　　　　　(b)导弹模型

(c)无人机模型　　　　　　　　　　　　　(d)直升机模型

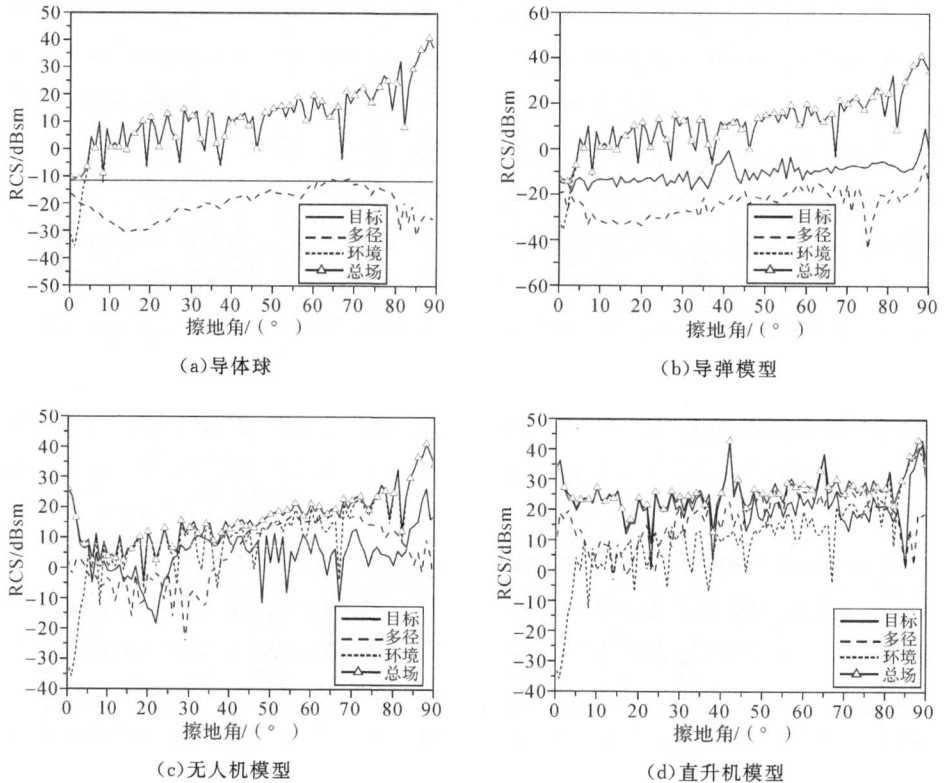

图 4.28　不同目标类型下的复合散射后向 RCS

2.随目标高度变化

目标为模型 1,环境面位于 xOy 面内。设定入射和接收天线均为 VV 极化,单站入射角度设置为方位 0°,擦地角 0°～90°。环境相对介电常数 $\varepsilon_r = 6 - j4$,环境面均二次方根高度 $h = 0.001\text{m}$,相关长度 $l_x = 1\text{m}$,环境面大小为 2 000m×2 000m,工作频率在 X 波段。计算天线与目标中心距离为 500m 时复合散射。如图 4.29 所示,随着目标高度的增加,目标散射变化不大,主要是因为目标与天线的相对位置关系并未发生改变。环境散射略微下降,这是因为天线与环境距离变大,导致环境散射减小。耦合散射的强度主要在擦地角较小时有所减小。

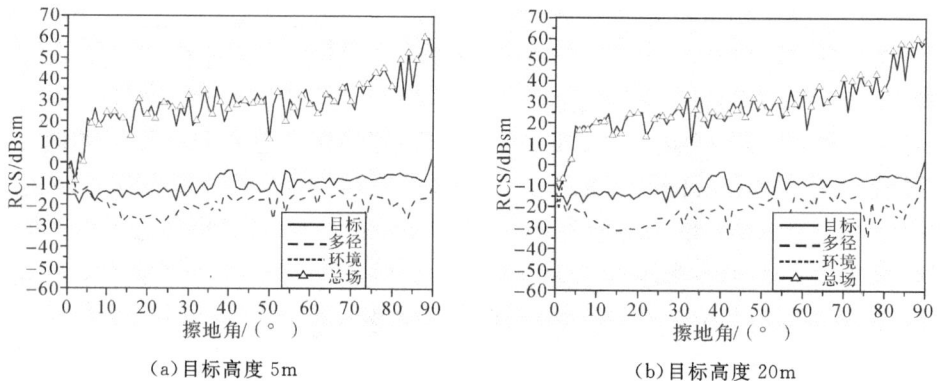

(a)目标高度 5m　　　　　　　　　　　　(b)目标高度 20m

图 4.29　不同目标高度时复合散射后向 RCS

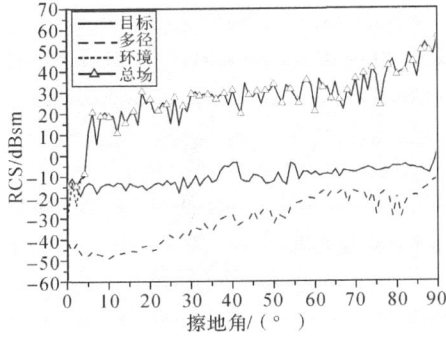

(c)目标高度 50m

续图 4.29　不同目标高度时复合散射后向 RCS

4.5.6　复合散射特性随环境参数的变化规律

1.随环境介电常数变化

目标为模型 1,环境面位于 xOy 面内,目标高度 H 为 5m。设入射和接收均为 VV 极化,入射角为方位 $0°$,擦地角 $0°\sim90°$。环境面均二次方根高度 $h=0.001$m,相关长度 $l_x=1$m,环境面大小为 $2\,000$m$\times2\,000$m,工作频率在 X 波段。计算不同介电常数下天线与目标中心距离为 100m 时复合散射后向 RCS。如图 4.30 所示,随着介电常数绝对值增加,耦合散射及环境散射会增加,复合散射也会随之增强,布儒斯特角的角度会减小。介电常数虚部绝对值相对实部绝对值越小,耦合散射局部最小值的深度越大,布儒斯特效应越明显。

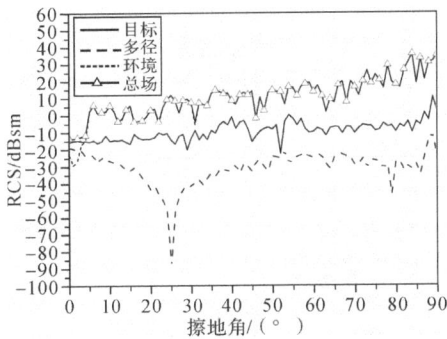

(a)$\varepsilon_r=3-$j0.000 024

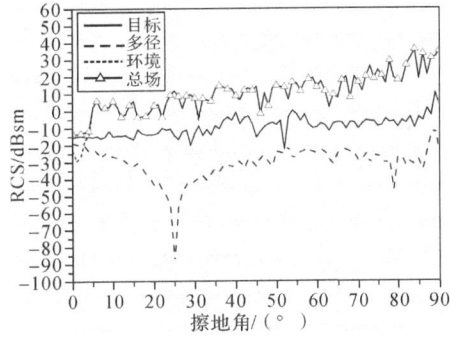

(b)$\varepsilon_r=3-$j10

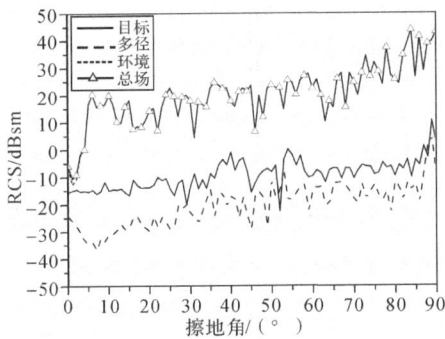

(c)$\varepsilon_r=20-$j10

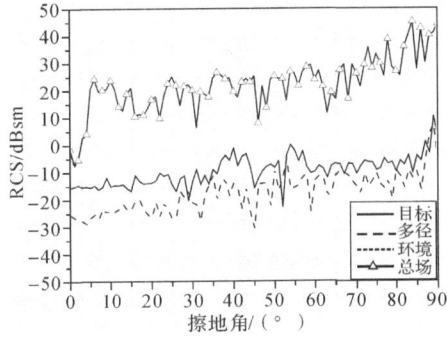

(d)$\varepsilon_r=20-$j40

图 4.30　不同介电常数下复合散射后向 RCS

2.随环境均二次方根高度变化

目标为模型 1,环境面位于 xOy 面内。设定入射和接收均为 VV 极化,入射角为方位 0°,擦地角 0°～90°。环境相对介电常数 $\varepsilon_r = 3-j0.000\ 024$,环境面相关长度 $l_x = 0.6\text{m}$,环境面大小为 2 000m×2 000m,工作频率在 X 波段。计算不同介电常数下天线与目标中心距离为 100m 时复合散射后向 RCS。如图 4.31 所示,随着环境均二次方根高度的增加,粗糙度增加,环境散射增加,而耦合散射减小。

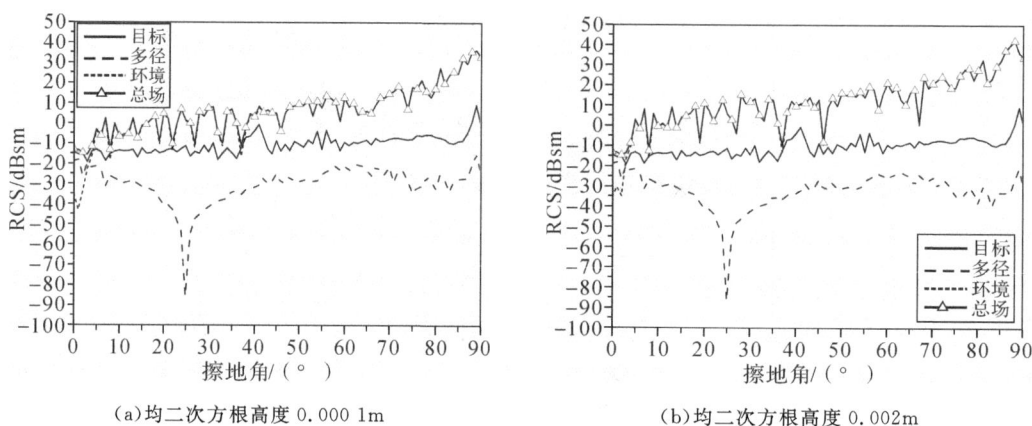

(a)均二次方根高度 0.000 1m

(b)均二次方根高度 0.002m

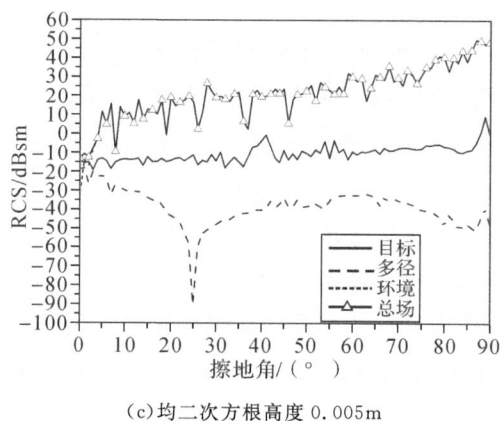

(c)均二次方根高度 0.005m

图 4.31　不同均二次方根高度复合散射后向 RCS

3.随海面风速变化

目标为模型 1,海面模型位于 xOy 面内。设入射和接收为 VV 极化,入射角为方位 0°、擦地角 0°～90°。环境相对介电常数 $\varepsilon_r = 42-j40$,风向为 0°,环境面大小为 2 000m×2 000m,工作频率在 X 波段。计算不同介电常数下天线与目标中心距离为 100m 时复合散射后向 RCS。如图 4.32 所示,随着风速增加,海面粗糙度增加,后向散射增强,耦合散射减弱。

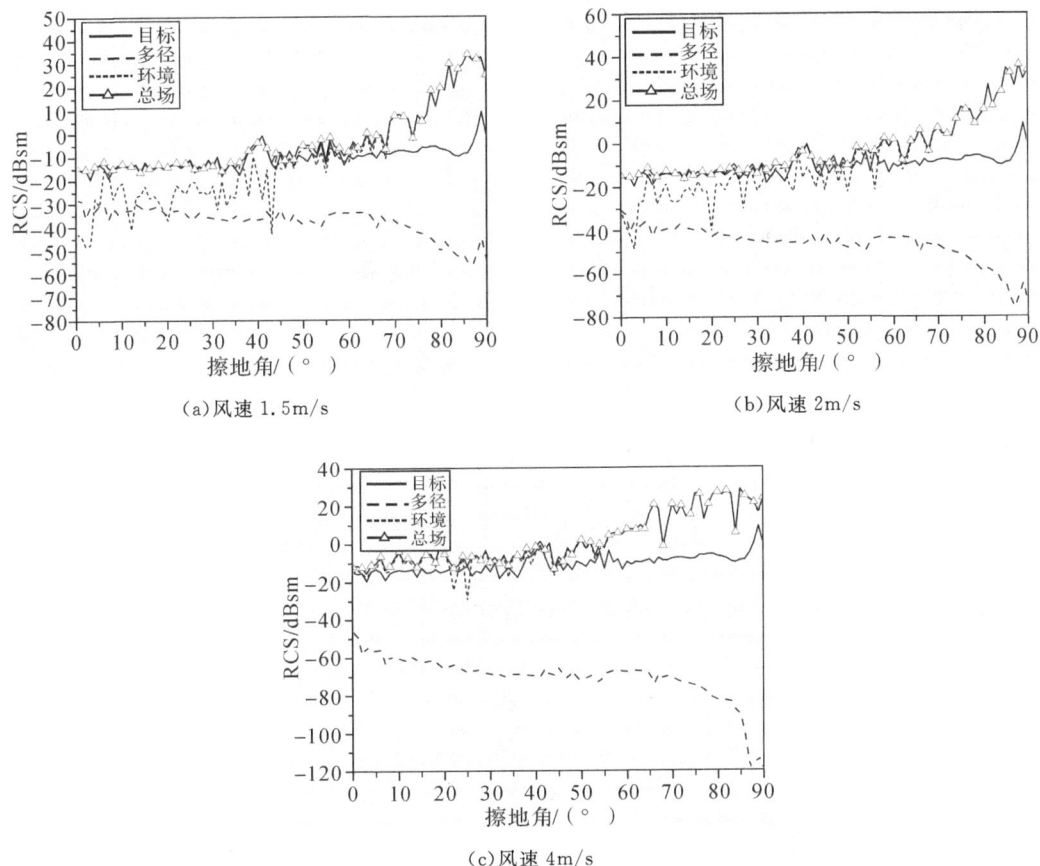

(a)风速 1.5m/s

(b)风速 2m/s

(c)风速 4m/s

图 4.32　不同风速下复合散射后向 RCS

4.5.7　广义布儒斯特效应

第 3 章介绍过环境的布儒斯特效应,它是与极化、工作频率、环境介电常数、环境统计参量等都有关系的一种特性。从目标环境复合散射的组成及产生机理中能够看出:耦合散射是目标及环境两者的相互作用,与两者都有关系;耦合散射的产生与环境面的反射紧密相关。采用 SBR 这一高频计算方法计算耦合散射的过程其实就是追踪各自耦合最强的部分,即反射部分的贡献。本章前述中已经提到,耦合散射在某些条件下仍然存在局部最小值,这个最小值对应的入射波擦地角被称为广义布儒斯特角,这个现象被称为广义布儒斯特效应。

如图 4.33 所示,天线与目标相距 D_{ts},目标与天线连线的擦地角为 θ_t,镜像目标与天线连线的擦地角为 θ_m,也称为波束擦地角,目标位置为 T_p,天线位置为 S_p,目标轴向偏离 x 轴正向的角度为 α,逆时针为正,顺时针为负。广义布儒斯特角与广义布儒斯特效应和目标参数、环境参数都有关系。下面来具体分析。

1.布儒斯特效应随目标参数变化的规律

(1)目标类型。设定计算条件如下:

目标参数:$T_p(0m,0m,15m)$,目标轴向指向 x 轴正向。

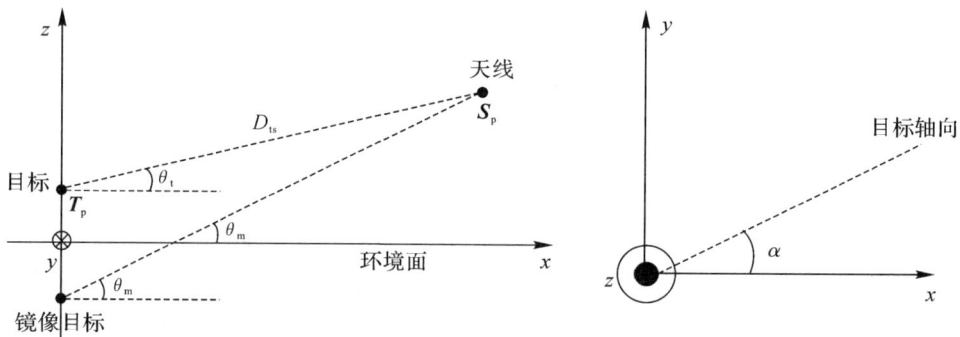

图 4.33　目标、镜像目标与天线的位置关系

环境参数:环境介电常数 $\varepsilon_r = (3, -2.4 \times 10^{-5})$,环境类型为地面,环境均二次方根高度为 1.0×10^{-3} m,相关长度为 0.6 m。

天线参数:工作频率在 X 波段,旁瓣电平为 -20 dB,天线距离目标中心距离 D_{ts} 为 2 000 m,入射和接收天线极化均为 VV 极化。

计算了目标为模型1~模型5时的耦合散射随波束擦地角的变化曲线。计算结果如图 4.34 所示。

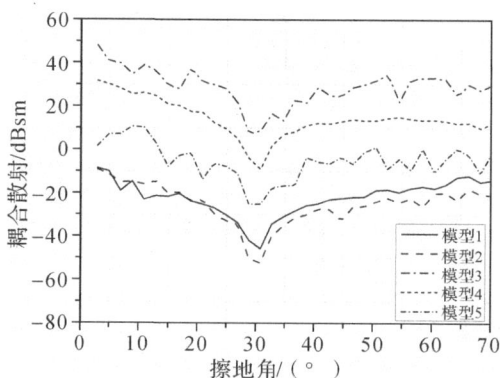

图 4.34　不同目标类型下的耦合散射随波束擦地角的变化

由图可以看出:

1)不同目标类型下耦合散射均在 30°附近存在最小值。

2)耦合散射整体幅度会因目标类型的不同而存在差异,这是因为不同的目标类型对应不同的目标尺寸和外形,模型 3 的尺寸较大,其耦合散射也相应较强。模型 3 与模型 5 的尺寸比较接近,然而模型 5 与环境的耦合较弱,说明目标的尺寸不是决定性因素,耦合散射的强弱还和外形有关。

(2)目标高度。设定计算条件如下:

目标参数:$T_p(0,0,H)$,目标轴向指向 x 轴正向,目标为模型1。

环境参数:环境介电常数 $\varepsilon_r = (3, -2.4 \times 10^{-5})$,环境类型为地面,环境均二次方根高度为 1.0×10^{-3} m,相关长度为 0.6 m。

天线参数:工作频率在 X 波段,旁瓣电平为 $-20\mathrm{dB}$,天线距离目标中心距离 D_{ts} 为 2 000m,入射和接收天线极化均为 VV 极化。

计算了不同目标高度 H 下耦合散射随波束擦地角的变化曲线。计算结果如图 4.35 所示。

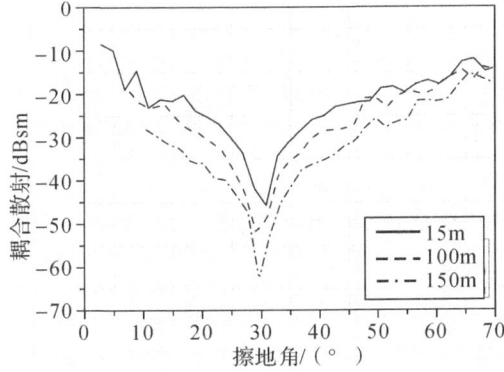

图 4.35　不同目标高度时的耦合散射随波束擦地角的变化

由图中可以看出:目标高度的变化并没有影响耦合散射最小值角度位置,仍然在 $30°$ 处出现最小值。当目标高度增大时,耦合散射曲线整体会下降,这是由于高度增加,目标与环境之间的耦合散射会变弱。

(3)天线与目标距离。设定计算条件如下:

目标参数:$T_p(0\mathrm{m},0\mathrm{m},15\mathrm{m})$,目标轴向指向 x 轴正向,目标为模型 1。

环境参数:环境介电常数 $\varepsilon_r=(3,-2.4\times10^{-5})$,环境类型为地面,环境均二次方根高度为 $1.0\times10^{-3}\mathrm{m}$,相关长度为 0.6m。

天线参数:工作频率在 X 波段,旁瓣电平为 $-20\mathrm{dB}$,天线距离目标中心距离 D_{ts},入射和接收天线极化均为 VV 极化。

计算了不同天线与目标距离 D_{ts} 时耦合散射随波束擦地角的变化曲线。计算结果如图 4.36 所示。

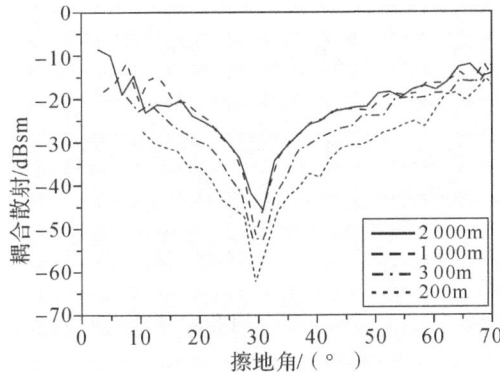

图 4.36　不同天线目标距离时的耦合散射随波束擦地角的变化

由图可以看出:当天线目标距离增加时,耦合散射的最小值位置并为发生改变。当天线目标距离增加时,耦合散射会增加,且距离越小耦合散射的变化越明显,耦合曲线间隔越大;距离越大耦合散射的变化越小,耦合曲线间隔越小。这主要是因为天线波束始终对准的是目标中心,距离越近,天线目标连线 θ_t 和天线镜像目标连线 θ_m 的相差越大,天线方向图对耦合散射的加权作用越明显。

(4)目标轴向偏角。设定计算条件如下:

目标参数: T_p(0m,0m,15m),目标为模型 1。

环境参数:环境介电常数 ε_r = (3, -2.4×10^{-5}),环境类型为地面,环境均二次方根高度为 1.0×10^{-3} m,相关长度为 0.6m。

天线参数:工作频率在 X 波段,旁瓣电平为 -20dB,天线距离目标中心距离 D_{ts} 为 2 000m,入射和接收天线极化均为 VV 极化。

计算了不同目标轴向偏角 α 时耦合散射随波束擦地角的变化曲线。计算结果如图 4.37 所示。

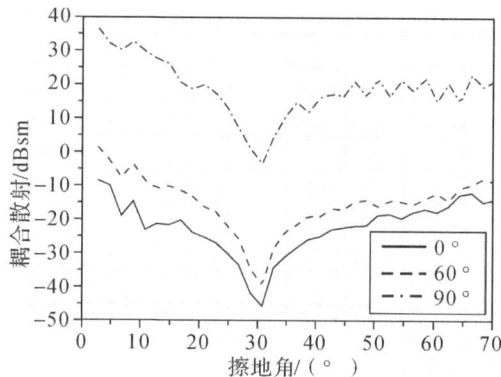

图 4.37 不同目标轴向偏角时的耦合散射随波束擦地角的变化

由图可以看出:当目标轴向角度变大时,耦合散射的最小值位置并未发生明显改变。当轴向角度变大时,主波束照射方向和位置并为发生改变,这时目标的后向 RCS 是增加的,耦合散射也会随之增加。

2.布儒斯特效应随环境参数变化的规律

(1)环境介电常数。设定计算条件如下:

目标参数: T_p(0m,0m,15m),目标轴向指向 x 轴正向,目标为模型 1。

环境参数:环境类型为地面,环境均二次方根高度为 1.0×10^{-3} m,相关长度为 0.6m。

天线参数:工作频率在 X 波段,旁瓣电平为 -20dB,天线距离目标中心距离 D_{ts},入射和接收天线极化均为 VV 极化。

计算了不同环境介电常数 ε_r 时耦合散射随波束擦地角的变化曲线。计算结果如图 4.38 所示。

由图可以看出:当介电常数的实部变大时,布儒斯特效应出现的位置向小角度靠近,当介电常数的虚部绝对值变大时,耦合散射局部最小值变大甚至消失。这个算例说明,介电常数的绝对值决定了布儒斯特的位置,而虚部即介质损耗角正切越大,介质的类导体特性越明显,布儒斯特效应不明显。也从侧面说明导体环境的耦合散射较强,介质环境的耦合散射较弱。

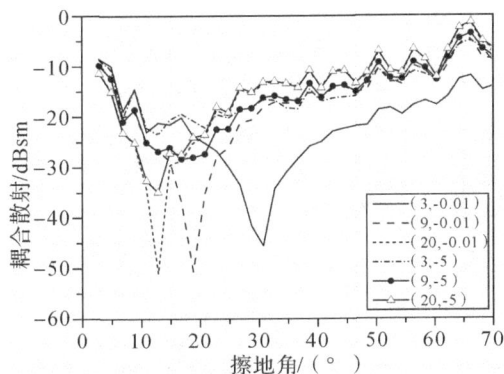

图 4.38　不同环境介电常数时的耦合散射随波束擦地角的变化

(2)环境均二次方根高度。设定计算条件如下:

目标参数:T_p(0m,0m,15m),目标轴向指向 x 轴正向,目标为模型 1。

环境参数:环境介电常数 $\varepsilon_r =$（3,-2.4×10^{-5}）,环境类型为地面,相关长度 0.6m。

天线参数:工作频率在 X 波段,旁瓣电平为 -20dB,天线距离目标中心距离 D_{ts} 为 2 000m,入射和接收天线极化均为 VV 极化。

计算了不同均二次方根高度时耦合散射随波束擦地角的变化曲线。计算结果如图 4.39 所示。

从图中可以看出:当均二次方根高度增加时,布儒斯特角的位置并未发生变化,耦合散射曲线整体变小,说明环境面越粗糙,目标的镜像出现发散,耦合散射变弱。

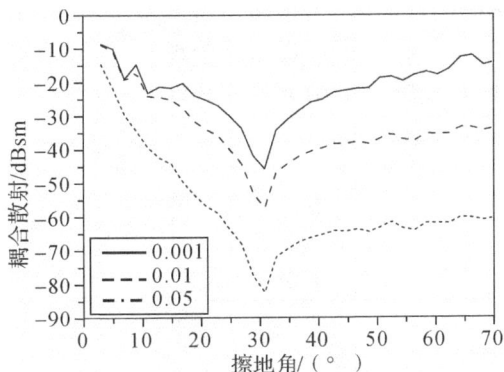

图 4.39　不同环境均二次方根高度时的耦合散射随波束擦地角的变化

(3)不同风速。设定计算条件如下:

目标参数:T_p(0m,0m,15m),目标轴向指向 x 轴正向,目标为模型 1。

环境参数:环境介电常数 $\varepsilon_r =$（42,-38）,环境类型为海面。

天线参数:工作频率在 X 波段,旁瓣电平为 -20dB,天线距离目标中心距离 D_{ts} 为

2 000m，入射和接收天线极化均为 VV 极化。

计算了不同风速时耦合散射随波束擦地角的变化曲线。计算结果如图 4.40 所示。

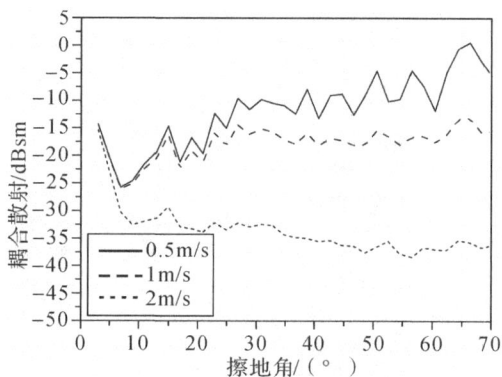

图 4.40　不同风速时的耦合散射随波束擦地角的变化

由图可以看出：当风速增大时，耦合散射的布儒斯特效应会发生改变，甚至消失。这是因为当风速变大时，环境粗糙度增加，环境面变得更加粗糙，镜像作用不明显，镜像目标出现发散，耦合散射变弱。

3.布儒斯特效应随天线参数的规律

(1)工作频率。设定计算条件如下：

目标参数：T_p(0m,0m,15m)，目标轴向指向 x 轴正向，目标为模型 1。

环境参数：环境介电常数 ε_r＝(42，−38)，环境类型为海面，海面风速为 0.5m/s。

天线参数：旁瓣电平为−20dB，天线距离目标中心距离 D_{ts} 为 2 000m，入射和接收天线极化均为 VV 极化。

计算了不同工作频率时耦合散射随波束擦地角的变化曲线。计算结果如图 4.41 所示。

由图可以看出：随着频率的升高，广义布儒斯特效应变得不明显，这从布儒斯特角位置处的耦合散射最小值不明显这一特征可以看出。频率升高，环境粗糙度的电长度增加，环境面显得更粗糙，耦合散射减弱，反映在图中就是耦合散射曲线整体下移。

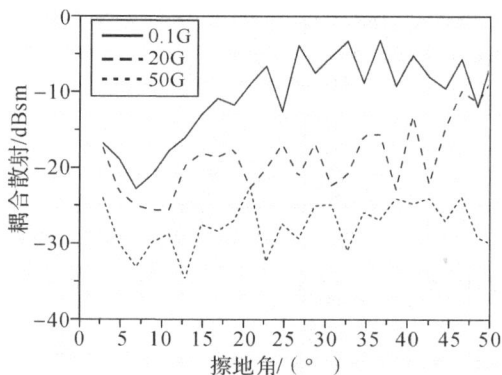

图 4.41　不同工作频率时的耦合散射随波束擦地角的变化

(2)天线极化。设定计算条件如下：

目标参数：$T_\mathrm{p}(0\mathrm{m}, 0\mathrm{m}, 15\mathrm{m})$，目标轴向指向 x 轴正向，目标为模型 1。

环境参数：环境介电常数 $\varepsilon_\mathrm{r} = (3, -2.4\times10^{-5})$，环境类型为地面，环境均二次方根高度为 $1.0\times10^{-3}\mathrm{m}$，相关长度为 $0.6\mathrm{m}$。

天线参数：工作频率在 L 波段，旁瓣电平为 $-20\mathrm{dB}$，天线距离目标中心距离 D_ts 为 $2\,000\mathrm{m}$。

计算了不同天线极化时耦合散射随波束擦地角的变化曲线。计算结果如图 4.42 所示。

由图中可以看出：VV 极化条件下耦合散射存在布儒斯特效应，HH 极化条件下，耦合散射的布儒斯特效应消失，这与前一章中环境散射随极化变化的规律一致，即环境散射系数只有在 VV 极化下才会出现局部最小值。

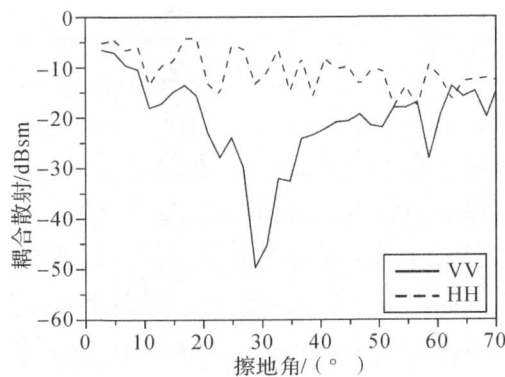

图 4.42　不同天线极化时的耦合散射随波束擦地角的变化

4.6　本　章　小　结

目标与环境复合散射计算是电磁计算领域重点研究的方向之一，涉及计算精度与计算效率之间的平衡。本章根据复合散射的实际，构建了一种混合方法，其中目标散射采用 PO +PTD，环境散射用双尺度组合方法，耦合散射采用 SBR 方法。该混合方法的改进措施如下：

(1)复合散射算法构建中将天线方向图对入射接收幅度的加权融合进来，使其能够反映雷达天线方向图对结果的影响。

(2)目标散射计算方法能够适用于天线与目标距离不同时的情况，主要对格林函数的梯度做了相应的处理，并将球面波因子融入其中。

(3)通过与典型试验结果的比对，复合散射仿真计算方法的有效性得到了验证。

(4)利用该方法计算了复合散射和耦合散射随参数变化的特性，分析了目标-环境复合散射随目标、环境和天线参数变化的特性。

第 5 章　超低空雷达探测回波生成

雷达探测超低空目标时,发射机根据工作模式选择信号形式,并将信号调制到射频上,再通过发射天线将射频信号辐射到空间中,电磁波入射到目标表面会产生感应场进而产生散射,这就形成了目标回波,也是雷达期望得到的信号;当电磁波入射到目标下方的环境面时,环境面上同样会产生感应场而产生散射,这就形成了环境杂波,只要发射天线照射到的区域均会产生环境杂波;当目标或环境面产生散射场没有直接回到接收天线,而是经过环境面与目标多次的耦合过程后再回到接收天线时,这一部分回波被称为多径回波,多次耦合直至耦合感应场趋于稳定才能截止计算。雷达回波可以认为是若干等效散射中心产生的回波叠加,雷达回波建模的一般方法有单散射中心模型、多散射中心模型。单散射中心模型是将目标中心作为散射中心,散射强度通过目标总的 RCS 来确定;多散射中心模型是将目标表面散射强度比较大的点,也就是表面不连续的点作为散射中心,利用推导出的各散射中心等效的 RCS 来确定散射幅度。

传统的回波生成方法适用性比较有限。本书提出的回波生成方法以第 4 章介绍的目标-环境复合散射计算方法为基础,利用雷达探测信号的具体形式和波形确定最小分辨单元的大小,进而对目标-环境模型在空间上进行散射单元的划分;在散射单元内部对目标-环境模型进行二次剖分并进行电磁计算得到散射单元的散射强度,以此为基础计算雷达探测信号下各散射单元的传递函数,并与发射信号相卷积得到各散射单元的回波序列;最后将各回波序列进行线性叠加得到总回波序列。对得到的回波序列进行信号处理就能得到总回波的距离-多普勒二维图(简称 R-D 分布图),接着利用信号检测程序计算出目标的特征信息,或者先对杂波进行抑制,然后利用信号检测程序计算目标的特征信息。

5.1　雷达回波生成模型

5.1.1　雷达功能模型

雷达是武器系统中实现目标探测、跟踪及制导的一个重要分系统。不同体制的武器系统通过发射天线将一定信号形式的电磁波向目标所在方向辐射出去,目标在照射信号的感应下产生散射回波,雷达天线接收雷达回波,接收机将雷达回波通过放大器、混频器、增益控制等变为基带信号,并送至信号处理机,如图 5.1 所示。信号处理机在一定处理时间内通过距离和速度滤波器得到目标距离–速度二维信息,并通过信号检测得到信号中包含的距离信息、速度信息及角误差信息,并利用角误差信息通过波束控制调整雷达天线对准信号最大方向,利用距离及速度信息实现距离跟踪和角度跟踪功能。

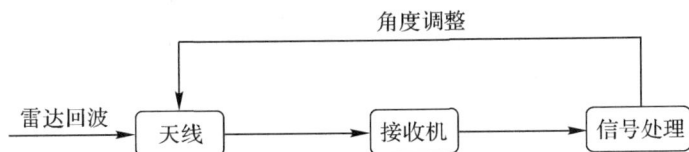

图 5.1 雷达功能模型示意图

5.1.2 雷达超低空下视几何关系图

雷达处于运动平台上,平台速度矢量方向为 $\boldsymbol{v}_r$,天线主轴方向为 $\hat{\boldsymbol{k}}_i$,目标速度矢量方向为 $\boldsymbol{v}_t$,镜像目标速度矢量方向为 $\boldsymbol{v}'_t$,$\hat{\boldsymbol{k}}_t$ 为平台中心到目标中心处的矢量方向,$\hat{\boldsymbol{k}}_{mt}$ 为平台中心到镜像目标中心处的矢量方向。ΔR 表示由雷达最小距离分辨力确定的距离环大小,$\hat{\boldsymbol{k}}_{sn}$ 表示平台中心到某一环境散射单元的矢量方向。

雷达平台上的天线通常是由若干天线单元组成的相控阵天线,通过机械或电控调节的方式改变天线主轴方向使其对准目标方向。根据目标中心处的矢量方向偏离天线主轴的角度就可以确定该位置处的入射波幅度大小;根据天线主轴方向及天线方向图的主波束宽度可以确定平台天线在环境面上的有效照射区域,天线主瓣照射区域产生的是主瓣杂波,旁瓣产生的是旁瓣杂波,平台正下方产生的是高度线杂波。如图 5.2 所示,平台与目标、镜像目标及环境单元之间的相对运动会引起多普勒频率,它们分别为

$$\left. \begin{aligned} f_{dt} &= 2(\boldsymbol{v}_r - \boldsymbol{v}_t) \cdot \hat{\boldsymbol{k}}_t / \lambda \\ f_{dmt} &= 2(\boldsymbol{v}_r - \boldsymbol{v}'_t) \cdot \hat{\boldsymbol{k}}_{mt} / \lambda \\ f_{dct} &= 2\boldsymbol{v}_r \cdot \hat{\boldsymbol{k}}_{sn} / \lambda \end{aligned} \right\} \tag{5.1}$$

式中:λ 表示入射电磁波的辐射频率。通常,目标环境都是由许多散射中心组成的,也可以采用上式进行计算,只是需要用到各散射中心的速度矢量。

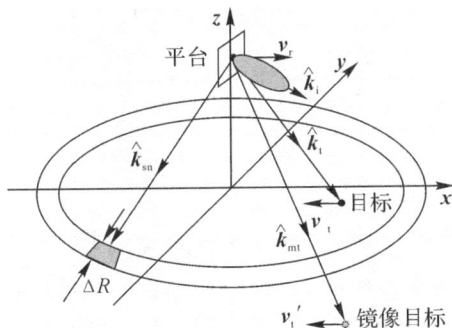

图 5.2 雷达超低空下视几何关系图

5.1.3 雷达天线模型

雷达在探测超低空目标时,会接收到来自波束照射范围内所有的回波信号,这些信号都是经过天线方向图加权的。因此,雷达天线建模对雷达回波建模非常重要。雷达天线的建模可以采用对实际天线方向图测试数据的拟合来获得,角度的采样值应当满足角度维的计算需要;还可以利用软件仿真某种结构的天线以获得其天线方向图数据。下述介绍利用阵列综合理论实现的阵列天线建模。

1. 阵列天线

雷达天线应当具有高增益、高定向性且具有波束扫描能力。采用阵列天线能够兼顾高增益和波束扫描。有效辐射口径面的面积决定了天线增益的大小,因此应当选用大口径面的天线,而口径面受制于雷达横截面的大小。波束扫描可以采用机械扫描或电扫描的方式,电扫描相对机械扫描的优势在于:实时性好;不需要转动装置,也就降低了设计难度,提高了设备的稳定性,也为天线口径面的设计提供了更大空间。阵列天线可以通过阵列优化技术得到低旁瓣的辐射方向图,这能够降低来自旁瓣的干扰。

图 5.3 为一阵列天线示意图,d_x 为 x 向的阵元间距,d_y 为 y 向的阵元间距,$\hat{k}_r(\theta,\varphi)$ 为空间某一方向矢量,θ 和 φ 分别为 $\hat{k}_r$ 在坐标系中的俯仰角和方位角。另外,$\hat{k}_r$ 与 xOz 面的夹角为 θ_E,其与 yOz 的夹角为 θ_A,并且有 $\sin\theta_E = \sin\theta\sin\varphi$ 和 $\sin\theta_A = \sin\theta\cos\varphi$。

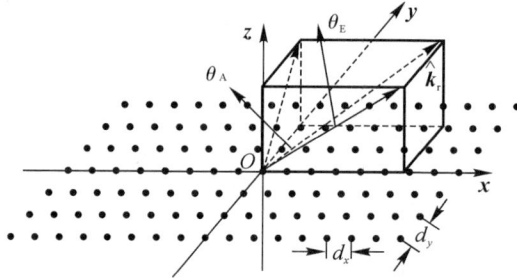

图 5.3   雷达超低空下视几何关系图

图 5.3 中的坐标系是建立在天线阵面上的,z 轴与阵面法线重合,x 轴与水平面平行。根据阵列综合理论,可以得到 $\hat{k}_r(\theta,\varphi)$ 这一方向上的辐射方向图表达式为

$$\left.\begin{aligned}
f(\theta_E,\theta_A) &= f_0(\theta_E,\theta_A) \cdot f_x \cdot f_y \\
f_x &= \sum_{m=1}^{N_x} I_m^x \mathrm{e}^{\mathrm{j}\frac{2\pi}{\lambda}md_x\sin\theta_A + j\varphi_m} \\
f_y &= \sum_{n=1}^{N_y} I_n^y \mathrm{e}^{\mathrm{j}\frac{2\pi}{\lambda}nd_y\sin\theta_E + j\varphi_n}
\end{aligned}\right\} \tag{5.2}$$

式中:$f_0(\theta_E,\theta_A)$ 表示阵元辐射方向图,通常其波束宽度较宽;f_x 和 f_y 分别为 x 和 y 向上的阵因子;N_x 和 N_y 分别为 x 和 y 向上的阵元数;I_m^x 和 I_n^y 分别表示各阵元沿 x 和 y 方向上归一化的幅度;而 φ_m 和 φ_n 为各阵元的初始相位,当 φ_m 和 φ_n 均为 0° 时,天线的最大辐射方向为 z 轴方向,通过改变阵元的相位就能实现波束扫描。下面给出一均匀阵列天线的参

数,假定阵元方向图 $f_0(\theta_E,\theta_A)$ 为 $\cos<\hat{k}_r,\hat{e}_z>$,$\cos<\hat{k}_r,\hat{e}_z>$ 为最大辐射方向即 z 轴方向与观察方向 $\hat{k}_r$ 之间夹角的余弦,阵元初始相位均为 0,归一化幅度均为 1,即各单元的幅度、相位均相同,d_x 和 d_y 为阵列间隔。图 5.4 为 $\theta_E=0°$ 平面内天线方向图。可以看出,旁瓣电平为 $-13\mathrm{dB}$。

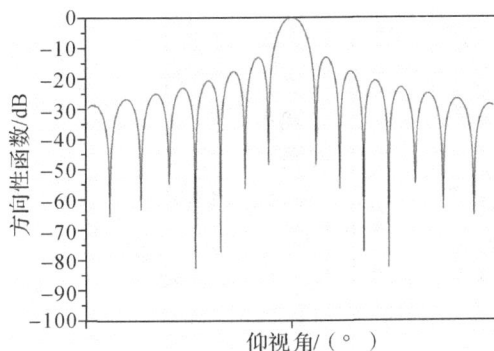

图 5.4　均匀阵列天线辐射方向图

2. 契比雪夫分布阵列

实际使用中,往往对天线的旁瓣电平提出要求,使其能够降至所设定的值。为了满足降低旁瓣的要求,这里介绍一种契比雪夫分布的阵列优化方法。

假定阵元初始相位为 0,N_x 和 N_y 为偶数,并且幅度分布关于阵列中心呈偶对称,这里以 x 方向阵因子为例,令 $\psi=d_x\sin\theta_A$,则有

$$f_x=\sum_{k=0}^{N_x/2-1}2I_k^x\cos\left(\frac{2k+1}{2}\psi\right)=\sum_{k=0}^{N_x/2-1}B_k^x\cos^{2k+1}\left(\frac{\psi}{2}\right) \tag{5.3}$$

上式中利用了欧拉公式和二项式展开公式。

根据契比雪夫多项式 $T_{Nx-1}(x)$ 和旁瓣电平绝对值 R,求解出 x_0,使其满足:

$$R=T_{Nx-1}(x_0) \tag{5.4}$$

令 $x/x_0=\cos(\psi/2)$,并将其带入式(5.3)中,整理出的 f_x 是关于 x 的 N_x-1 阶多项式,令其系数等于 $T_{Nx-1}(x)$ 的系数,便能计算得到式(5.3)中系数 B_k^x,也就是阵元的幅度分布归一化因子。y 方向的阵因子也可以采用同样的方法确定其幅度分布值。

这样就得到了低旁瓣的契比雪夫阵列天线。下面来看一个例子,该例子是在前一节幅度相同均匀阵的基础上进行契比雪夫阵列优化。具体参数为:阵元初始相位均为 0,d_x 和 d_y 为阵列间隔,旁瓣电平为 $-20\mathrm{dB}$。图 5.5 为优化得到的 θ_E

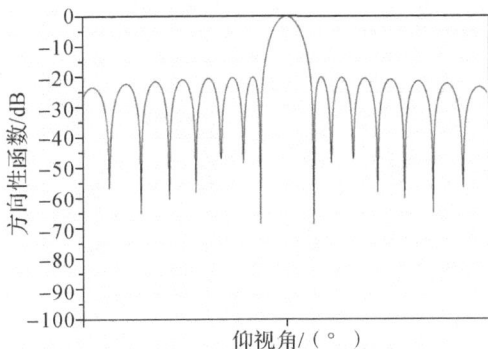

图 5.5　契比雪夫阵列天线辐射方向图

$=0°$ 平面内天线方向图,由图可以看出:优化得到的天线方向图,旁瓣电平满足要求,主

瓣宽度相比未优化的略微变宽。该算例说明该阵列优化方法需要在主瓣宽度和旁瓣电平这两项指标之前间做出平衡。

3."四象限"天线模型

雷达天线会随着雷达的运动而运动,天线的指向也会随之发生改变,这对于雷达探测跟踪目标是非常不利的。为了能够让雷达的天线始终对准需要指向的目标方向并持续跟踪目标,就需要将波束的调整与雷达运动相互隔离,实现解耦。这能为天线的建模带来方便,不用考虑雷达姿态的变化而只需要将阵面天线波束指向始终对准目标。基于这样的考虑,天线模型坐标系建立的方式为:将天线的主波束方向定义为 z 轴,x 轴与水平方向平行且指向 z 轴的右侧,y 轴则由此确定,如图 5.6 所示。因为不需要考虑雷达姿态变化对天线坐标系的影响,所以可以令 x 轴始终平行于环境面,沿着方位向,令 y 轴沿着俯仰向。

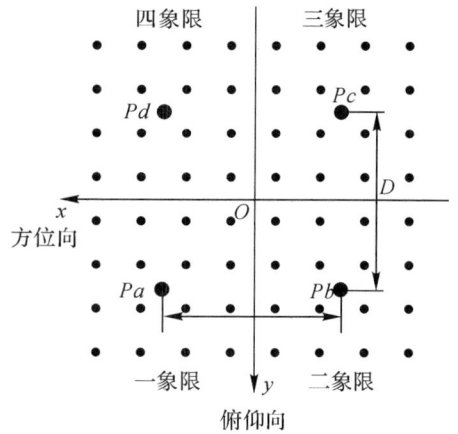

图 5.6 "四象限"天线模型

雷达天线为了实现角度跟踪就需要构造和差波束,为此天线模型可采用"四象限"模型。它可以看作是由四个阵列天线按照正方形排列构成的。图 5.6 中 Pa,Pb,Pc 和 Pd 是每个象限的等效相位中心,其相互的间距为 D。"四象限"天线模型可以看作是四个阵列天线的又一次阵列合成。f_Σ 表示和波束方向图,$f_{\Delta1}$ 表示俯仰向差波束方向图,$f_{\Delta2}$ 表示方位向差波束方向图。其表达式为

$$f_\Sigma(\theta_E,\theta_A)=f_{qb}(\theta_E,\theta_A)\cos(\frac{\pi D}{\lambda}\sin\theta_A)\cos(\frac{\pi D}{\lambda}\sin\theta_E) \tag{5.5a}$$

$$f_{\Delta1}(\theta_E,\theta_A)=f_{qb}(\theta_E,\theta_A)\cos(\frac{\pi D}{\lambda}\sin\theta_A)\sin(\frac{\pi D}{\lambda}\sin\theta_E) \tag{5.5b}$$

$$f_{\Delta2}(\theta_E,\theta_A)=f_{qb}(\theta_E,\theta_A)\sin(\frac{\pi D}{\lambda}\sin\theta_A)\cos(\frac{\pi D}{\lambda}\sin\theta_E) \tag{5.5c}$$

式中:$f_{qb}(\theta_E,\theta_A)$ 表示契比雪夫分布阵列方向图。为了能够直观地了解和差波束,这里给出了一个例子,图 5.7 所示的是俯仰面(即 yOz 面)内的和波束和差波束。

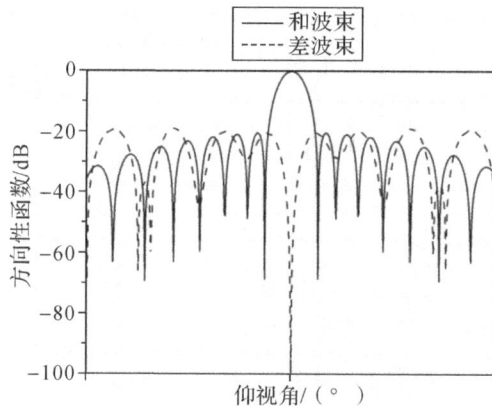

图 5.7 "四象限"天线实例

5.1.4　目标模型的坐标变换

目标模型相对照射和接收天线的位置、姿态均会发生变化,尤其在雷达探测超低空目标时,目标的轴线会随着运动参数的变化而发生偏转。这就需要对目标模型按照轴向进行变换。

图 5.8 是目标变换的示意图。图中目标的局部坐标系 x' 沿着目标的轴线,y' 与水平面平行,指向轴线的左侧,z' 与它们两个的方向构成右手螺旋关系。θ_α 表示目标轴线与水平面的仰角,φ 表示天线轴线水平投影方向与 x 之间的夹角。当目标轴线的矢量方向由 $(1,0,0)$ 变到 $(\sin\theta_\alpha\cos\varphi, \sin\theta_\alpha\sin\varphi, \cos\theta_\alpha)$,且模型沿着轴向旋转角度 θ_β,目标模型上的坐标点 (a_x, a_y, a_z) 就会变到 (a'_x, a'_y, a'_z)。为了能够实现这样的坐标变换。下述给出这三种变换,分别为滚转变换、俯仰变换、方位变换。

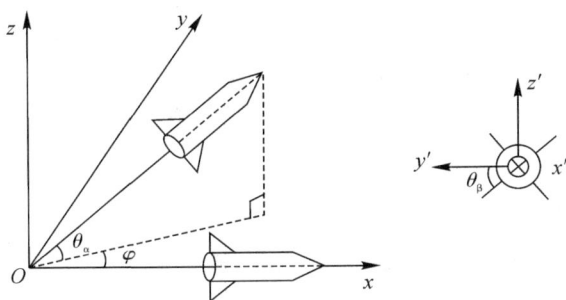

图 5.8　目标模型坐标变换示意图

滚转变换公式:

$$\begin{bmatrix} a'_x \\ a'_y \\ a'_z \end{bmatrix} = \begin{bmatrix} 1 & 0 & 0 \\ \cos\theta_\beta & -\sin\theta_\beta & 0 \\ \sin\theta_\beta & \cos\theta_\beta & 1 \end{bmatrix} \begin{bmatrix} a_x \\ a_y \\ a_z \end{bmatrix} = M_1 \begin{bmatrix} a_x \\ a_y \\ a_z \end{bmatrix} \tag{5.6a}$$

俯仰变换公式:

$$\begin{bmatrix} a'_x \\ a'_y \\ a'_z \end{bmatrix} = \begin{bmatrix} \cos\theta_\alpha & 0 & -\sin\theta_\alpha \\ 0 & 1 & 0 \\ \sin\theta_\alpha & 0 & \cos\theta_\alpha \end{bmatrix} \begin{bmatrix} a_x \\ a_y \\ a_z \end{bmatrix} = M_2 \begin{bmatrix} a_x \\ a_y \\ a_z \end{bmatrix} \tag{5.6b}$$

方位变换公式:

$$\begin{bmatrix} a'_x \\ a'_y \\ a'_z \end{bmatrix} = \begin{bmatrix} \cos\varphi & -\sin\varphi & 0 \\ \sin\varphi & \cos\varphi & 0 \\ 0 & 0 & 1 \end{bmatrix} \begin{bmatrix} a_x \\ a_y \\ a_z \end{bmatrix} = M_3 \begin{bmatrix} a_x \\ a_y \\ a_z \end{bmatrix} \tag{5.6c}$$

总的变换公式为

$$\begin{bmatrix} a'_x \\ a'_y \\ a'_z \end{bmatrix} = \begin{bmatrix} \cos\varphi\cos\theta_\alpha & -\cos\varphi\sin\theta_\alpha\sin\theta_\beta - \sin\varphi\cos\theta_\beta & \sin\varphi\sin\theta_\beta - \cos\varphi\sin\theta_\alpha\cos\theta_\beta \\ \sin\varphi\cos\theta_\alpha & -\sin\varphi\sin\theta_\alpha\sin\theta_\beta + \cos\varphi\cos\theta_\beta & -\cos\varphi\sin\theta_\beta - \sin\varphi\sin\theta_\alpha\cos\theta_\beta \\ \sin\theta_\alpha & \cos\theta_\alpha\sin\theta_\beta & \cos\theta_\alpha\cos\theta_\beta \end{bmatrix} \begin{bmatrix} a_x \\ a_y \\ a_z \end{bmatrix}$$

$$\tag{5.7}$$

设一导弹模型的轴线方向与 x 轴正向重合,对其进行变换,具体参数为:滚转角 $\theta_\beta = -40°,\theta_\alpha = 20°,\varphi = 30°$。变换后的模型如图 5.9 所示。

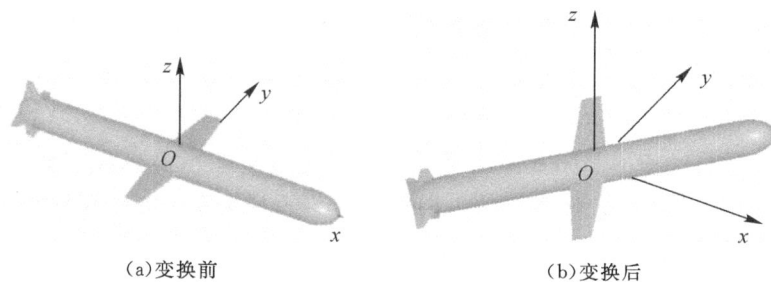

(a)变换前　　　　　　　　　　　　(b)变换后

图 5.9　导弹模型坐标变换

目标坐标变换能够根据目标轴线的变换及时调整目标模型的姿态变化,为目标散射的电磁计算带来方便,也能够按照目标运动的轨迹和运动矢量及时调整目标轴线的指向,也就在目标原始模型和运动参数模型之间建立了联系。实际中的目标散射是在目标坐标系即局部坐标系下完成的,而雷达运动模型是在全局坐标系下建立的,目标相对雷达的运动必然引起天线入射到目标的方向不断发生变化。坐标变换便能够为目标电磁散射的计算建立必要的相互位置关系。

5.1.5　线性调频探测信号

当前,应用广泛的宽带脉冲体制雷达中多采用线性调频信号(Linear Frequency Modulation,LFM),如图 5.10 所示,它是在载频 f_c 上调制调频带宽为 B 的 LFM 信号。LFM 能够很好地平衡雷达作用距离与雷达最小分辨力这一对指标的矛盾。实际使用中,选用宽脉冲能够保证雷达辐射的平均功率尽可能大,也就保证了雷达大的作用距离;同时脉内由于采用了线性调频信号,接收时用匹配滤波进行脉冲压缩获得等效的窄脉冲,这就保证了雷达具有小的距离分辨力。

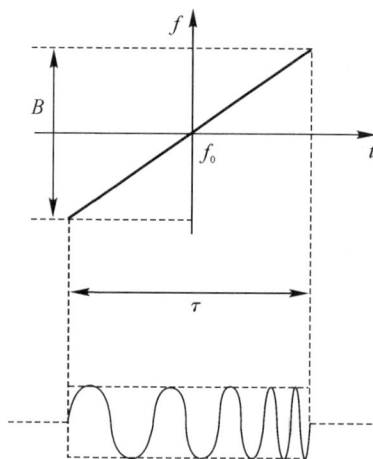

图 5.10　线性调频信号

LFM 信号的数学表达式为

$$s(t) = A(t) e^{j2\pi f_c t} \tag{5.8}$$

式中：f_c 为载波频率。复包络 $A(t) = \mathrm{rect}(t/\tau)\exp(\mathrm{j}\pi Kt^2)$ 时频特性如图 5.11 所示,信号的瞬时相位为 $\mathrm{j}2\pi(f_c t + Kt^2/2)$,瞬时频率为 $f_c + Kt(-\tau/2 \leqslant t \leqslant \tau/2)$,$K = B/\tau$ 表示调频斜率,B 为调频带宽,$\mathrm{rect}(t/\tau)$ 为矩形信号,表达式为

$$\mathrm{rect}\left(\frac{t}{\tau}\right) = \begin{cases} 1, & \left|\dfrac{t}{\tau}\right| \leqslant \dfrac{1}{2} \\ 0, & \left|\dfrac{t}{\tau}\right| > \dfrac{1}{2} \end{cases} \tag{5.9}$$

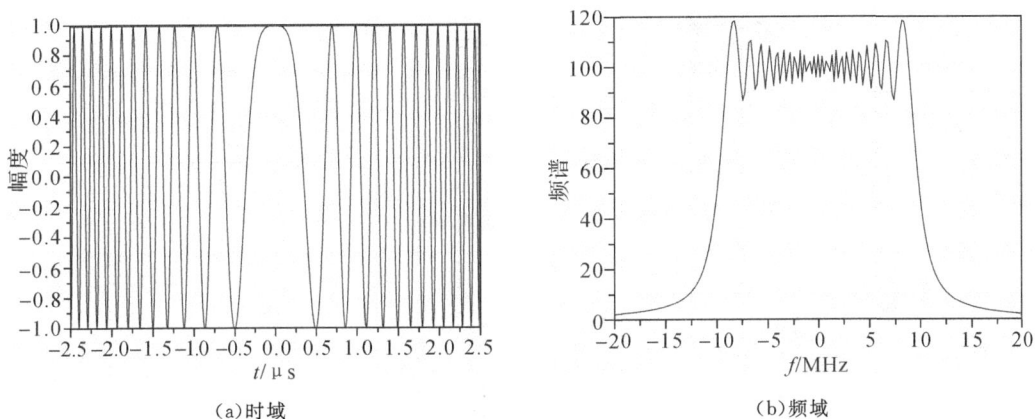

(a)时域 　　　　　　　　　　　　(b)频域

图 5.11　线性调频信号复包络的时频特性

5.1.6　空时分解方法

1. 空间分解

雷达天线在下视探测超低空目标时,天线照射区域非常大,不能简单将目标环境模型当作一个等效散射中心,而应当对其在空间上进行划分,使其每个散射单元内部的天线增益、多普勒频移、雷达俯仰角、杂波反射率等为一常数,从而保证各散射单元信号之间没有相干性。考虑到雷达探测信号波形在脉冲内部采用了 LFM 调制,其最小距离分辨力相对窄带或不调制的纯脉冲信号的要小得多。方位分辨力与脉冲重复频率及相干处理时间都有关。理论上,散射单元划分越小,计算精度越高,但是计算量将变得不可承受。这里采用基于距离分辨力的空间划分方法。

如图 5.12 所示,图中的目标环境模型首先根据与天线的不同距离而被划分成若干等距离环,距离环间隔为 ΔR,方位向依据多普勒频率而被划分为间隔为 $\Delta\theta$ 的条带,最终得到若干 $\Delta R \times \Delta\theta$ 的单元。其中,距离环间隔 ΔR 由脉冲 LFM 信号的距离分辨力决定,这样得

$$\left. \begin{array}{l} \Delta R = \dfrac{c\tau'}{2} = \dfrac{c}{2B} \\[3mm] \Delta\theta \approx \dfrac{\lambda f_{\mathrm{PRF}}}{2N_{\mathrm{p}}v_{\mathrm{r}}\cos<\hat{\boldsymbol{k}}_{\mathrm{r}},\boldsymbol{v}_{\mathrm{r}}>} \end{array} \right\} \tag{5.10}$$

式中：f_{PRF} 表示脉冲重复频率；N_{p} 表示相干处理时间(CPI)内的脉冲数；v_{r} 表示雷达速度大小；$\cos<\hat{\boldsymbol{k}}_{\mathrm{r}},\boldsymbol{v}_{\mathrm{r}}>$ 表示雷达速度矢量与入射波方向之间的夹角。实际使用中,$\Delta\theta$ 最小值的

选定可以适当放宽。

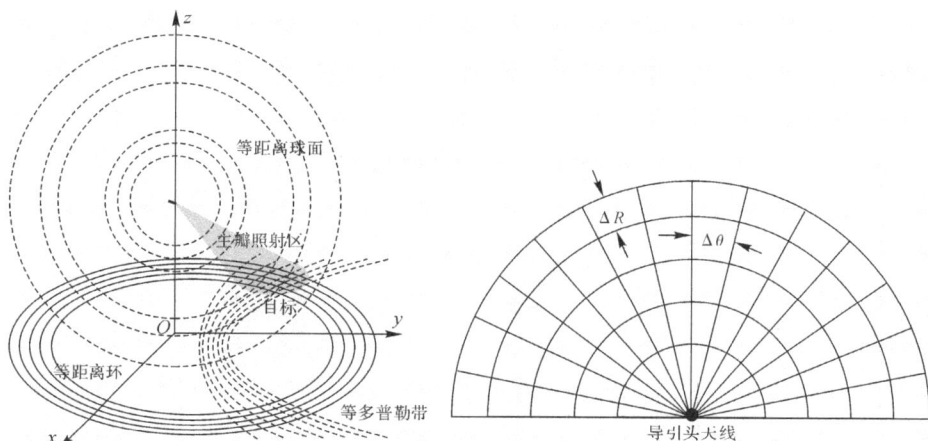

图 5.12　空间划分方法

2.时间分解

雷达探测目标过程中,目标、环境及雷达均处于运动过程中,这就决定了雷达的回波是一种动态回波。在脉冲体制下,雷达发射与接收系统需要对一定相干时间 CPI 内接收到的多个脉冲进行实时的回波信号处理。因为发射脉冲信号是宽时脉冲线性调频信号,经过脉冲压缩后的等效脉冲宽度为 $\tau' = 1/B$,即单个脉冲含有多个子脉冲分辨单元,信号建模时不能像常规雷达信号模型那样以脉冲为单元进行建模,而是需要对脉冲进一步细分,采用时间分解的方法,将宽时脉冲信号分解成多个窄脉冲信号,发射信号可重新写为

$$s_t(t) = \sum_{i=0}^{N_b-1} \exp\left[j2\pi(f_0 t + Kt^2/2)\right] \mathrm{rect} \frac{t-i\tau'}{\tau'}, 0 \leqslant t \leqslant \tau \tag{5.11}$$

式中:τ' 为子脉冲宽度;N_b 为宽脉冲分解得到的窄脉冲个数。

根据时间分解得到的窄脉冲,求得每一散射单元在这些窄脉冲上的回波响应。在窄脉冲时间内,可以采用准静态法,即假设空间分解的各目标环境散射中心单元的相对位置不变,从而获得每一散射单元在窄时间信号上的回波响应。最后,将各散射单元在宽时脉冲信号激励下的响应回波进行叠加以获得总的回波,整个过程如图 5.13 所示。

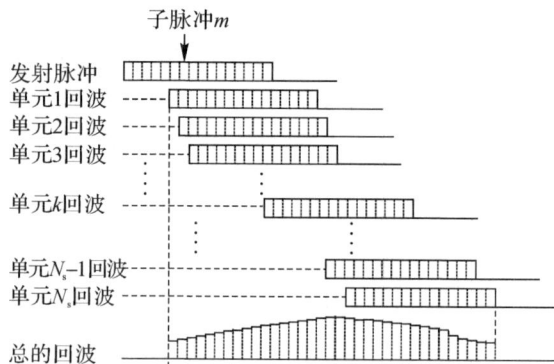

图 5.13　时间划分方法

5.1.7 雷达杂波频谱构成

由 5.1.6 节的空时分解方法可以看出,各环境散射单元相对于雷达存在径向速度,不同空间方向的散射点的相对速度不同,考虑到雷达运动速度很高,雷达工作波长短,因此雷达杂波的多普勒频谱大大展宽。根据杂波单元相对雷达天线波束照射区的位置不同,通常将机载雷达杂波分为主瓣杂波、旁瓣杂波和高度线杂波。

1. 主瓣杂波

某一时刻,雷达的主波束照射在地面的一个区域,在此区域内,各个散射体的回波具有不同的多普勒频移,幅度按天线方向图加权。因此,那些不同的环带相对于雷达就有不同的径向速度,并分别产生了不同多普勒频移的杂波,这些杂波的总和就构成了主瓣杂波。杂波谱中主瓣杂波功率最强,对雷达动目标回波的干扰也最显著。主瓣杂波的强度与发射机的功率、天线主波束的增益、地物对电波的反射能力、雷达高度等因素都有关,其强度可以比雷达接收机的噪声高 70~90dB。主瓣杂波在频谱上的位置由天线主波束指向与雷达速度矢量间的夹角决定,频谱宽度由空间夹角和主波束宽度决定。

雷达天线主波束中心位置的多普勒频率:

$$f_{\mathrm{t}} = \frac{2v_{\mathrm{r}}}{\lambda}\cos\psi \tag{5.12}$$

式中:角度 ψ 表示雷达速度矢量方向与主波束之间的夹角;v_{r} 为雷达速度;λ 为发射信号波长。当脉冲多普勒雷达使用均匀脉冲串信号时,其频谱的幅度受 $\sin(x)/x$ 函数调制。定义主波束两个零点之间的宽度为主瓣宽度,当波束主瓣扫描角为 ψ_0 时,得主瓣的多普勒频率的范围为

$$|f_{\mathrm{d}}| = \frac{2v_{\mathrm{r}}}{\lambda}\left|\cos(\psi_0 + \theta_{\mathrm{main}}/2) - \cos(\psi_0 - \theta_{\mathrm{main}}/2)\right|$$
$$\approx \frac{2v_{\mathrm{r}}}{\lambda}\left|\sin(\psi_0)\theta_{\mathrm{main}}\right| \tag{5.13}$$

式中:θ_{main} 表示主波束宽度。可见,多普勒频率范围随扫描角的变化而变化,当主波束扫描角在一定范围内时,对于高重频雷达,主杂波多普勒频率宽度与最大不模糊频率相比较小,这就决定了目标检测可以在速度维进行。

2. 旁瓣杂波

脉冲多普勒雷达天线若干个旁瓣波束照射到地面上时产生的回波就构成旁瓣杂波。雷达天线的旁瓣波束增益通常要比主波束增益低很多,超低旁瓣技术是有效地抑制从旁瓣波束区域产生杂波的有效方法。因为旁瓣杂波的强度也与平台的高度,地物的反射特性,雷达的速度,天线的参数等因素有关,所以旁瓣杂波多普勒频谱表达式与式(5.12)的相同。当雷达运动时,旁瓣杂波与主瓣杂波就分别分布在不同的频率位置上。由于雷达运动速度很高,主波束和旁瓣波束相对平台速度的夹角是不同的,其相对雷达运动平台的运动速度也不同,因此在频率域上主瓣杂波和旁瓣杂波是分开的,并且旁瓣杂波往往覆盖的频带宽度较宽,旁瓣杂波谱范围理论上可达 $-2v_{\mathrm{r}}/\lambda \sim 2v_{\mathrm{r}}/\lambda$。对于落入旁瓣杂波多普勒区域的目标信号将会与杂波竞争,因而目标的检测性能将取决于旁瓣杂波强度。微弱目标将会被杂波所淹没。低旁瓣天线设计可以大大提高目标的检测性能。

3.高度线杂波

对于下视雷达,当天线方向图中的某个旁瓣垂直照射地面时,假设雷达速度矢量方向平行于地面,这时与速度矢量的夹角 $\psi = 90°$,因此可得地物回波多普勒频率为0。通常把下视雷达的地面杂波中 $f_d = 0$ 位置上的杂波叫作高度线杂波。高度线杂波是旁瓣杂波的一种特殊情况,它除了无多普勒频率以外其他特征与旁瓣杂波相同,其频谱的中心频率位于载频上,且高度线杂波距离雷达很近,垂直入射产生的反射很强,所以在任何时候,在零多普勒频率处总有一个较强的杂波出现。

5.1.8 杂波幅度统计模型与相关理论

1.杂波幅度统计模型

(1)瑞利分布。对于地/海环境表面,如果其表面中没有任何一个散射体占据回波信号的主导地位,则来自该表面的杂波的和差分量(即实部与虚部)服从高斯分布,其信号包络服从瑞利分布。对于脉宽大于 $0.5\mu s$ 的低分辨率雷达观测地海杂波,掠入射角较高(大于 $5°$)的高分辨雷达观测的海杂波以及未开发的裸露地表杂波,均可认为回波幅度符合瑞利分布。瑞利分布只需获得杂波幅度的均值与协方差函数,就可以对杂波特性进行描述,使用十分简单方便,非常有利于多普勒处理器的设计。服从瑞利分布的杂波幅度 x 的概率密度函数(PDF)为

$$p(x) = \frac{x}{\alpha^2} \exp\left(-\frac{x^2}{2\alpha^2}\right) \tag{5.14}$$

其累计概率密度函数为

$$F(x) = 1 - \exp\left(-\frac{x^2}{2\alpha^2}\right) \tag{5.15}$$

其一阶矩为 $E(x) = \sqrt{\pi/2\alpha}$,其中 α 为瑞利分布的形状参数,α 与分辨单元内的雷达散射截面 σ 的关系为 $\sqrt{2\sigma/\pi}$。从图5.14可知,α 值越大瑞利分布的 PDF 曲线就越矮越宽,α 值越小则 PDF 曲线就越高越窄。杂波的功率(RCS)的平均值为 $2\alpha^2$,功率的 PDF 函数服从指数分布,并且

$$p(x) = \frac{1}{2\alpha} \exp\left(-\frac{x}{2\alpha}\right) \tag{5.16}$$

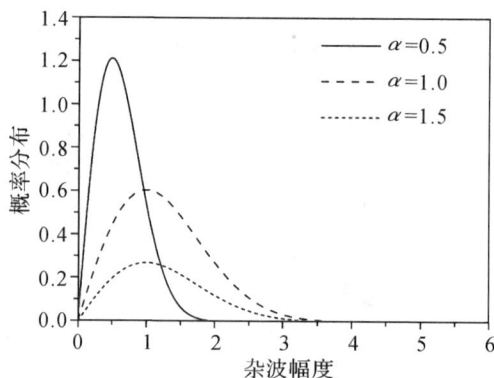

图 5.14 瑞利分布的 PDF 曲线

瑞利分布作为一种最经典的杂波分布模型,要求雷达分辨单元远远大于入射波长,单元内由大量相互独立且不占主导的小散射体组成。其杂波的相位信息一般认为在$[0,2\pi]$之间均匀分布,并不携带环境表面的任何信息,也就是说环境的高度、纹理等信息是无法通过瑞利模型反映的。当雷达分辨率增加时,局部信息变得更为突出,相邻的杂波单元在时间与空间维均具有相关性,这时杂波的幅度严重偏离瑞利分布。实测数据也说明高分辨雷达或小掠入射角雷达观测的杂波幅度分布存在较长的拖尾现象,瑞利模型已不再适用于对该情况下的杂波进行模拟。

实际观测数据表明,高分辨雷达或低掠入射角情况下观测到的地、海杂波的波动范围远大于瑞利分布的拟合结果,出现较长的拖尾。因此多种杂波模型被提出,其中一种方法是将概率分布模型根据实际观测的杂波数据进行经验拟合,得到高分辨雷达或低掠入射角情况下的杂波分布模型,其中最常用的是对数正态分布(LogNormal)、韦布尔分布(Weibull)与K分布。

(2)对数正态分布。对数正态分布是杂波幅度的对数值服从正态分布的概率密度分布函数。对数正态分布对复杂地形的杂波数据以及较低海况的海杂波数据有较好的拟合效果,其幅度分布的 PDF 为

$$p(x)=\frac{1}{\sqrt{2\pi}\,\sigma_c x}\exp\left[-\frac{(\ln x-\mu)^2}{2\sigma_c^2}\right] \tag{5.17}$$

对应的累计概率密度函数为

$$F(x)=1-\frac{1}{2}\mathrm{erfc}\left(-\frac{\ln x-\mu}{\sqrt{2\sigma_c^2}}\right) \tag{5.18}$$

其一阶矩为

$$E(x)=\mu\exp(\sigma_c^2/2) \tag{5.19}$$

对数正态分布不同于瑞利分布,其 PDF 函数具有两个控制参数。其中 σ_c 为形状参数,表示对数正态分布的倾斜度。μ 为尺度参数,表示分布的中位数,其值为 $\ln x$ 的均值。对数正态分布的两个参数与分辨单元内的雷达散射截面 σ 的关系为

$$\mu=\frac{1}{2}(\ln\sigma-\sigma_c^2) \tag{5.20}$$

如图 5.15 所示,σ_c 越大 PDF 曲线拖尾就越长,而 μ 值越大 PDF 曲线的拖尾越短。

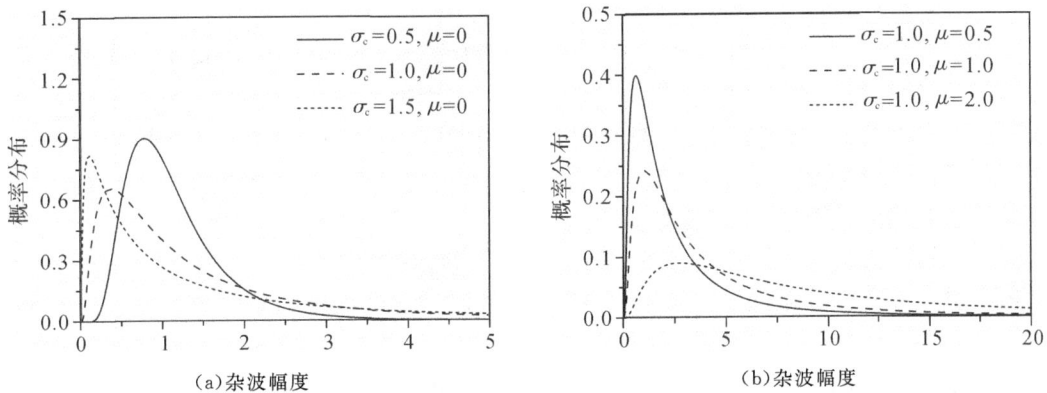

图 5.15　对数正态分布的 PDF 曲线

（3）Weibull 分布。在对杂波的研究中,学者们发现利用瑞利分布模型对杂波描述时其动态范围偏低,利用对数正态分布模型则动态范围偏高。相比上述两种分布模型,Weibull 分布具有更为广泛适用范围,Weibull 具有两个控制参数,可以对处于瑞利分布和对数正态分布间杂波数据进行描述,通过调整 Weibull 分布的参数,可以使其分布转变为瑞利分布或者接近对数正态分布。Weibull 分布的概率密度函数为

$$p(x) = \frac{p}{q} \left(\frac{x}{q}\right)^{p-1} \exp\left[-\left(\frac{x}{q}\right)^{p}\right] \tag{5.21}$$

对应的累计概率密度函数为

$$F(x) = 1 - \exp\left[-(x/q)^{p}\right] \tag{5.22}$$

其一阶矩为

$$E(x) = q\Gamma(1 + 1/p) \tag{5.23}$$

式中:$q > 0$ 表示尺度参数,为 Weibull 分布的中位数;$p > 0$ 为形状参数,当 $p = 2$ 时 Weibull 分布退化为瑞利分布,当 $p = 1$ 时则退化为指数分布。Weibull 分布的两个参数与分辨单元内的雷达散射截面 σ 的关系为

$$q = \sqrt{\sigma} / \Gamma(1 + 1/p) \tag{5.24}$$

图 5.16 所示为不同参数时,Weibull 分布的 PDF 曲线的分布。可以发现 p 越大,曲线极大值的位置越远离 y 轴且拖尾越长,q 越大曲线极大值越小且拖尾越短。

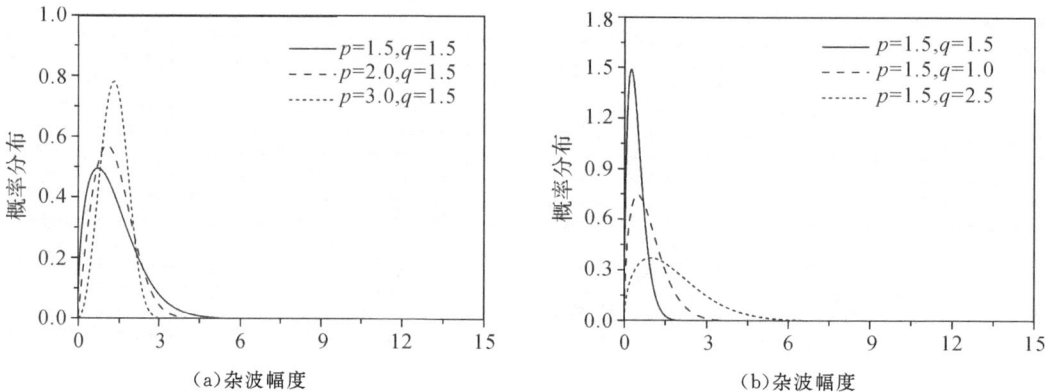

图 5.16　Weibull 分布的 PDF 曲线

对数正态分布与 Weibull 分布不具有明确的物理理论基础,而是来自于对实测杂波数据的数学拟合与分析,不能够直接揭示环境杂波的相关物理机理与特性。对数正态分布与 Weibull 分布的非高斯特征可以用均值中值比这个参数来描述,均值中值比即为一阶矩与中值之比,对数正态分布为 $E(x) = \exp(\sigma_c^2/2)$,Weibull 分布为 $E(x) = \Gamma(1 + 1/p)$。均值中值比越大则相应 PDF 曲线拖尾越长。

（4）K 分布。K 分布认为随着雷达分辨率的提高,分辨单元尺寸变小,每个分辨单元内散射体数量大大减少且服从复高斯分布的随机量,而且该随机量的均值自身也是一个服从 Gamma 分布的随机量。K 分布已经被广泛用于地海杂波的模拟,其中主要是用于非高斯模型的海杂波模拟,K 分布模型同时具有海杂波的时间与空间相关性。K 分布海杂波具有明确的散射机理含义,其构成形式中含有两种起伏分量:一种为大尺度海浪涌起导致空间的

均值变化的程度,该部分分量相关时间较长,表现为海洋表面纹理对杂波的影响;另一种为小尺度波快速变化引起的斑点效应(也称散斑,speckle),该分量主要为分辨单元内的散射效应,具有高斯杂波模型的一般特征。可以说,K 分布是一个功率受一服从 Gamma 分布的随机过程调制的复高斯过程。K 分布的幅度 PDF 函数为

$$p(x) = \frac{2}{a\Gamma(\nu)} \left(\frac{x}{2a}\right)^{\nu} K_{\nu-1}\left(\frac{x}{a}\right), \ \nu > 0 \tag{5.25}$$

累积分布函数为

$$F(x) = 1 - \left(\frac{x}{2a}\right)^{\nu} K_{\nu}\left(\frac{x}{a}\right)/\Gamma(\nu) \tag{5.26}$$

式中:a 为尺度参数并由杂波的平均功率确定;ν 为形状参数,表示分布倾斜度,意味着杂波的起伏程度,ν 越小 K 分布就越偏离瑞利分布,其不对称性就越明显。当 $\nu \to \infty$ 时,K 分布变为瑞利分布。ν 的取值一般介于 0.1 到 10 之间,较小的 ν 值意味着杂波有着较长的拖尾。$K_{\nu-1}$ 为第二类修正 Bessel 函数,Γ 为伽马函数。K 分布一阶矩为

$$E(x) = 2a\sqrt{\nu} \tag{5.27}$$

K 分布的两个参数与分辨单元内的雷达散射截面 σ 的具有以下关系:

$$a = 0.5\sqrt{\sigma/v} \tag{5.28}$$

图 5.17 所示为 K 分布 PDF 曲线,可以发现,ν 越小曲线拖尾越大,a 越大曲线的峰值越小。

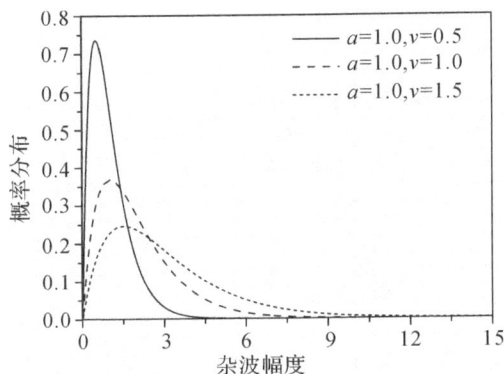

图 5.17　K 分布的 PDF 曲线

2. 杂波序列生成方法

基于统计模型的杂波序列生成方法主要有零记忆非线性变换方法(ZMNL)与球不变随机过程模型(SIRP)。这两种方法的实质都是生成具有给定统计分布特性的杂波序列,方法简单,计算生成效率高,工程应用十分广泛,由于基于统计模型的杂波生成方法不是本书研究重点,这里仅以 ZMNL 为例进行介绍,并生成统计模型的杂波序列。

ZMNL 法的思想是:高斯白噪声经过线性滤波器的处理后生成具有一定相关性的高斯序列,然后该序列再通过零记忆非线性变换产生符合所需统计特性的杂波序列,其原理如图 5.18 所示。

其中,v_i, w_i, z_i 为生成杂波序列过程中的随机序列,$G_v(\omega), G_w(\omega), G_s(\omega)$ 分别为相应随机序列的功率谱,$H(w)$ 为滤波器的频域形式,$g(\cdot)$ 表示对输入序列进行非线性变换。

具体步骤如下：

（1）生成高斯白噪声序列 v_i。

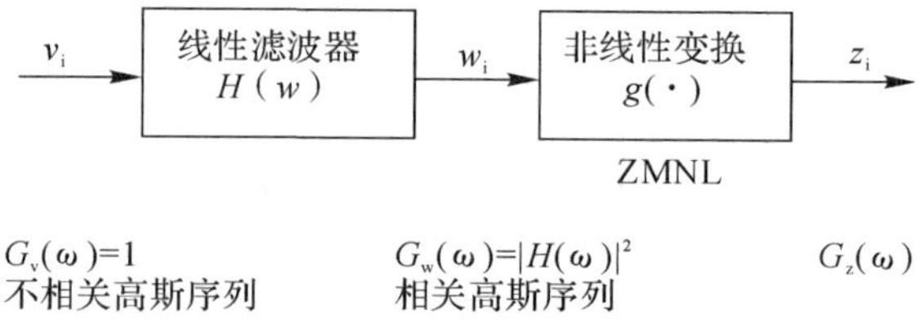

$$G_v(\omega)=1 \qquad G_w(\omega)=|H(\omega)|^2 \qquad G_z(\omega)$$
不相关高斯序列 相关高斯序列

图 5.18　ZMNL 原理图

（2）将高斯白噪声序列 v_i 输入滤波器 $H(w)$，通过滤波器输出具有某种相关性的高斯序列 w_i。

（3）序列 w_i 经过非线性变换处理得到具有指定分布特征与相关特性的杂波序列。

在上述过程中，$g(\cdot)$ 决定了最终杂波序列幅度的分布特性，$H(w)$ 则决定了杂波序列的功率谱特性。所以滤波器 $H(w)$ 的设定与非线性变换 $g(\cdot)$ 的选择是 ZMNL 法生成杂波序列的主要工作。

这里以 Weibull 分布模型为例，产生杂波序列。参数 $p=1.5,q=2$，仿真获得杂波序列如图 5.19（a）所示，仿真杂波序列的概率密度与理论分布曲线的对比如图 5.19（b）所示，从图中可以观察到，仿真结果与理论值基本匹配。

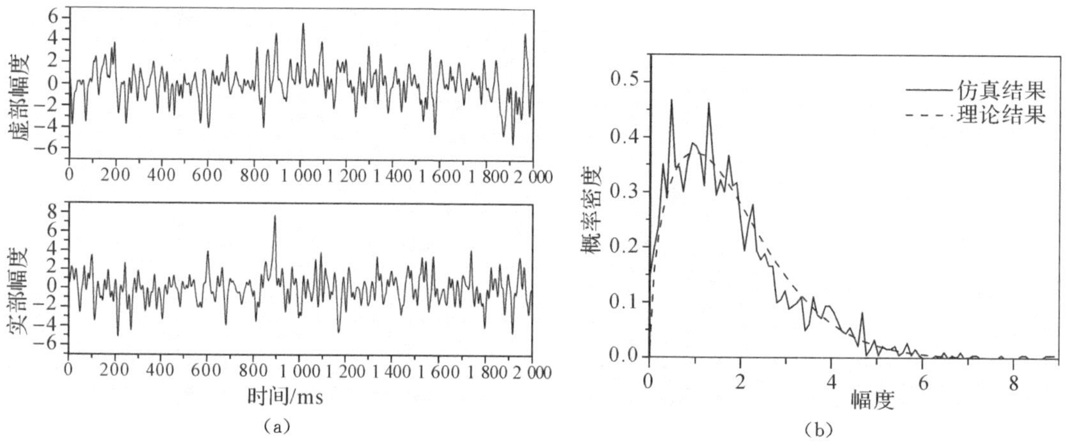

图 5.19　Weibull 分布的杂波序列与 PDF

3.统计模型参数估计

上述介绍的杂波统计模型的分布特性都是由其参数决定的。确定哪种模型最符合实测数据的分布特性实际上就是要估计出各个分布模型的参数，然后将估计参数条件下的各分布模型与实测数据的幅度分布规律进行拟合对比，最终确定出最能表征该杂波特性的统计模型。此外通过对仿真杂波数据进行参数估计后，还可以判断仿真杂波数据的合理性与可靠性。杂波分布参数估计方法以矩估计法和最大似然法最具代表性。最大似然估计法特别适用于被估计的数据其概率分布未知的情况，而且最大似然估计法其参数估计结果的精度更为准确，在工程应用中得到了广泛的应用，所以这里仅介绍最大似然估计法。

设 $f(x,\theta)$ 为总体 X 的概率密度函数，$\theta_1,\theta_2,\cdots,\theta_k$ 为待估参数矢量 θ 的序列，x_1，$x_2,\cdots,x_n$ 为总体 X 的样本值，则总体 X 的值落在 $(x_1,x_2,\cdots,x_n)$ 领域内的概率为

$$L(x_1,x_2,\cdots,x_n;\theta_1,\theta_2,\cdots,\theta_k)=\prod_{i=1}^{n}f(x_i;\theta_1,\theta_2,\cdots,\theta_k)\,\mathrm{d}x_i \tag{5.29}$$

式中：$L(x_1,x_2,\cdots,x_n;\theta_1,\theta_2,\cdots,\theta_k)$ 被称为似然函数，θ 的估计量记为 $\hat{\theta}$。能够使得 $L(x_1,x_2,\cdots,x_n;\theta_1,\theta_2,\cdots,\theta_k)$ 获得最大值的 $\hat{\theta}_1,\hat{\theta}_2,\cdots,\hat{\theta}_k$ 称为 $\theta_1,\theta_2,\cdots,\theta_k$ 的最大似然估计值。若要函数 L 取得极大值，根据微积分理论可知，微分方程必须满足

$$\frac{\partial \ln L}{\partial \theta_i}=0\ ,\ i=1,2,\cdots,k \tag{5.30}$$

通过求解式(5.30)，可获得 $\hat{\theta}_1,\hat{\theta}_2,\cdots,\hat{\theta}_k$ 使得函数 L 获得极大值，$\hat{\theta}_1,\hat{\theta}_2,\cdots,\hat{\theta}_k$ 便是参数 $\theta_1,\theta_2,\cdots,\theta_k$ 的最大似然估计值。

结合杂波幅度分布模型与最大似然估计法，可以获得不同分布模型估计值的表示形式。根据最大似然估计法，瑞利分布的估计值可以获得解析形式，可表示为

$$\hat{a}=\frac{1}{2N}\sum_{i=1}^{N}x_i^2 \tag{5.31}$$

式中：N 为样本数量即数据序列 X 的长度。对数正态分布的极大似然结果可表示为

$$\hat{\mu}=\frac{1}{N}\sum_{i=1}^{N}\ln x_i \tag{5.32}$$

$$\hat{\sigma}_c^2=\frac{1}{N}\sum_{i=1}^{N}(\ln x_i-\hat{\mu})^2 \tag{5.33}$$

上式的无偏估计结果为

$$\hat{\sigma}^2=\frac{1}{N-1}\sum_{i=1}^{N}(\ln x_i-\hat{\mu})^2 \tag{5.34}$$

Weibull 分布的最大似然估计无法以解析形式表示，但是可以通过求解下面的方程获得，即

$$\frac{\sum_{i=1}^{N}x_i^p\ln x_i}{\sum_{i=1}^{N}x_i^p}-\frac{1}{p}=\frac{1}{N}\sum_{i=1}^{N}\ln x_i \tag{5.35}$$

$$q=\left(\frac{1}{N}\sum_{i=1}^{N}x_i^p\right)^{1/p} \tag{5.36}$$

式(5.35)和式(5.36)中方程需要借助数值法进行求解，数据量较大时计算较为复杂。

K 分布的表示形式并非初等函数，所以其参数的最大似然估计比较复杂。K 分布的对数似然函数为

$$\ln[L(x_i;\nu,a)]=N(1-\nu)\ln 2-N(1+\nu)\ln(a)-N\ln[\Gamma(\nu)]+$$
$$\nu\sum_{i=1}^{N}\ln(x_i)+\sum_{i=1}^{N}\ln\left[K_{\nu-1}\left(\frac{x_i}{a}\right)\right] \tag{5.37}$$

K 分布的最大似然参数估计值可通过求解对数似然函数方程组获得即

$$\left.\begin{array}{l} \dfrac{\partial}{\partial \nu}\Big\{\displaystyle\sum_{i=1}^{N}\ln\big[L(x_i;\nu,a)\big]\Big\}=0 \\[4mm] \dfrac{\partial}{\partial a}\Big\{\displaystyle\sum_{i=1}^{N}\ln\big[L(x_i;\nu,a)\big]\Big\}=0 \end{array}\right\} \qquad (5.38)$$

式(5.38)无法获得解析解,只能通过二维搜索或者其他数值方法进行求解。

5.1.9 基于散射的回波仿真模型

1.散射单元的传递函数

(1)目标散射单元传递函数。目标依据其自身的实际径向尺寸和雷达分辨单元的大小关系可分为点目标和扩展目标。当目标径向尺寸小于雷达最小距离分辨力时,可以将目标看作点目标,等效散射中心可以取作目标几何中心,RCS 可由所有面元复二次方根 RCS 的矢量和求得;当目标径向尺寸大于最小距离分辨力时,目标在径向上被分割成多个散射单元,每一散射单元可以看作是一个等效散射中心,其 RCS 可以用该散射单元内目标面元复二次方根 RCS 的矢量和求得。

上述介绍到:散射单元距离向的尺寸是根据雷达的距离分辨力确定的,而目标散射计算依赖的目标面元是与波长一个量级的。面元尺寸通常较散射单元尺寸小很多,这样就需要将目标面元以散射单元进行分组。于是,第 m 个散射单元在时间分解窄带信号激励下的传递函数可以表示为

$$h_m^{\mathrm{T}}(t)=\sum_{i=1}^{N_t}\sqrt{\sigma_i}\exp(j\varphi_i)\delta\Big(t-\frac{R_{i\mathrm{S}}+R_{i\mathrm{T}}}{c}\Big) \qquad (5.39)$$

式中:N_t 表示散射单元内目标面元个数;相位 φ_i 表示目标面元相对相位零点处即发射天线,由路径差产生的相位;$R_{i\mathrm{S}}$ 和 $R_{i\mathrm{T}}$ 分别表示目标面元相对发射天线和接收天线的距离;c 表示光速。可以看出:与传统单一散射中心模型相比,基于散射计算获得的目标散射中心单元的传递函数利用了目标与天线的位置关系,考虑了雷达信号参数、目标不同姿态等因素的影响,计算获得的目标散射单元传递函数更加贴近某一时刻目标散射产生的传递函数。

(2)杂波散射单元传递函数。利用空时分解能得到某一大小为 $\Delta R_i \times \Delta \theta_i$ 上的栅格,根据该栅格位置处的环境参数,再利用第 4 章中介绍的环境散射计算方法,可以获得其在宽时脉冲信号分解下,离散窄带信号激励的传递函数,即

$$h_i^{\mathrm{S}}(t)=\sqrt{\gamma_i\Delta R_i\cdot R_i\Delta\theta_i}\,\delta\Big(t-\frac{R_{i\mathrm{S}}+R_{i\mathrm{T}}}{c}\Big) \qquad (5.40)$$

式中:γ_i 表示该环境散射单元的散射系数;R_i 表示该散射单元到发射天线之间的距离;$R_{i\mathrm{S}}$ 和 $R_{i\mathrm{T}}$ 分别表示该散射单元相对发射天线及接收天线的距离。在杂波散射单元的内部,可以依据天线实际照射到的位置处的地理环境信息计算该处的环境杂波散射系数,而不需要在杂波单元内进行二次剖分或分组,极大地削减了计算量。而这也是第 4 章中介绍的双尺度组合方法的优势所在。这样做的好处还在于:一是该处杂波环境散射系数也可以通过第 4 章中介绍的环境散射系数公式或者其他方法获得的散射系数计算数据直接求解,方便验模;二是能够利用该处的地理环境信息,方便地实现超大区域杂波的模拟。

杂波散射单元在窄带下的距离分辨力低,等效距离环的数量相比于宽带时的要少,这

样,计算时间和计算效率很高。但是当需要建立宽带杂波的回波信号时,计算量将会很大,这可以根据雷达天线方向图将散射贡献小的区域进行剔除以加快运算,实现杂波信号的快速生成。

（3）多径散射传递函数。多径散射本质上就是目标与环境之间的耦合散射,第 4 章中介绍的 SBR 方法能够计算出每条射线照射下产生的耦合散射 RCS。第 m 个散射单元内包含有多个目标面元与环境面元,这些面元上存在射线照射产生耦合的感应电流。这些多径散射在窄带信号激励下的传递函数为

$$h_m^C(t) = \sum_{k=1}^{N_f} \sum_{i=1}^{N_k} \sqrt{\sigma_{ki}} \exp(\mathrm{j}\varphi_{ki}) \delta\left(t - \frac{R_{ki}}{c}\right) \tag{5.41}$$

式中：N_f 表示散射单元内由射线照射的目标与环境面元的个数；N_k 表示经过若干次弹跳到达面元的射线总数；$\sqrt{\sigma_{ki}}$ 表示第 k 个面元上由第 i 条射线照射下计算得到的 RCS,相位 φ_{ki} 表示面元上每条射线第 1 次弹跳点处相对相位零点处,由路径差产生的相位；R_{ki} 表示射线从发射天线出发,经过弹跳最终到达接收天线的总路径长度。由多径散射传递函数的公式可以看出：每个散射单元中可能既包含目标面元,又包含杂波单元,这是因为耦合散射的本质是在目标与环境表面均产生了耦合电流。

还可以看出,入射射线经过多次弹跳后才能最终离开目标环境模型,这样使得计算量变得难以承受。实际中还可以采用最大弹跳次数截断的方式以减小高次耦合产生的弱耦合影响,以提高运算效率。

2. 散射单元的回波响应

（1）多径散射单元多普勒频率的计算。为了计算各散射单元的回波响应,应当考虑雷达与目标之间相对运动产生的多普勒频率,如图 5.20 所示。最终将各散射单元的传递函数与发射信号进行卷积,就可以得到各散射单元的回波响应。目标散射单元和杂波散射单元的多普勒频率已经由式（5.1）给出,多径回波的多普勒频率应当考虑射线下弹跳点相互之间的运动。这样,每条射线在 n 次弹跳后产生的多普勒频率就应当表示为

$$f_d = \frac{(\boldsymbol{v}_t - \boldsymbol{v}_1) \cdot \hat{\boldsymbol{k}}_1}{\lambda} + \sum_{i=2}^{n} \frac{(\boldsymbol{v}_{i-1} - \boldsymbol{v}_i) \cdot \hat{\boldsymbol{k}}_i}{\lambda} + \frac{(\boldsymbol{v}_n - \boldsymbol{v}_r) \cdot \hat{\boldsymbol{k}}_n}{\lambda} \tag{5.42}$$

式中：n 表示每条射线最大弹跳次数。

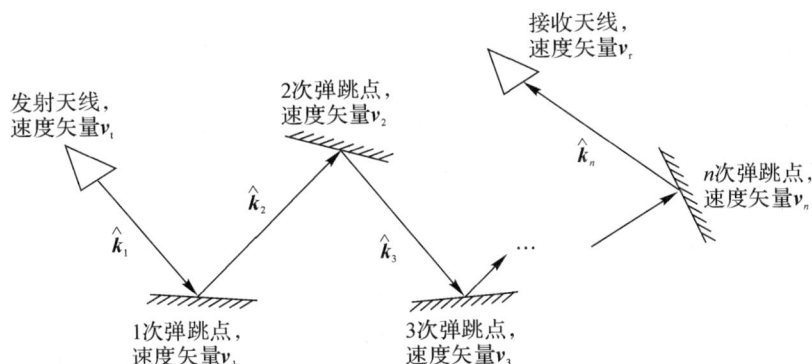

图 5.20 多径散射多普勒频率产生示意图

（2）发射信号表达式。前面介绍了天线的模型，发射信号采用的是脉内调制的 LFM 信号，在相干处理时间内包含 N 个脉冲，这样发射信号的形式可以写为

$$s_{\text{inc}}(t) = \text{rect}\frac{t - nT_r}{\tau}\exp[j2\pi f_c t + j\pi K (t - nT_r)^2] \tag{5.43}$$

式中：$(nT_r - \tau/2) \leqslant t \leqslant (nT_r + \tau/2)$，$n$ 表示信号的脉冲序号，满足 $0 \leqslant n \leqslant N$；$T_r$ 表示脉冲周期。

（3）散射单元回波响应表达式。由 5.1.9 节的目标、杂波及多径的传递函数形式可以看出，它们均利用了第 4 章中介绍的目标环境散射高效计算方法，传递函数中的时间延迟恰好等于发射信号从发射天线到传播，最终回到接收天线的总时间延迟。结合雷达与目标相对运动产生的多普勒频率，将各散射单元的传递函数与发射信号进行卷积，就可以得到各散射单元的回波响应。

第 n 个目标散射单元的回波响应为

$$T_n(t) = \left[\sqrt{\frac{P_t G_t G_r \lambda^2}{(4\pi)^3 R_{tn}^2 R_{rn}^2}}\, s_{\text{inc}}(t)\exp(j2\pi f_{dn}t)\right] \otimes h_n^T(t)$$

$$= \sum_{i=1}^{N_f}\sqrt{\frac{P_t G_t G_r \lambda^2}{(4\pi)^3 R_{iS}^2 R_{iT}^2}}\, s_{\text{inc}}\left[t - \frac{(R_{iS} + R_{iT})}{c}\right]\exp\left\{j2\pi f_{dn}\left[t - \frac{(R_{iS} + R_{iT})}{c}\right] + j\varphi_i\right\}\sqrt{\sigma_i} \tag{5.44a}$$

式中：P_t 表示发射功率；G_t 和 G_r 分别表示发射天线和接收天线的增益；R_{tn} 表示散射单元与发射天线之间的距离；R_{rn} 表示散射单元与接收天线之间的距离；R_{iS} 和 R_{iT} 分别表示第 i 个散射单元与发射天线和接收天线的距离；$s_{\text{inc}}(t)$ 为线性调频信号；f_{dn} 表示第 n 各散射单元对应的多普勒频率；$\otimes$ 是卷积符号。

第 n 个多径散射单元的回波响应为

$$C_n(t) = \sum_{k=1}^{N_f}\sum_{i=1}^{N_k}\sqrt{\frac{P_t G_t G_r \lambda^2}{(4\pi)^3 R_{iS}^2 R_{iT}^2}}\, s_{\text{inc}}\left(t - \frac{R_{ki}}{c}\right)\exp\left[j2\pi f_{dki}\left(t - \frac{R_{ki}}{c}\right) + j\varphi_{ki}\right]\sqrt{\sigma_{ki}} \tag{5.44b}$$

第 n 个杂波散射单元的回波响应为

$$S_n(t) = \sqrt{\frac{P_t G_t G_r \lambda^2}{(4\pi)^3 R_{nS}^2 R_{nT}^2}}\, s_{\text{inc}}\left[t - \frac{2(R_{nS} + R_{nT})}{c}\right]e^{j2\pi f_{dn}\left[t - \frac{R_{nS} + R_{nT}}{c}\right]}\sqrt{\gamma_n \Delta R_n \cdot R_n \Delta\theta_n} \tag{5.44c}$$

式中：R_{nS} 和 R_{nT} 分别表示第 n 个杂波单元与发射天线和接收天线的距离。

（4）同一距离门回波的组成。由空时分解得到的多个散射单元产生的回波组成了不同距离门内的回波，距离门的划分是依据各散射单元回波的回波延迟时间，即回波路程差来确定的。同一距离门内的目标回波是由该距离门内的散射单元回波组成的。同一距离门内的杂波散射单元相对于雷达平台的俯仰角相同，同一距离门的杂波单元在环境面上实际上是一条同心圆环带或同距离环，该距离门内的杂波就是处于该距离门内的、幅度受到调制的、多普勒频率不同的散射单元回波的叠加。同一距离门内的多径回波比较复杂，它是由射线路径相同的且处于该距离门内的多径散射单元回波的叠加。

对于脉冲多普勒体制雷达，其最大不模糊距离 R_m 为

$$R_m = \frac{cT_r}{2} \tag{5.45}$$

式中：T_r 表示脉冲周期。若散射单元与雷达距离为 R，则 $R = R_0 + N_c R_m$，其中 m 被称为模糊数，R_0 被称为距离-多普勒图中的视在距离。雷达回波信号由于存在距离模糊，落入同一距离门的回波信号，实际上是由若干个距离门回波信号共同叠加合成的，即相隔 R_m 整数倍的回波信号。而被雷达下视照射的环境面通常会跨越多个 R_m。落入同一距离门 M 内的杂波实际上应该是

$$S_m(t) = \sum_{m=0}^{N_c} \int_{-\pi/2}^{\pi/2} S_{m,n}(t, \theta) \mathrm{d}\theta \tag{5.46}$$

式中：$S_{m,n}(t, \theta)$ 表示第 m 个模糊周期，第 n 个不模糊视在距离门内，角度为 θ 的散射单元回波；积分表示同一距离环上不同方位处杂波的叠加，积分从 $-\pi/2 \sim \pi/2$ 表示杂波距离环的前半部分；N_c 表示最大杂波照射区域的最大不模糊数。

3. 和差信号的产生

结合本章中"四象限"天线模型就可以得到第 n 个散射单元在每个象限产生的回波，令 1，2，3 和 4 象限的回波信号为 $s_n^A(t)，s_n^B(t)，s_n^C(t)$ 和 $s_n^D(t)$，其表达式为

$$s_n^A(t) = s_n(t) \exp\left(\mathrm{j}\frac{\pi D}{\lambda}\sin\theta_A + \mathrm{j}\frac{\pi D}{\lambda}\sin\theta_E\right) \tag{5.47a}$$

$$s_n^B(t) = s_n(t) \exp\left(-\mathrm{j}\frac{\pi D}{\lambda}\sin\theta_A + \mathrm{j}\frac{\pi D}{\lambda}\sin\theta_E\right) \tag{5.47b}$$

$$s_n^C(t) = s_n(t) \exp\left(-\mathrm{j}\frac{\pi D}{\lambda}\sin\theta_A - \mathrm{j}\frac{\pi D}{\lambda}\sin\theta_E\right) \tag{5.47c}$$

$$s_n^D(t) = s_n(t) \exp\left(\mathrm{j}\frac{\pi D}{\lambda}\sin\theta_A - \mathrm{j}\frac{\pi D}{\lambda}\sin\theta_E\right) \tag{5.47d}$$

式中：θ_A 和 θ_E 分别表示在以接收天线中心为原点的坐标系中，第 n 个散射单元位置矢量相对于天线主轴方向的方位差和俯仰差。其他参数的定义已经在 5.1.3 节有说明，这里不再赘述。

雷达天线采用的是"四象限"天线，因此接收得到的四路信号还要合成三路信号，分别为

和信号：

$$\begin{aligned}\sum(t) &= s_n^A(t) + s_n^B(t) + s_n^C(t) + s_n^D(t)\\&= s_n(t)4\cos\left(\frac{\pi D}{\lambda}\sin\theta_A\right)\cos\left(\frac{\pi D}{\lambda}\sin\theta_E\right)\end{aligned} \tag{5.48a}$$

俯仰差信号：

$$\begin{aligned}\Delta_1(t) &= s_n^A(t) + s_n^B(t) - s_n^C(t) - s_n^D(t)\\&= 4\mathrm{j}s_n(t)\cos\left(\frac{\pi D}{\lambda}\sin\theta_A\right)\sin\left(\frac{\pi D}{\lambda}\sin\theta_E\right)\end{aligned} \tag{5.48b}$$

方位差信号：

$$\begin{aligned}\Delta_2(t) &= s_n^A(t) - s_n^B(t) + s_n^C(t) - s_n^D(t)\\&= 4\mathrm{j}s_n(t)\sin\left(\frac{\pi D}{\lambda}\sin\theta_A\right)\cos\left(\frac{\pi D}{\lambda}\sin\theta_E\right)\end{aligned} \tag{5.48c}$$

由式（5.47）和式（5.48）可以看出：当角误差 θ_A 和 θ_E 较小时，利用 $\sin\alpha \approx \alpha$ 可以推导出

两路误差信号的表达式为

$$\Delta_1(t) \doteq s_n(t) j \frac{4\pi D}{\lambda} \theta_E \cos(\frac{\pi D}{\lambda} \sin\theta_A)$$

$$\Delta_2(t) \doteq s_n(t) j \frac{4\pi D}{\lambda} \theta_A \cos(\frac{\pi D}{\lambda} \sin\theta_E)$$

(5.49)

从三路信号的表示式可以看出,两路差信号与和信号是正交的,相差 $90°$。

$$\left.\begin{array}{l} \Delta_1(t) = jK_1 \sum(t) \\ \Delta_2(t) = jK_2 \sum(t) \end{array}\right\}$$

(5.50)

式中:K_1 和 K_2 为比例系数。上述的这个性质在角度测量时会用到。

5.2　接收机功能模型

雷达接收机的天线阵面接收到雷达回波射频信号后,需要将射频信号经过混频、A/D 采样、信号放大并进行 AGC 自动增益控制,最后经过距离门送至信号处理机。其具有以下功能:

(1)频率交换功能,将接收到的微波信号转换成中频信号,进而将中频信号变成基带信号。

(2)A/D 变换功能,将模拟信号变成数字信号。

(3)放大功能,将接收到的微弱信号放大到信息处理机所需的信号电平。

(4)时域选通功能,用距离波门选通回波脉冲,并抑制门外干扰。

(5)频域滤波功能,用滤波器选通回波信号频谱,并抑制带外干扰。

接收机功能框图如图 5.21 所示。

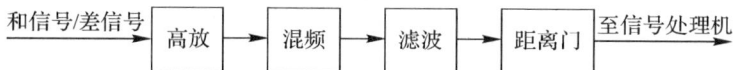

图 5.21　接收机功能框图

雷达接收机需要将中频信号通过 I/Q 通道变成基带信号,目前大多数雷达系统都会采用数字接收的体制,接收机内部的大部分器件均是数字器件,这样使得处理后的信号相位稳定性好,精度高。雷达接收机还需实现 AGC 增益控制,原理如图 5.22 所示。AGC 电路需要将回波信号幅度控制在合理区间以便能实现后续的信号处理。

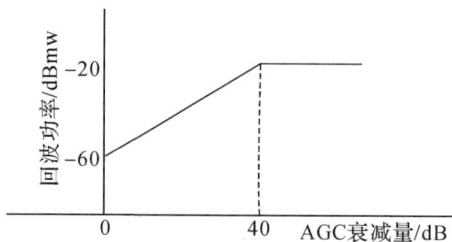

图 5.22　AGC 压控特性曲线

5.3 宽带信号处理方法

经过雷达接收机获得的和支路、俯仰差支路及方位差支路三路信号就要经过雷达信号处理。针对不同体制的雷达,信号处理的方法也不完全相同。图 5.23 所示为一般信号处理框图,虚线框为根据不同的体制选用的信号处理方式。

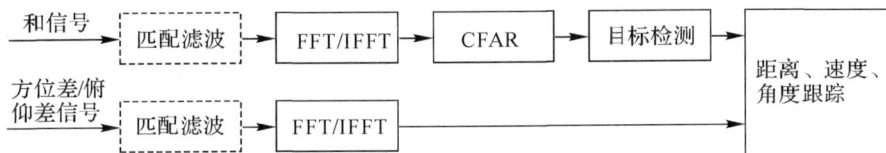

图 5.23 雷达信号处理框图

信号处理模型主要实现的功能包括匹配滤波、相参积累、信号检测、单脉冲处理。最终利用处理后得到的信息去控制天线波束始终对准目标,去实现雷达对目标的距离与速度跟踪。下面来分别介绍模型各部分的功能。

5.3.1 正交双通道解调

雷达接收机接收到的射频信号经过接收机的混频、滤波和自动增益控制后就能够得到中频信号,中频信号是实数形式,只包含幅度信息,为了能够得到信号的幅度和相位信息,就需要将中频信号变成复数形式的基带信号,这就用到了正交通道解调。

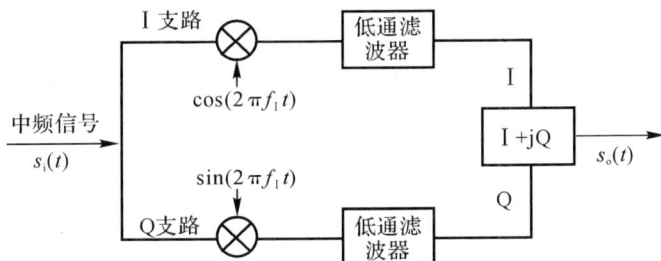

图 5.24 正交双通道解调框图

如图 5.24 所示,输入中频信号为 $s_i(t)$,其表达式为

$$s_i(t) = A(t)\cos[2\pi f_1 t + \varphi(t)] \tag{5.51}$$

其通过 I 支路,即同向支路时与同向本振信号 $\cos(2\pi f_1 t)$ 混频并经过低通滤波器就能得到 I 支路输出信号 $A(t)\cos\varphi(t)$,$s_i(t)$ 通过 Q 支路,即正交支路时与正交本振信号 $\sin(2\pi f_1 t)$ 混频并经过低通滤波器后就能得到 Q 支路输出信号 $A(t)\sin\varphi(t)$。将两支路信号组合就能得到输出信号,则有

$$s_o(t) = A(t)\exp[j\varphi(t)] \tag{5.52}$$

该输出信号是复数形式,这样就能得到雷达回波的基带信号,该信号同时包含了回波信号的幅度和相位信息。

式(5.51)输入信号为数字形式,其数据采样率为 f_s,图 5.25 所示为输入数字信号频谱图，f_I 为中频，B 为信号的调频带宽。阴影部分为输入信号 $s_i(t) = A(t)\cos[2\pi f_I t + \varphi(t)]$ 未进行数字采样的频谱图，该输入信号的实数形式决定了其频谱为双边谱。图中每一部分频谱的中心值可以表示为 $Nf_s \pm f_I$。为了保证混频后不发生频谱的混叠，采样率 f_s、中频 f_I 和调频带宽 B 应当满足：

$$(Nf_s - 2f_I) \geqslant B \tag{5.53a}$$

$$f_s \geqslant 2B \tag{5.53b}$$

进一步推导可得

$$f_I = \frac{2N-1}{4} f_s \tag{5.54}$$

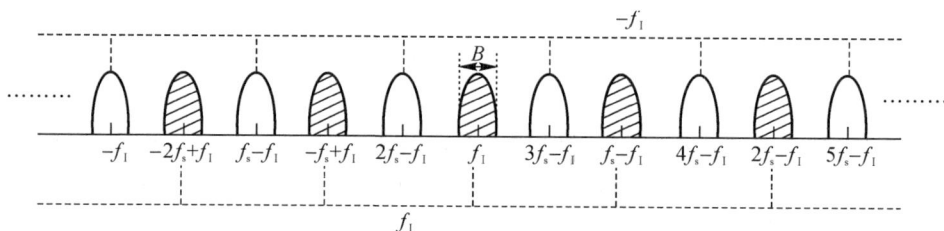

图 5.25　正交通路混频前示意图

　　混频之后的信号经过低通滤波器之后便能得到正交两路基带信号，正交双通道解调电路对于低通滤波器的要求是带外衰减要足够强，过渡段要尽量窄，这样就能尽可能地避免频谱混叠所引起的镜像。如图 5.26 所示，当低通滤波器带外抑制能力比较强时，频谱中仍然有部分由于数字采样引起的频谱混叠，如矩形框所示。这部分混叠的频谱分量非常难以消除，这可以从选择发射信号包络的波形入手，使得其有效频谱尽量集中，边带成分尽量少。如可以选择高斯包络脉冲或者三角包络脉冲。

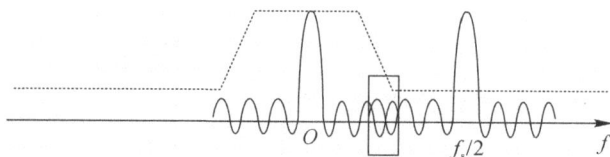

图 5.26　正交通路混频前示意图

　　下述分别给出了 3 种发射信号的表达式：

$$s_1(t) = \text{rect}\,\frac{t - 0.5\tau}{\tau}, 0 \leqslant t \leqslant T_r \tag{5.55a}$$

$$s_2(t) = \text{rect}\,\frac{t - 0.25\tau}{0.5\tau}\,\frac{t}{0.5\tau} + \text{rect}\,\frac{t - 0.75\tau}{0.5\tau}\left(\frac{\tau - t}{0.5\tau}\right), 0 \leqslant t \leqslant T_r \tag{5.55b}$$

$$s_3(t) = \text{rect}\,\frac{t - 0.5\tau}{\tau}\exp\left[-\frac{(t - 0.5\tau)^2}{2\sigma^2}\right], 0 \leqslant t \leqslant T_r \tag{5.55c}$$

式中：$s_1(t)$ 为矩形方波；$s_2(t)$ 为三角波；$s_3(t)$ 为高斯脉冲波，并令 $\tau = 5\mu s$，$T_r = 25\mu s$，$\sigma = 0.75\mu s$，并对其分别作 FFT 获得其频谱。

　　由图 5.27 可以看出：方波在时域的上升沿和下降沿都非常陡，反映在频谱上就是具有比较丰富的边带,这对于正交双通道解调是不利的,会导致数字检波中频谱的混叠,即便后端进行滤波或加窗的处理也不能剔除这部分混叠的成分;三角波,时域中的上升和下降沿均比较缓,频域中能够看出其边带成分大大降低,这就能够极大地削减频谱的混叠,从源头上抑制混叠带来的镜频成分;高斯脉冲的时域图与三角脉冲类似,然而高斯波的频谱在过渡段相对较长,虽也能抑制一部分频谱的混叠,但是高斯脉冲参数的选择应当格外注意。实际中若采用三角波或高斯脉冲形式,对于消除频谱混叠是具有一定潜在优势的,但是发射信号的功率将受到影响,因此实际中对于脉冲波形的选择应当综合权衡。

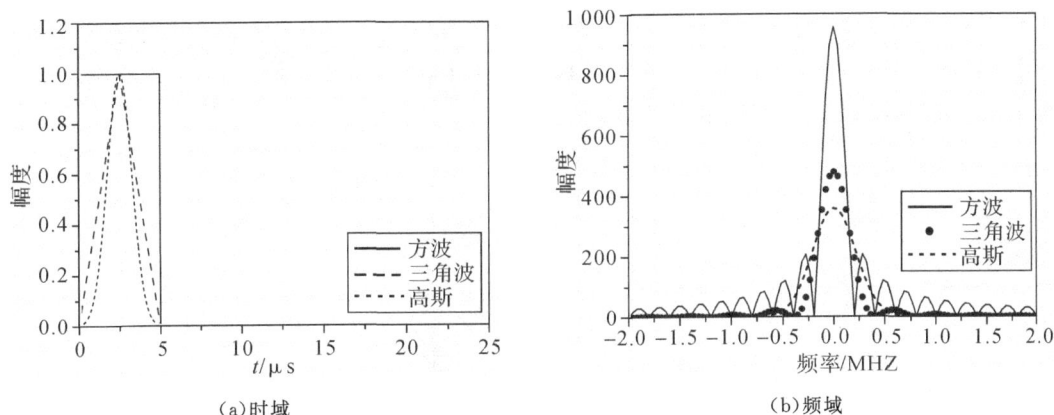

(a)时域   (b)频域

图 5.27　正交通路混频前示意图

5.3.2　匹配滤波模型

当中频信号经过正交通路解调后就能够得到不含载频的基带信号,为了能够实现高分辨力,就需要采取匹配滤波的方法对输入的信号进行脉冲压缩处理。这里就用到了匹配滤波器,它是雷达信号处理过程中一个重要的环节。图 5.28 为回波信号经匹配滤波处理的示意图。

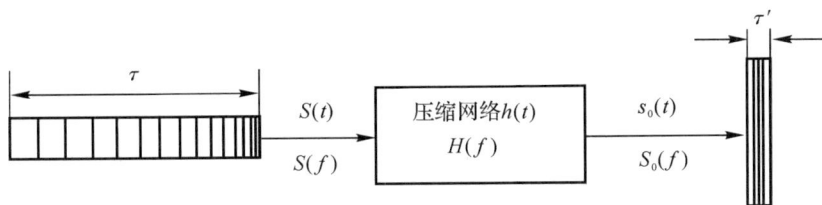

图 5.28　回波信号经匹配滤波处理示意图

根据匹配滤波原理,匹配滤波的传递函数时域为

$$h(t) = s^*(t_0 - t) \tag{5.56}$$

式中:$s(t) = \mathrm{rect}(t/\tau)\exp(\mathrm{j}\pi K t^2)$ 为前面介绍的基带线性调频信号;t_0 表示时延,这里取为 0;$S(f)$ 为线性调频信号频域表达式;τ 为发射脉冲宽度。

当输入信号为基带线性调频信号 $A(t)s(t)$ 时,其中 $A(t)$ 为包络,这里以矩形包络为例给出匹配滤波器的输出,则有

$$s_0(t) = [A(t)s(t)] \otimes h(t) = \frac{\tau}{2} \frac{\sin[\pi K\tau(1 - \frac{|t|}{\tau})]}{\pi K\tau t} \text{rect} \frac{t}{2\tau} \quad (5.57)$$

当调频带宽 B 取 20MHz 时,匹配滤波器的输出如图 5.29 所示。图中给出了三种包络下的输出,可以看出:输出信号由宽脉冲信号变成了窄脉冲信号,其等效脉冲宽度为 $\tau' = 1/B$,实现了窄脉冲压缩,压缩比为 100,匹配滤波器能够筛选出有用的目标信号,而削减掉干扰信号,保证目标信号获得能量集中的窄脉冲;方波输出信号的第一旁瓣降低为最大值的 1/9,三角波的则降低为约 1/20,高斯脉冲的则降低为约 1/40 倍。这说明,三角波与高斯脉冲包络有利于增强雷达在距离维上对于信号的识别和分辨。由匹配滤波器的输出还能看出,压缩后的信号还是有比较大的旁瓣,这其实增加了输出信号彼此之间的相关度,降低了匹配滤波器在距离维上对干扰信号滤波的效果。

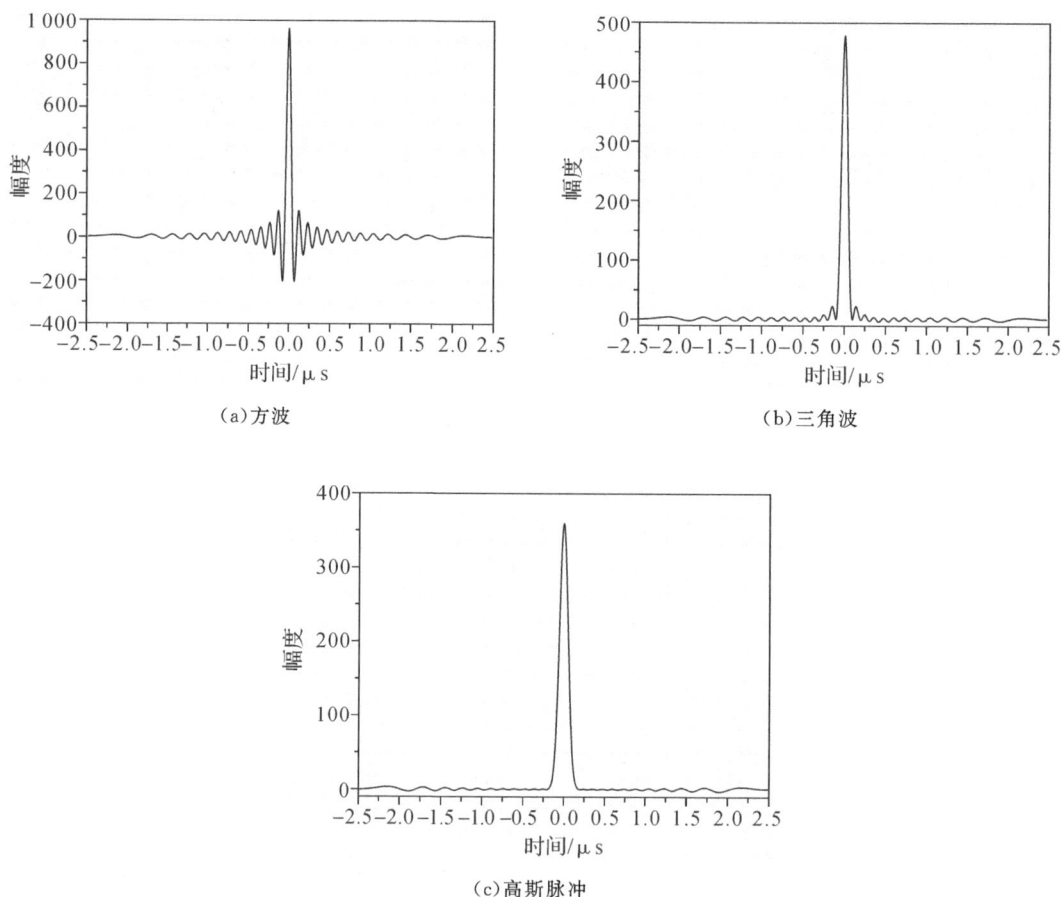

（a）方波

（b）三角波

（c）高斯脉冲

图 5.29　回波信号经过匹配滤波器之后的波形

为了降低方波压缩后输出信号的旁瓣,减少彼此之间的互扰,可以在传递函数上增加窗函数,则有

$$h'(t) = h(t) * c(t) \quad (5.58)$$

式中:$c(t)$ 表示窗函数。这里以汉明窗为例。图 5.30 显示的加窗效果非常明显。旁瓣得到

了极大的降低。加窗处理后的信号距离门的划分更加接近理想情况,距离滤波效果非常明显,这样做也能给后续的信号检测带来便利。

输入匹配滤波器信号的时间间隔为 $t_s = 1/f_s$,f_s 为采样频率,这样对应的最小距离采样间隔为

$$\Delta R_s = \frac{ct_s}{2} \tag{5.59}$$

通常,为了减少数据的冗余,可以将经过匹配滤波器之后的信号进行再采样,将数据量减少至原来的 $1/N$,使得 ΔR_s 增加至 $\Delta R_s'$,其表达式为

$$\Delta R_s' = N\Delta R_s \tag{5.60}$$

使得 $\Delta R_s'$ 近似等于雷达距离分辨力 $\Delta R = c/(2B)$。这样接收机需要处理的数据量就会得到极大地减少。

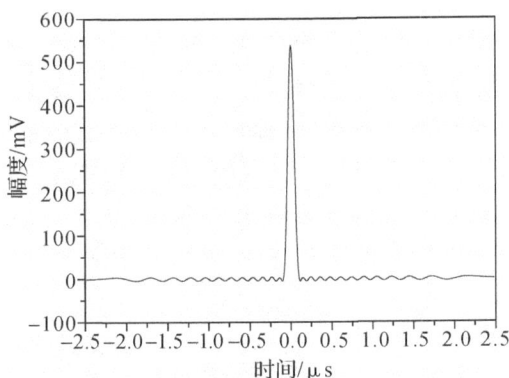

图 5.30　加窗之后匹配滤波器输出

5.3.3　相参积累模型

信号经过匹配滤波器的脉冲压缩处理之后,需要将回波序列做重排处理,变成二维回波,其中,每列对应同一距离门而采样时间间隔为一个脉冲重复周期的脉压回波数据。信号在相干处理时间内,同一距离门在这段时间不同脉冲周期上的采样数据就具有了一定的相关性,也就能够在这段时间上作相参积累。

如图 5.31 所示,重排后的数据需要对相同距离门内的不同序号的脉冲数据进行 FFT,完成相参积累。对相同距离门内的数据做处理相当于是在速度向或多普勒频率向做了一次滤波。多个 FFT 相当于是多个速度滤波器,这样就能够在不同速度间隔上对回波进行分类。

假设脉冲重复频率为 f_r,相参积累的脉冲数为 N_p,这样就能求得雷达的最小可分辨多普勒频率为

$$\Delta f = \frac{f_r}{N_p} \tag{5.61}$$

对应的最小可分辨速度为

$$\Delta v = \frac{\lambda \Delta f}{2} \tag{5.62}$$

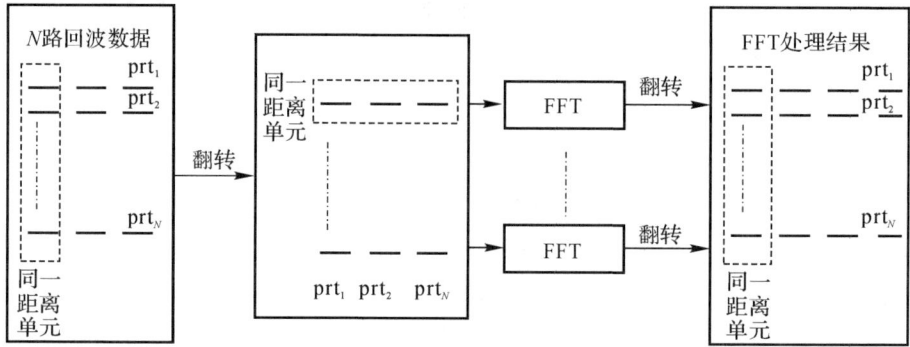

图 5.31　相参积累处理示意图

经过相参积累便能得到雷达回波的距离-多普勒(速度)矩阵,如图 5.32 所示。雷达的时域回波信号是一维时间维或距离维的,而经过相参积累处理后能够将速度维的信息在图中表示,这样不仅有利于后续二维信号检测,而且能够为距离跟踪和速度跟踪提供可能。在高动态的回波仿真中,雷达的时域回波中,目标信号通常淹没在非常强的干扰之中,如果不借助速度维的信息而想得到有用的目标信号是很困难的。图中所示,S_1,S_2 及 S_3 表示距离-多普勒矩阵中待检测的回波信号,目标信号隐藏在这些信号之中。为了判定哪一个是目标信号,就需要借助一些先验的目标参数及雷达参数,并结合相应的信号检测方法。

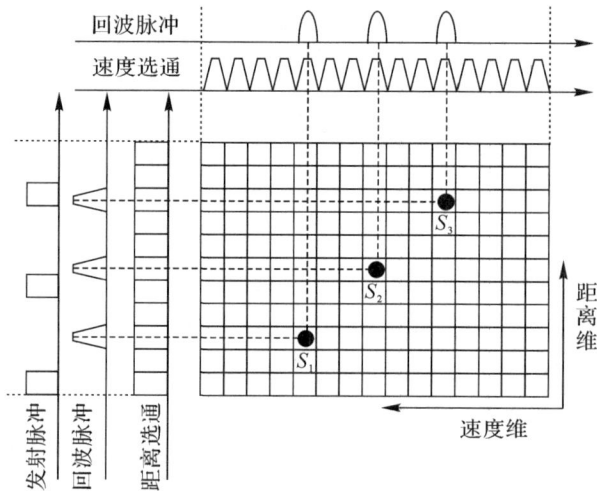

图 5.32　距离-多普勒矩阵图

5.3.4　CFAR 检测模型

恒虚警处理是为了在变化的杂波和噪声背景下使虚警率保持恒定的一种信号处理方法。其通过自适应门限进行目标检测,即检测单元两侧多个单元的均值作为检测门限,此时门限随着杂波和噪声强度的变化而变化。有单元平均恒虚警(CA - CFAR)、选大恒虚警(GO - CFAR)和顺序统计恒虚警(OS - CFAR)等方法。

采用选大恒虚警方法,它通过设置一个自适应门限来保持恒定的虚警率,该门限是通过对假设杂波的统计模型,用有限个邻近参考单元的值估计得到。为了防止目标能量泄漏到相邻参考单元影响估计,为检测单元两侧设置一定保护单元个数。图 5.33 为 CFAR(恒虚警模型)检测原理框图。

图 5.33 中,D 为检测单元,设检测单元两侧的保护单元个数为 M,检测单元两侧参考单元个数为 L,则两侧参考单元值为 $x_i(i=1,\cdots,L)$ 和 $y_i(i=1,\cdots,L)$,则 GO-CFAR 检测过程可以表示为

$$Z_{GO} = \max\{\frac{1}{L}\sum_{i=1}^{L}x_i, \frac{1}{L}\sum_{i=1}^{L}y_i\} \tag{5.63}$$

通过对不同距离门和速度门内的检测单元进行挑选,得到满足 CFAR 检测条件的检测单元,再通过逻辑判断就能求得目标的所在检测单元。

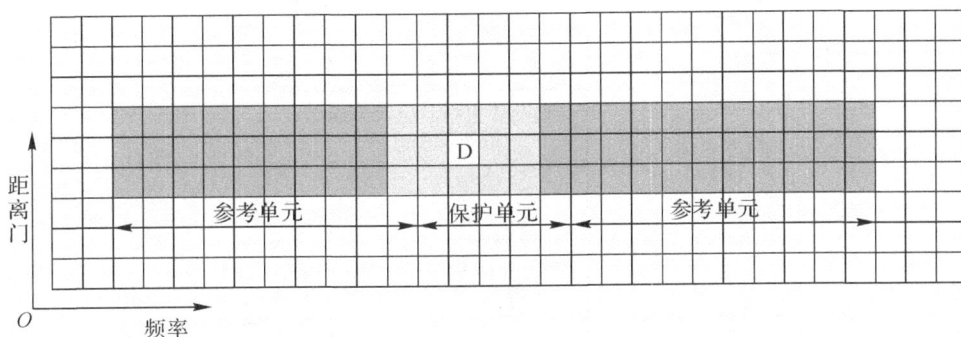

图 5.33　CFAR 检测原理框图

5.3.5　角度测量模型

为了实现雷达对目标方向的检测,这里以等信号法为例,它既能确定目标偏离等信号线角度的大小,又能确定偏离的方向。等信号线是由天线的特性决定的。由天线接收到的目标回波信号经过变换得到与目标偏差角大小和方向成比例的角误差信号,由此误差信号确定误差角度,根据此误差角转动天线,使天线的等信号轴指向目标,从而实现对目标方向的自动跟踪。图 5.34 为角度测量框图。

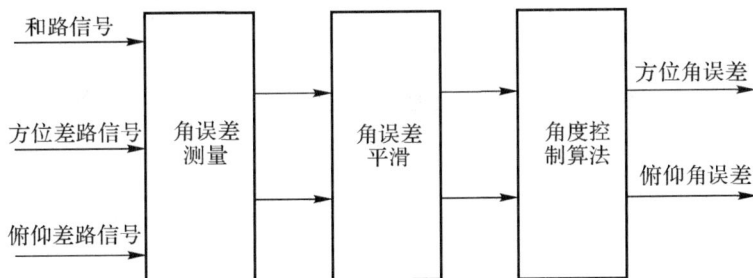

图 5.34　角度测量框图

通过图 5.34 介绍的 CFAR 可以求出和通道模值最大的信号点,也就找到了对应的方位差和俯仰差通道的单元。角误差测量选取的是和通道模值最大的信号点,然后找到对应的方位差和俯仰差通道单元的信号,进行振幅和差式测角。在角误差测量中,和信号对差信

号(方位差和俯仰差两路信号)进行归一化。

假设和路信号为

$$\Sigma = \Sigma_I + j\Sigma_Q \tag{5.64a}$$

差路信号为

$$\Delta = \Delta_I + j\Delta_Q \tag{5.64b}$$

利用前面介绍到的和路与差路信号相位相差 90°的性质,即 $K\Delta = j\delta\Sigma$,这样就能解得角误差 δ 为

$$\delta = K\frac{\Delta_I\Sigma_Q - \Sigma_I\Delta_Q}{\Sigma_I^2 + \Sigma_Q^2} \tag{5.65}$$

式中:K 为定向斜率。如果解得方位角误差和方位角误差,则可以根据角度测量模型产生角度误差控制量,进而将天线波束调整至信号最大的方向,以便下一时刻回波的计算,具体过程如图 5.35 所示。

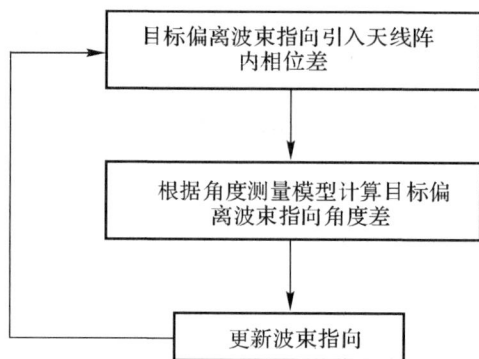

图 5.35　角度测量框图

5.3.6　距离跟踪模型

距离跟踪完成对目标距离的精确测量,并使得距离波门始终对准目标回波。雷达距离跟踪系统原理框图如图 5.36 所示,它由距离误差产生器、滤波器、速度产生器、前后距离误差产生器等组成。用前波门与后波门分别测量波门内回波脉冲的面积并进行比较,可获得距离误差信息。

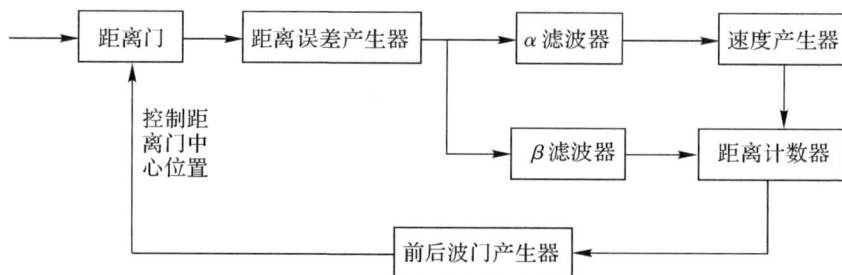

图 5.36　距离跟踪系统框图

α 和 β 滤波器把误差信号分别送至速度产生器和距离计数器,确保距离跟踪回路稳定

工作。当目标运动时,距离计数器根据误差值和速度校正值不断进行调整,使距离门中心始终对准回波中心。通过检测获取弹-目径向速度和目标视在距离。利用不同重频获取的视在距离,通过解模糊算法获取真实弹-目距离。得到距离信息后,雷达自动进入抗遮挡距离跟踪,变重频抗距离遮挡示意图如图 5.37 所示。

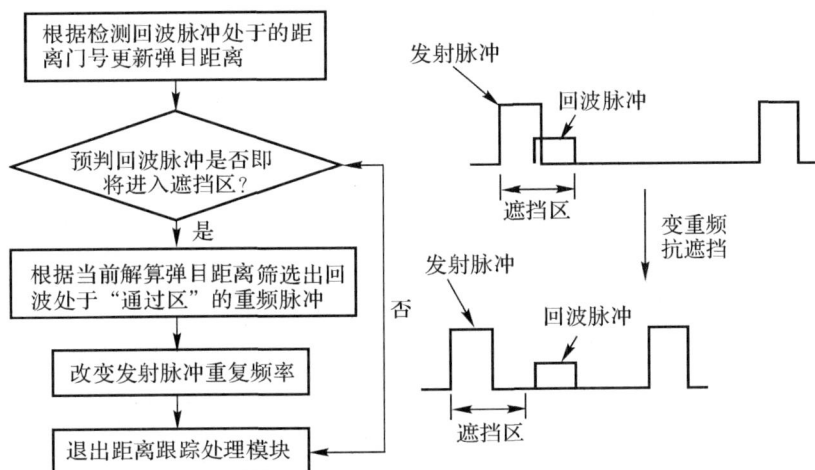

图 5.37　变重频抗距离遮挡示意图

5.3.7　速度跟踪模型

导弹-目标的径向速度由雷达的速度跟踪系统提取,它利用窄带跟踪滤波器,在跟踪多普勒频移的基础上解算出径向速度。速度跟踪可以选用在中频信号基础上采用自动频率调节电路实现。选用窄带放大器的通带构成速度门,当目标径向速度变化时,鉴频器输出的误差信号经低通滤波器后加到压控振荡器(VCO)上,调整 VCO 的振荡频率去跟踪回波信号的多普勒频移。这相当于误差信号控制一个速度门在频率轴上连续地移动,从而构成一个闭环的多普勒跟踪环路。速度跟踪环路的模型如图 5.38 所示。

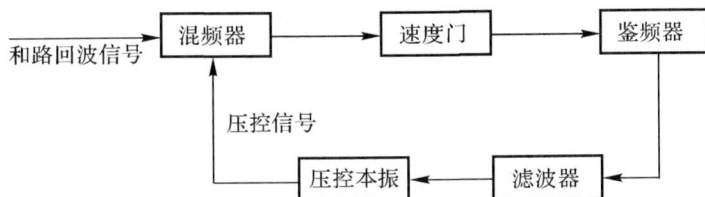

图 5.38　速度跟踪环路的模型

5.4　雷达回波模型验证

利用 5.2 节介绍的基于散射的回波仿真模型就能够得到超低空目标的雷达回波,对其进行雷达信号处理就能得到回波的距离-多普勒二维图,这样能够方便观察目标、多径、杂波及噪声的分布特性。本节通过算例对基于散射的回波仿真模型进行验证。

5.4.1　雷达回波仿真验证

1. 目标环境参数验证

(1)目标 RCS 计算模型验证。设定计算条件如下：

运动参数：雷达位置矢量为 $\boldsymbol{S}_p$(5 000m,0m,1 500m)，速度矢量为 $\boldsymbol{v}_s$(−500m/s,0m/s,0m/s)，目标位置矢量为 $\boldsymbol{T}_p$(0m/s,0m/s,40m/s)，速度矢量 $\boldsymbol{v}_t$ 为(100m/s,0m/s,0m/s)，目标雷达仰角为 θ，目标环境模型与雷达位置关系如图 5.39 所示。

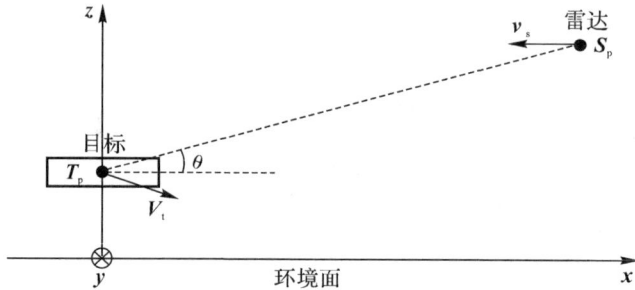

图 5.39　目标环境模型与雷达位置关系图

雷达参数为：主动体制，即发射和接收天线均在雷达内，且两种天线参数均相同，旁瓣电平为 −20dB，工作频率在 X 波段，积累脉冲数为 256，调频带宽为 5MHz，天线波束指向目标中心，入射和接收均为 VV 极化。

目标环境复合模型：目标模型为直径 30cm 的导体球，环境面为海面，风速 2m/s，风向相对 x 轴方向为 0°，海面相对介电常数为 $\varepsilon_r = 42 − j40$。

由于调频带宽 B 为 5MHz，最小距离分辨力为 30m，而目标的径向尺寸为 0.3m，目标可以用点目标模型来近似表示，且导体球的 RCS 可以直接计算出来，即 $\sigma = \pi r^2 = 0.070\ 7m^2$。下面对点目标模型和本书提出的基于散射的模型进行比较。

由图 5.40 所示的结果可以看出：点目标模型下距离-多普勒图中可以求出目标能量计算值为 85.718，而基于散射模型下图中求出目标能量计算值为 85.719，两种模型下目标计算值相同，说明基于散射计算出的目标 RCS 值是与理论值一致的。基于散射的回波仿真模型是合理的。

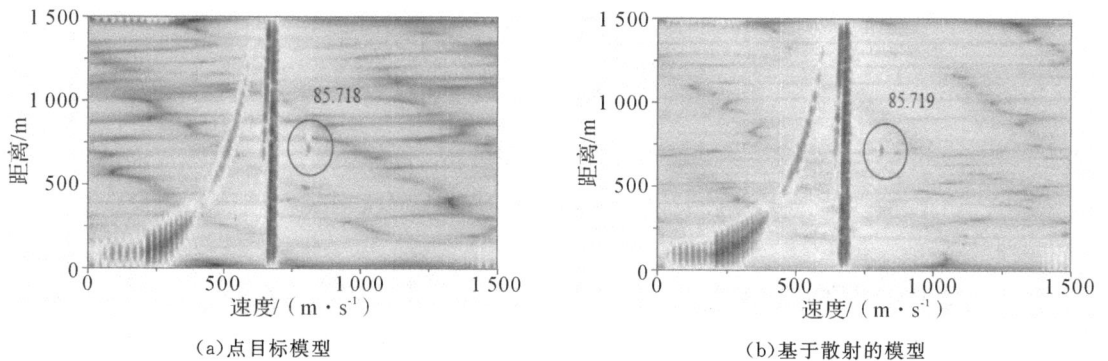

(a)点目标模型　　　　　　　　　　(b)基于散射的模型

图 5.40　不同模型下总回波距离-多普勒图

(2)扩展目标计算模型验证。设定计算条件如下：

运动参数：雷达位置矢量为 S_p(3 000m,0m,1 500m)，速度矢量为 v_s(−200m/s,0m/s,0m/s)，目标位置矢量为 T_p(0m,0m,30m)，速度矢量 v_t 为(200m/s,0m/s,0m/s)，目标雷达仰角为 θ。

雷达参数为：主动体制，旁瓣电平为 −20dB，工作频率在 Ku 波段，积累脉冲数为 512，天线主波束指向目标中心，入射和接收均为 VV 极化。

目标环境复合模型：目标模型为模型 3，环境面为地面，环境面轮廓起伏为 $H_x = 1 \times 10^{-3}$m，$L_x = 0.6$m，小尺度起伏为 $h = 1 \times 10^{-4}$m，$l_x = 0.04$m。地面相对介电常数为 $\varepsilon_r = 20 - j10$。

扩展目标在调频带宽为 5MHz，对应距离分辨力为 30m，调频带宽为 60MHz，对应距离分辨力为 2.5m。由图 5.41 计算结果可以看出：窄带时，目标位于同一距离门内，但目标各部分的多普勒频率仍然存在差异，宽带时，目标能量分散在多个距离门内，这样目标出现了分裂，从距离维上也能够看到分裂的效果，证明回波模型能够反映扩展目标的在不同调频带宽下的距离-多普勒图的分布情况。

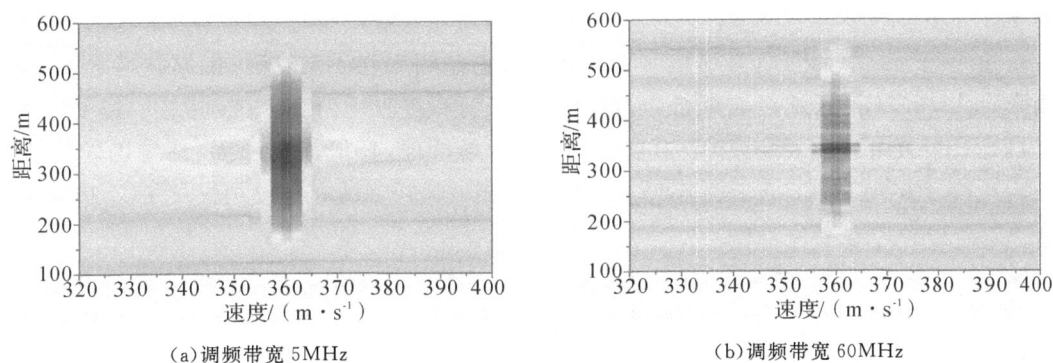

(a)调频带宽 5MHz　　　　　　　　(b)调频带宽 60MHz

图 5.41　扩展目标验证距离-多普勒图

(3)目标模型设置验证。设定计算条件如下：

运动参数：雷达位置矢量为 S_p(3 000m,0m,1 500m)，速度矢量为 v_s(−200m/s,0m/s,0m/s)，目标位置矢量为 T_p(0m,0m,30m)，速度矢量 v_t 为(200m/s,0m/s,0m/s)，目标雷达仰角为 θ。

雷达参数为：主动体制，旁瓣电平为 −20dB，工作频率在 Ku 波段，脉冲积累脉冲数为 512，调频带宽为 60MHz，天线主波束指向目标中心，入射和接收均为 VV 极化。

环境复合模型：环境面为地面，环境面轮廓起伏为 $H_x = 1 \times 10^{-4}$m，$L_x = 0.6$m，小尺度起伏为 $h = 1 \times 10^{-3}$m，$l_x = 0.04$m。地面相对介电常数为 $\varepsilon_r = 20 - j10$。

图 5.42 所示比较了目标模型为图 2.1 中模型 3 和直径 30cm 导体球时的距离-多普勒图。可以看出，模型 3 的尺寸大，在距离-多普勒图上较导体球而言，占据了更多的距离门和速度门，并且由于其径向尺寸大约 18m 长，而距离分辨力 $\Delta R = c/(2B) = 2.5$m，在距离维可以看出目标发生的了分裂，出现了多个散射中心。通过本算例可以看出，回波模型能够

计算不同的目标模型。

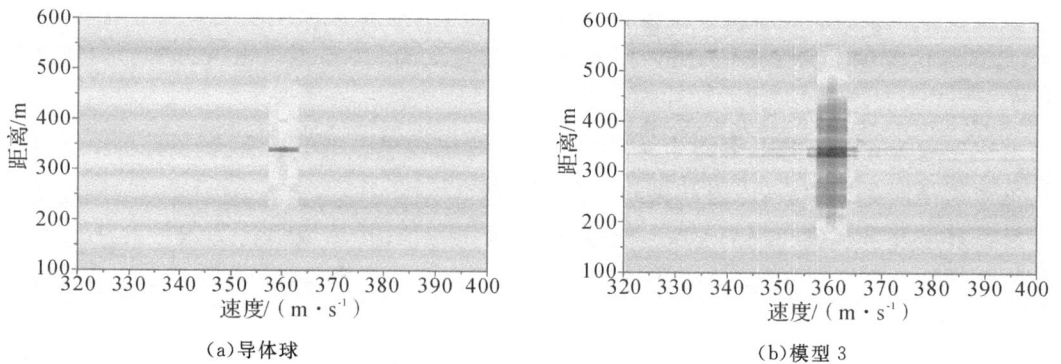

（a）导体球　　　　　　　　　　　　　　（b）模型 3

图 5.42　不同目标模型验证距离-多普勒图

（4）多径模型验证。设定计算条件如下：

运动参数：雷达位置矢量为 $\boldsymbol{S}_p(3\,000\text{m},0\text{m},1\,500\text{m})$，速度矢量为 $\boldsymbol{v}_s(-200\text{m/s},0\text{m/s},0\text{m/s})$，目标位置矢量为 $\boldsymbol{T}_p(0\text{m},0\text{m},H)$，速度矢量 $\boldsymbol{v}_t$ 为 $(200\text{m/s},0\text{m/s},0\text{m/s})$，目标雷达仰角为 θ。

雷达参数为：主动体制，旁瓣电平为 -20dB，工作频率在 Ku 波段，积累脉冲数为 512，调频带宽为 10MHz，天线主波束指向目标中心，入射和接收均为 VV 极化。

目标环境复合模型：目标模型为直径 30cm 的导体球，环境面为地面，环境面轮廓起伏为 $H_x=1\times10^{-3}\text{m}$，$L_x=0.6\text{m}$，小尺度起伏为 $h=1\times10^{-4}\text{m}$，$l_x=0.04\text{m}$。地面相对介电常数为 $\varepsilon_r=20-\text{j}10$。

图 5.43 所示比较了不同目标高度时距离-多普勒图中目标和多径分布。从图中能够看出，多径信号是由环境面与目标的耦合产生的，可以等效为一个等效镜像产生的回波，因此多径始终伴随着目标附近，并且距离上较目标要大。由于雷达与目标镜像的相互位置关系，目标的多普勒频率/速度比镜像的要大。从图中还能看出：随着目标高度的减小，多径与目标在距离上和速度上的差异变小，逐渐混在一起，如果要将它们分开就必须增加调频带宽以提高雷达最小距离分辨力，增加相参积累的脉冲数以提高雷达速度分辨力。总之，雷达回波模型对多径的模拟是能够反映多径信号的本质的。

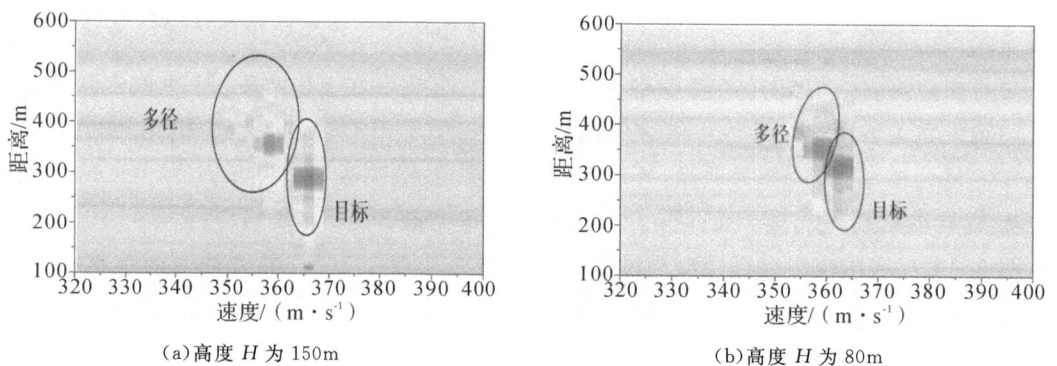

（a）高度 H 为 150m　　　　　　　　　　（b）高度 H 为 80m

图 5.43　多径模型验证距离-多普勒图

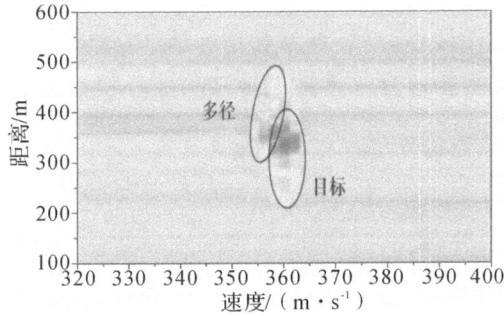

(c) 高度 H 为 30m

续图 5.43　多径模型验证距离-多普勒图

(5)杂波模型验证。设定计算条件如下:

运动参数:雷达位置矢量为 $\boldsymbol{S}_p$(3 000m,0m,1 500m),速度矢量为 $\boldsymbol{v}_s$(−200m/s,0m/s,0m/s),目标位置矢量为 $\boldsymbol{T}_p$(0m,0m,30m),速度矢量 $\boldsymbol{v}_t$ 为(200m/s,0m/s,0m/s),目标雷达仰角为 θ。

雷达参数为:主动体制,旁瓣电平为−20dB,工作频率在 X 波段,积累脉冲数为 512,调频带宽为 60MHz,天线主波束指向目标中心,入射和接收均为 VV 极化。

目标环境复合模型:目标模型为模型 3,环境面为地面,环境面轮廓起伏为 $H_x = 1 \times 10^{-3}$m,$L_x = 0.6$m,小尺度起伏为 $h = 1 \times 10^{-4}$m,$l_x = 0.04$m。地面相对介电常数为 $\varepsilon_r = 20 - j10$。

图 5.44 为总回波的距离-多普勒图。根据目标雷达相互位置关系可以算出主瓣杂波中心到雷达的距离为 3 542m,速度约为 172m/s,与图中计算出的一致,旁瓣杂波分布在比较大的区域内,理论计算高度线位置处距离目标大约为 1 800m 处,且多普勒频率为 0,与图中显示的实际情况是一致的,证明了杂波模型的有效性。

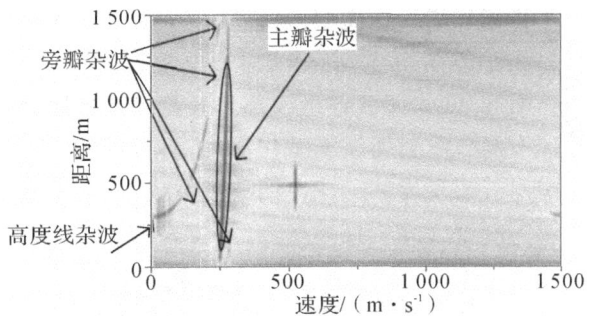

图 5.44　杂波模型验证距离-多普勒图

(6)环境介电常数设置验证。设定计算条件如下:

运动参数:雷达位置矢量为 $\boldsymbol{S}_p$(3 000m,0m,1 500m),速度矢量为 $\boldsymbol{v}_s$(−200m/s,0m/s,0m/s),目标位置矢量为 $\boldsymbol{T}_p$(0m,0m,30m),速度矢量 $\boldsymbol{v}_t$ 为(200m/s,0m/s,0m/s),目标雷达仰角为 θ。

雷达参数为:主动体制,旁瓣电平为−20dB,工作频率在 K 波段,积累脉冲数为 512,调频带宽为 20MHz,天线主波束指向目标中心,入射和接收均为 VV 极化。

目标环境复合模型:目标模型为直径 30cm 的导体球,环境面为地面,环境面轮廓起伏为 $H_x = 1 \times 10^{-3}$m,$L_x = 0.6$m,小尺度起伏为 $h = 1 \times 10^{-4}$m,$l_x = 0.04$m。

图 5.45 为不同环境相对介电常数下总回波的距离-多普勒图。可以看出,当介电常数比较小时,环境杂波最大值比较小,当介电常数增大时,环境杂波最大值会增加,两种方式下目标的最大值是不变的,证明相对介电常数的改变引起环境杂波的改变,该回波模型能够反映环境介电常数的改变。

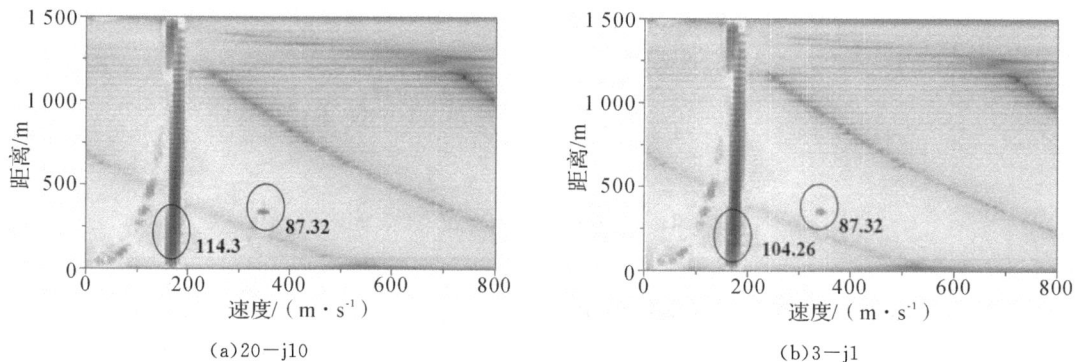

(a)20—j10　　　　　　　　　　(b)3—j1

图 5.45　不同环境介电常数设置验证距离-多普勒图

(7)回波各组成计算及显示验证。设定计算条件如下:

运动参数:雷达位置矢量为 S_p(8 000m,0m,1 500m),速度矢量为 v_s(−400m/s,0m/s,0m/s),目标位置矢量为 T_p(0m,0m,50m),速度矢量 v_t 为(200m/s,0m/s,0m/s),目标雷达仰角为 θ。

雷达参数:主动体制,旁瓣电平为−20dB,工作频率在 X 波段,积累脉冲数为 256,调频带宽为 10MHz,天线主波束指向目标中心,入射和接收均为 VV 极化。

目标环境复合模型:目标模型为直径 30cm 的导体球,环境面为海面,风速 2m/s,风向相对 x 轴方向为 0°,海面相对介电常数为 $\varepsilon_r = 42−j40$。

图 5.46 为回波各组成部分及总回波的距离-多普勒图。本书提到的回波模型是基于目标环境复合散射回波模型建立的,目标回波、多径回波及环境杂波是分开建模的。这说明,本书回波模型能够反映出回波各组成部分,并能够根据需要将各部分进行叠加。这在实际使用中能够为分析目标参数、环境参数及雷达参数对各部分的影响提供方便。

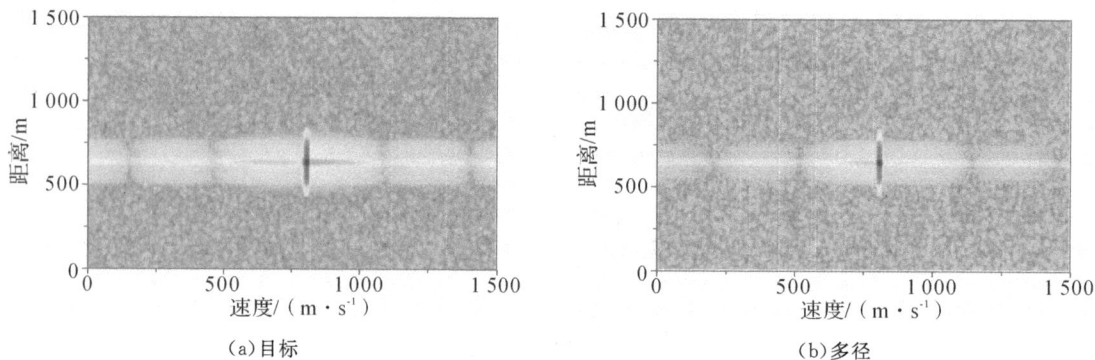

(a)目标　　　　　　　　　　(b)多径

图 5.46　回波各组成部分验证距离-多普勒图

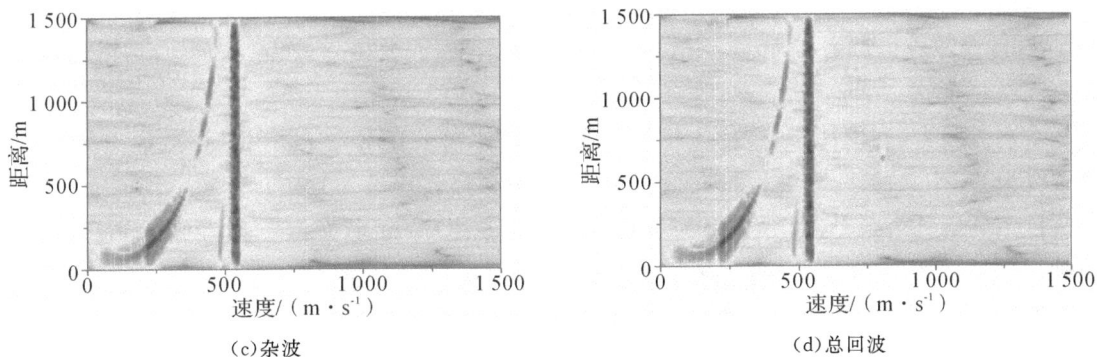

(c)杂波

(d)总回波

续图 5.46　回波各组成部分验证距离-多普勒图

2.运动参数验证

(1)目标距离设置验证。设定计算条件如下：

运动参数：雷达位置矢量为 S_p(5 000m,0m,2 000m),速度矢量为 v_s(-700m/s,0m/s,0m/s),目标位置矢量为 T_p(0m,0m,40m),速度矢量 v_t 为(100m/s,0m/s,0m/s),目标雷达仰角为 θ。

雷达参数为：主动体制,旁瓣电平为 -20dB,工作频率在 Ku 波段,积累脉冲数为 256,调频带宽为 2MHz,天线主波束指向目标中心,入射和接收均为 VV 极化。

目标环境复合模型：目标模型为直径 30cm 的导体球,环境面为海面,风速 2m/s,风向相对 x 轴方向为 0°,海面相对介电常数为 $\varepsilon_r = 42-j40$。

根据目标与雷达的位置关系可以求出雷达与目标的距离为

$$d = \mid S_p - T_p \mid \tag{5.66}$$

结合该算例,可以得到 d 为 5 370.4m。而根据脉冲重复频率能够求得最大不模糊距离 $R_m=1$ 500m,模糊数 m 为 3。

图 5.47 为目标距离验证下的距离-多普勒图,从图上可以求得雷达目标的视在距离为 860.4m,考虑模糊距离可以得到计算的雷达目标距离 $d_0=5$ 360.4m,计算值与预先设置的值相符。由于调频带宽比较小,最小分辨力就会比较大,距离求解的误差就会比较大。

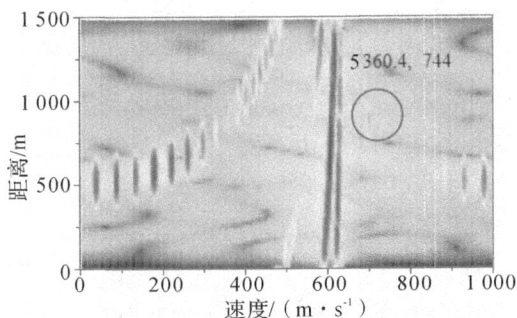

图 5.47　目标距离验证距离-多普勒图

(2)目标速度大小设置验证。设定计算条件如下：

运动参数:雷达位置矢量为 S_p(6 000m,0m,2 000m),速度矢量为 v_s(-200m/s,0m/s,0m/s),目标位置矢量为 T_p(0m,0m,40m),速度矢量 v_t 为(100m/s,0m/s,0m/s),目标雷达仰角为 θ。

雷达参数为:主动体制,旁瓣电平为-20dB,工作频率在 K 波段,积累脉冲数为 256,调频带宽为 20MHz,天线主波束指向目标中心,入射和接收均为 VV 极化。

目标环境复合模型:目标模型为直径 30cm 的导体球,环境面为海面,风速 2m/s,风向相对 x 轴方向为 0°,海面相对介电常数为 $\varepsilon_r = 42 - j40$。

根据目标与雷达的位置关系可以求出雷达与目标的相对径向速度为

$$v_{st} = \left| (V_S - V_T) \cdot \hat{k}_t \right| \tag{5.67}$$

式中:$\hat{k}_t$ 表示雷达到目标中心的方向矢量。可以计算出 v_{st} 为 285.2m/s。

图 5.48 为目标速度验证下的距离-多普勒图,计算出的雷达与目标径向速度为 284.4m/s,计算值与预设值相符。

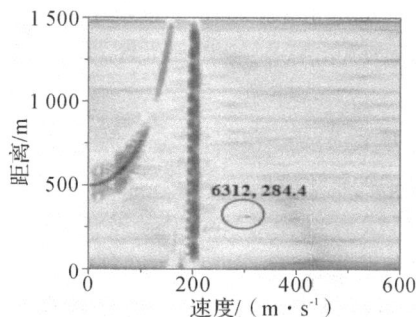

图 5.48 目标速度验证距离-多普勒图

(3)速度矢量方向设置验证。设定计算条件如下:

运动参数:雷达位置矢量为 S_p(6000 m,0m,2 000m),速度大小为 300m/s,速度矢量方向 $\hat{v}_S$。目标位置矢量为 T_p(0m,0m,40m),速度大小 200m/s,速度矢量 $\hat{v}_t$,目标雷达仰角为 θ。

雷达参数为:主动体制,旁瓣电平为-20dB,工作频率在 K 波段,积累脉冲数为 256,调频带宽为 20MHz,天线主波束指向目标中心,入射和接收均为 VV 极化。

目标与环境复合模型:目标模型为直径 30cm 的导体球,环境面为海面,风速 2m/s,风向相对 x 轴方向为 0°,海面相对介电常数为 $\varepsilon_r = 42 - j40$。

该算例中,目标与雷达的速度大小均不变,只是速度矢量方向改变。由图 5.49 可以看出:前一种雷达与目标径向速度理论值 v_{st} 为 336.1m/s,而计算出的相对径向速度为 334.6m/s。后一种的理论计算值 v_{st} 为 475.3m/s,而计算出的相对径向速度为 475.8m/s。说明回波信号能够设置雷达与目标的矢量方向。再来对比两张图可以发现,改变速度矢量方向的影响还反映在改变了总回波距离-多普勒图的分布,杂波在速度维发生了分散,说明是雷达速度矢量方向相对于主波束照射方向在方位上存在比较大的角度偏差时,杂波在多普勒维上会发生扩散。

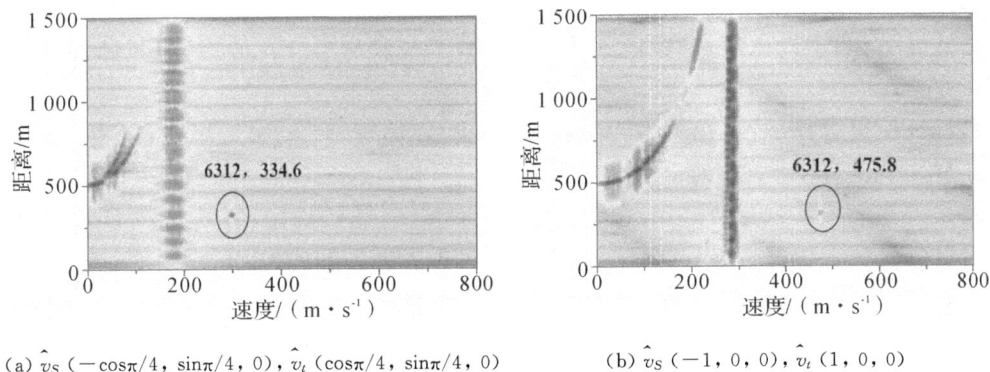

(a) $\hat{v}_S(-\cos\pi/4, \sin\pi/4, 0)$, $\hat{v}_t(\cos\pi/4, \sin\pi/4, 0)$　　(b) $\hat{v}_S(-1, 0, 0)$, $\hat{v}_t(1, 0, 0)$

图 5.49　速度矢量验证距离-多普勒图

（4）雷达尾追目标模型设置验证。设定计算条件如下：

运动参数：雷达位置矢量为 $\boldsymbol{S}_\mathrm{p}$(6 000m，0m，2 000m)，速度矢量为 $\boldsymbol{v}_\mathrm{s}$(−200m/s，0m/s，0m/s)，目标位置矢量为 $\boldsymbol{T}_\mathrm{p}$(0m，0m，40m)，速度矢量 $\boldsymbol{v}_t$ 为(−100m/s，0m/s，0m/s)，目标雷达仰角为 θ。

雷达参数为：主动体制，旁瓣电平为 −20dB，工作频率在 K 波段，积累脉冲数为 256，调频带宽为 20MHz，天线主波束指向目标中心，入射和接收均为 VV 极化。

目标环境复合模型：目标模型为直径 30cm 的导体球，环境面为海面，风速 2m/s，风向相对 x 轴方向为 0°，海面相对介电常数为 $\varepsilon_\mathrm{r}=42-\mathrm{j}40$。

该算例雷达处于尾追目标模式下，目标与雷达速度矢量方向相同，且相对径向速度 v_st 为 95m/s，主杂波径向速度为 190.1m/s。由图 5.50 可以看出：目标在距离-多普勒图中位于杂波左侧，这与迎击时的情形不同。雷达尾追目标时，目标与雷达的相对速度较低，目标信号与主瓣杂波或旁瓣杂波靠得比较近，这会对目标信号的检测带来很大的影响。因此检测程序与迎击时相比需要做出调整。本算例说明回波模型能够模拟雷达尾追目标的情形。

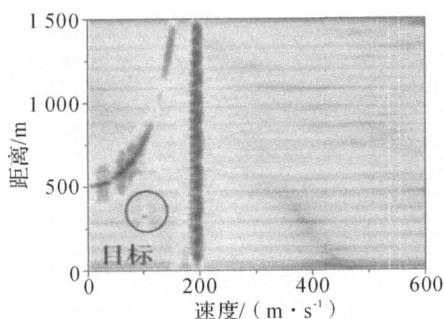

图 5.50　雷达尾追目标模型设置验证距离-多普勒图

3.雷达参数验证

（1）波束指向偏差设置验证。设定计算条件如下：

运动参数：雷达位置矢量为 $\boldsymbol{S}_\mathrm{p}$(6 800m，0m，2 000m)，速度矢量为 $\boldsymbol{v}_\mathrm{s}$(−500m/s，0m/s，0m/s)，目标位置矢量为 $\boldsymbol{T}_\mathrm{p}$(0m，0m，50m)，速度矢量 $\boldsymbol{v}_t$ 为(200m/s，0m/s，0m/s)，目标雷

达仰角为 θ。

雷达参数为:主动体制,旁瓣电平为 -20dB,工作频率在 Ku 波段,积累脉冲数为 256,调频带宽为 10MHz,入射和接收均为 VV 极化。

目标环境复合模型:目标模型为直径 30cm 的导体球,环境面为海面,风速 2m/s,风向相对 x 轴方向为 0°,海面相对介电常数为 $\varepsilon_r = 42 - \text{j}40$。

角误差验证前首先要对式(5.65)中的定向斜率 K 进行确定,方法是数据拟合,利用预先设定好的角误差值样本 $x(x_0, x_1, x_2, x_3, \cdots, x_N)$ 与计算所得的角误差值 $y(y_0, y_1, y_2, y_3, \cdots, y_N)$ 进行 1 阶方程组 $y = x/K$ 的拟合,从而确定定向斜率 K 值,如表 5-1 所示。方位角误差为正表示天线主波束沿着水平方向偏向右侧。最后将计算好的 K 值加入回波仿真模型中。

表 5-1 角误差验证

预设		计算	
俯仰差/(°)	方位差/(°)	俯仰差/(°)	方位差/(°)
0.2	0.3	0.205 8	0.299 9
0.2	-0.3	0.202 8	-0.299 9
0.3	0.4	0.302 4	0.398 7
-0.3	0.5	-0.299 8	0.402 8

设定天线主波束偏离目标中心的俯仰误差角 $\theta_A = 0.2°$,方位误差角 $\theta_E = 0.3°$。从图 5.51 可以看出:实际的误差角为 $\theta'_A = 0.205\,8°$,$\theta'_E = 0.299\,9°$,能够根据预先设定好的俯仰或方位误差进行参数装订,并在结果中反映。实际应用中,雷达通过求解得到波束的指向偏差角后,会把角度误差信号传递给角度控制电路,角度控制电路就会调整波束指向以减小角度误差。

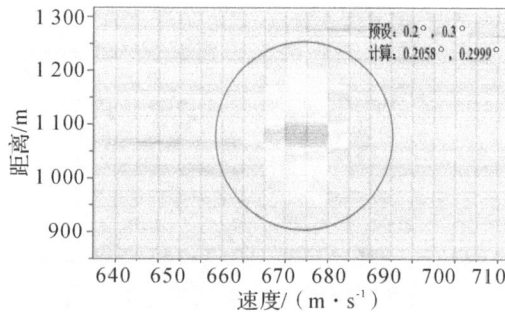

图 5.51 角误差验证距离-多普勒图

(2)环境面照射区域设置验证。设定计算条件如下:

运动参数:雷达位置矢量为 $\boldsymbol{S}_p$(8 000m,0m,2 000m),速度矢量为 $\boldsymbol{v}_s$(-700m/s,0m/s,0m/s),目标位置矢量为 $\boldsymbol{T}_p$(0m,0m,50m),速度矢量 $\boldsymbol{v}_t$ 为(200m/s,0m/s,0m/s),目标雷达仰角为 θ。

雷达参数为:主动体制,旁瓣电平为 -20dB,工作频率在 Ku 波段,调频带宽为 20MHz,积累脉冲数为 128,天线主波束指向目标中心,入射和接收均为 VV 极化。

目标环境复合模型：目标模型为直径 30cm 的导体球，环境面轮廓起伏为 $H_x = 1 \times 10^{-3}\mathrm{m}, L_x = 0.6\mathrm{m}$，小尺度起伏为 $h = 1 \times 10^{-4}\mathrm{m}, l_x = 0.04\mathrm{m}$。地面相对介电常数为 $\varepsilon_r = 20 - \mathrm{j}10$。

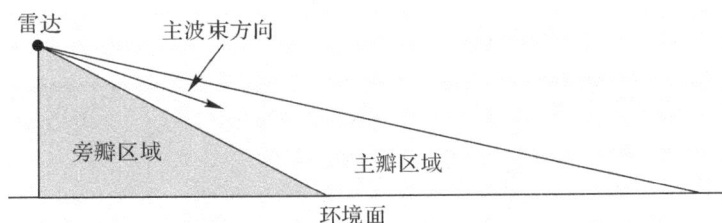

图 5.52　雷达波束照射示意图

如图 5.52 所示，全域杂波计算的是波束照射所及范围内的所有杂波，杂波在距离-多普勒维上的分布很广，杂波与雷达径向速度设定为 $|v_s \cdot \hat{k}_t|$，其中 $\hat{k}_t$ 表示偏离波束方向矢量。杂波与雷达径向最大速度取值在波束指向方向与雷达速度矢量方向重合时，最小速度取值在波束指向方向与雷达速度矢量方向垂直时，也就是图中主瓣区域与旁瓣区域之和。而主瓣杂波区域对应图中主瓣区域。

图 5.53 所示为全域杂波与主瓣杂波对比。全域杂波包含了旁瓣的贡献，具有比较长的拖尾，主瓣杂波则没有。当杂波计算区域较大时，计算时间会显著增加，计算效率也会随之下降，这时在精度允许的前提下，减小杂波区域无疑是一个比较折中的选择。

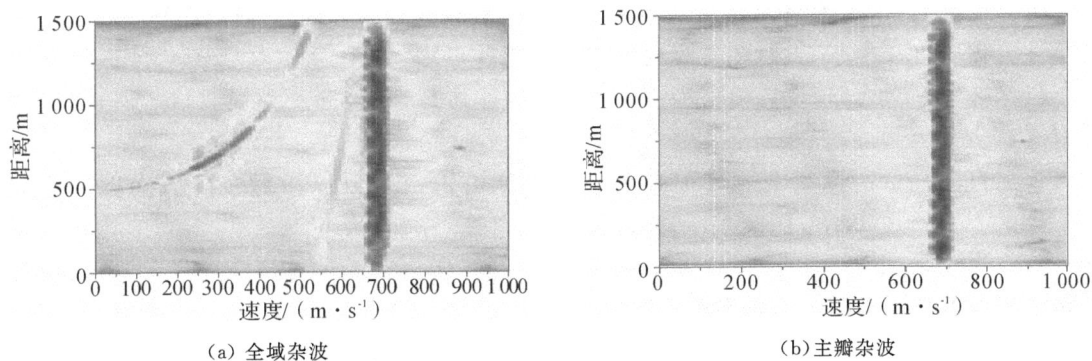

（a）全域杂波　　　　　　　　　　　　　　（b）主瓣杂波

图 5.53　环境面照射区域验证距离-多普勒图

（3）旁瓣电平设置验证。设定计算条件如下：

运动参数：雷达位置矢量为 $S_p(8\,000\mathrm{m}, 0\mathrm{m}, 2\,000\mathrm{m})$，速度矢量为 $v_s(-500\mathrm{m/s}, 0\mathrm{m/s}, 0\mathrm{m/s})$，目标位置矢量为 $T_p(0\mathrm{m}, 0\mathrm{m}, 50\mathrm{m})$，速度矢量 v_t 为 $(200\mathrm{m/s}, 0, 0)$，目标雷达仰角为 θ。

雷达参数为：主动体制，工作频率在 Ku 波段，调频带宽为 20MHz，积累脉冲数为 128，天线主波束指向目标中心，入射和接收均为 VV 极化。

目标环境复合模型：目标模型为直径 30cm 的导体球，环境面为海面，风速 3m/s，风向相对 x 轴方向为 0°，海面相对介电常数为 $\varepsilon_r = 42 - \mathrm{j}40$。

由图 5.54 可以看出，当旁瓣电平从 $-20\mathrm{dB}$ 减小为 $-30\mathrm{dB}$ 时，旁瓣电平得到了压制，旁瓣杂波也随之减小。该算例说明雷达回波模型可以按照设定的旁瓣电平进行回波的模拟,实际的效果也能够反映设定的条件。该算例还有一个启示,低旁瓣电平天线有利于减小杂波,提高目标检测率。然而,低旁瓣电平会使得主瓣波束宽度增加,为了减小主瓣波束宽度就要增加天线有效的口径面积或者提高工作频率,这时天线的设计要综合主瓣宽度、旁瓣电平、口径面积、工作频率等参数的限制。

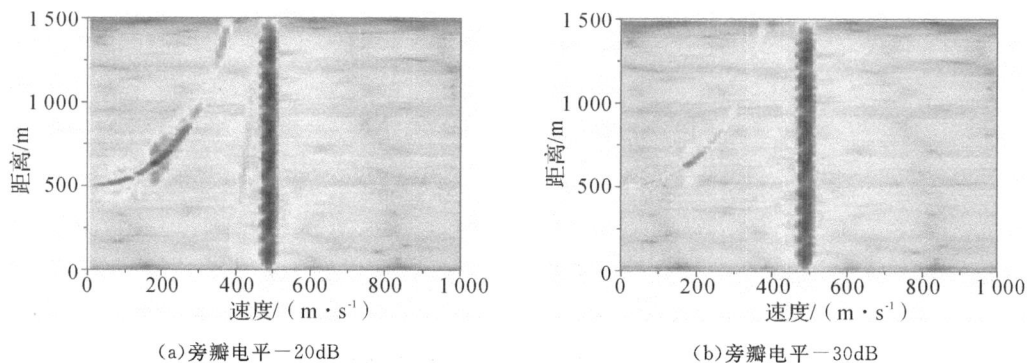

（a）旁瓣电平－20dB   （b）旁瓣电平－30dB

图 5.54 旁瓣电平设置验证距离-多普勒图

（4）雷达工作频率设置验证。设定计算条件如下：

运动参数:雷达位置矢量为 S_p(6 500m,0m,2 000m),速度矢量为 v_s(−300m/s,0m/s,0m/s),目标位置矢量为 T_p(0m,0m,50m),速度矢量 v_t 为(200m/s,0m/s,0m/s),目标雷达仰角为 θ。

雷达参数为:主动体制,旁瓣电平为−20dB,积累脉冲数为 128,调频带宽为 10MHz,天线主波束指向目标中心,入射和接收均为 VV 极化。

目标环境复合模型:目标模型为直径 30cm 的导体球,环境面为海面,风速 2m/s,风向相对 x 轴方向为 0°,海面相对介电常数为 $\varepsilon_r=$ 42−j40。

根据目标与雷达位置及速度矢量关系可以算出雷达与目标相对径向速度理论值为478.4m/s。图 5.55 给出了不同工作频率下的距离-多普勒图,可以看出:不同工作频率下的计算值为 483.1m/s,477.4m/s 和 477.8m/s。计算所得速度误差值在允许范围内,说明回波模型能够适应不同工作频率的设置。

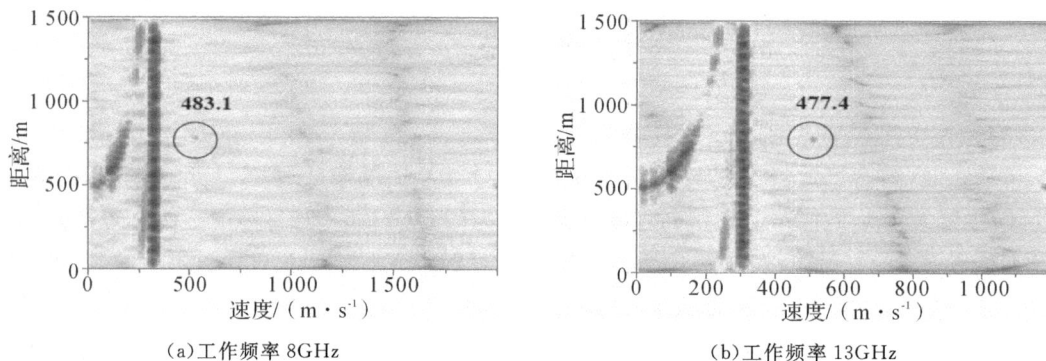

（a）工作频率 8GHz   （b）工作频率 13GHz

图 5.55 雷达工作频率设置验证距离-多普勒图

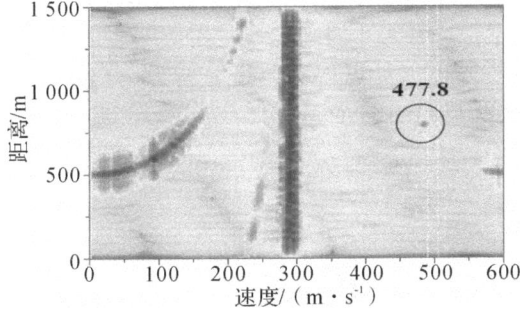

（c）工作频率 25GHz

续图 5.55　雷达工作频率设置验证距离-多普勒图

（5）雷达采样频率设置验证。设定计算条件如下：

运动参数：雷达位置矢量为 S_p(6 000m,0m,2 000m)，速度矢量为 v_s(－300m/s,0m/s,0m/s)，目标位置矢量为 T_p(0m,0m,50m)，速度矢量 v_t 为(200m/s,0m/s,0m/s)，目标雷达仰角为 θ。

雷达参数为：主动体制，旁瓣电平为 －20dB，雷达工作在 X 波段，积累脉冲数为 128，调频带宽为 10MHz，天线主波束指向目标中心，入射和接收均为 VV 极化。

目标环境复合模型：目标模型为直径 30cm 的导体球，环境面为海面，风速 2m/s，风向相对 x 轴方向为 0°，海面相对介电常数为 $\varepsilon_r=42-j40$。

由图 5.56 可以看出：当采样频率改变时，总回波的距离-多普勒图分布并未发生改变，实际使用中可以根据实际需要，在满足式(5.54)的限制下对采样频率进行设置。

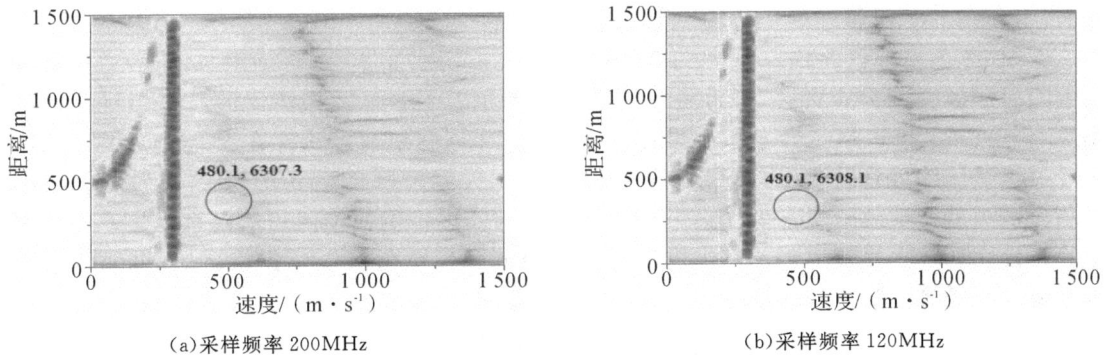

（a）采样频率 200MHz

（b）采样频率 120MHz

图 5.56　雷达采样频率设置验证距离-多普勒图

（6）雷达速度分辨力验证。设定计算条件如下：

运动参数：雷达位置矢量为 S_p(6 500m,0m,2 000m)，速度矢量为 v_s(－300m/s,0m/s,0m/s)，目标位置矢量为 T_p(0m,0m,50m)，速度矢量方向 $\hat{v}_t$ 为(1,0,0)，目标雷达仰角为 θ。

雷达参数为：主动体制，旁瓣电平为 －20dB，雷达工作在 K 波段，积累脉冲数为 128，调频带宽为 10MHz，天线主波束指向目标中心，入射和接收均为 VV 极化。

目标环境复合模型：目标模型为直径 30cm 的导体球，环境面为海面，风速 2m/s，风向相对 x 轴方向为 0°，海面相对介电常数为 $\varepsilon_r=42-j40$。

图 5.57 所示为目标速度为 200m/s 和 203ms 时的计算结果，理论上两种速度下雷达与

目标径向速度分别为 478.4m/s 和 481.8m/s,两者相差 3.4m/s;回波模型所得计算结果分别为 477.8m/s 和 482.5m/s,两者相差 4.7m/s。实际计算的结果比理论计算值要大。这是因为按照预先设置好的条件可以计算得到速度分辨力 $\Delta v = 4.7\text{m/s}$,这就决定了速度误差的最小值,与实际的计算结果是一致的。

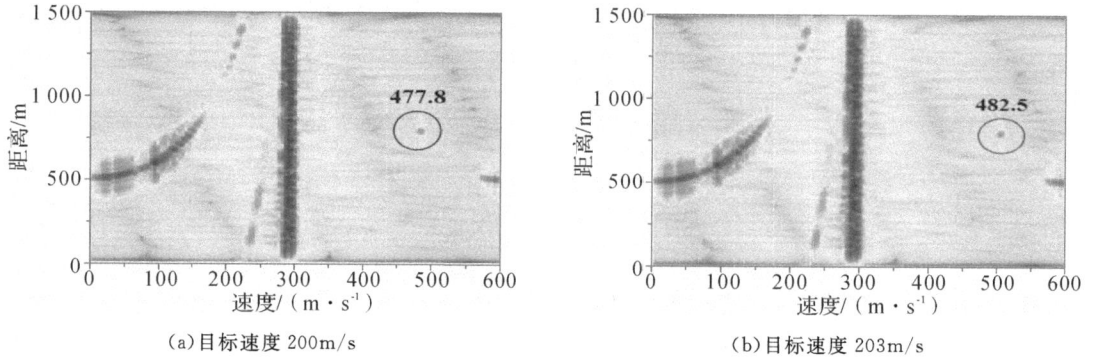

(a)目标速度 200m/s   (b)目标速度 203m/s

图 5.57　雷达速度分辨力验证距离-多普勒图

(7)雷达距离分辨力验证。设定计算条件如下:

运动参数:雷达位置矢量为 $S_p(D_x, 0\text{m}, 2\,000\text{m})$,速度矢量为 $v_s(-300\text{m/s}, 0\text{m/s}, 0\text{m/s})$,目标位置矢量为 $T_p(0\text{m}, 0\text{m}, 50\text{m})$,速度矢量 v_t 为 $(200\text{m/s}, 0\text{m/s}, 0\text{m/s})$,目标雷达仰角为 θ。

雷达参数为:主动体制,旁瓣电平为 -20dB,工作频率在 X 波段,积累脉冲数为 256,调频带宽为 4MHz,天线主波束指向目标中心,入射和接收均为 VV 极化。

目标环境复合模型:目标模型为直径 30cm 的导体球,环境面为海面,风速 2m/s,风向相对 x 轴方向为 0°,海面相对介电常数为 $\varepsilon_r = 42 - j40$。

图 5.58 为目标横向距离 D_x 为 6 500m 和 6 515m 时的距离-多普勒图,对应的雷达与目标的相对距离分别为 6 786.2m 和 6 800.6m,两者相差 14.4m。检测回波所得相对距离分别为 6 782.8m 和 6 801.54m,两者相差 18.74m。计算结果与理论存在误差的原因是总回波经过脉冲压缩处理后,又对数据进行了压缩,将采样频率降低至 8MHz,这样对应的最小距离分辨力就变成 $\Delta R = c/(2B) = 18.74\text{m}$,这与实际检测回波所得的结果是一致的。这个算例证明回波模型能够根据需要将采样率降至调频带宽量级以减少数据量,进而使得距离分辨力也随之改变。

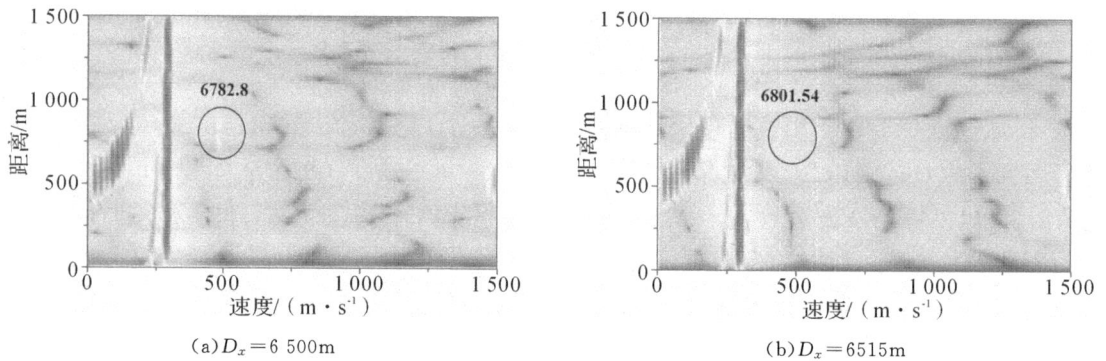

(a)$D_x = 6\,500\text{m}$ (b)$D_x = 6515\text{m}$

图 5.58　雷达距离分辨力验证距离-多普勒图

（8）线性调频信号调制验证。设定计算条件如下：

运动参数：雷达位置矢量为 S_p(6 500m,0m,2000m)，速度矢量为 v_s(−300m/s,0m/s,0m/s)，目标位置矢量为 T_p(0m,0m,50m)，速度矢量 v_t 为(200m/s,0m/s,0m/s)，目标雷达仰角为 θ。

雷达参数为：主动体制，旁瓣电平为−20dB，工作频率在 X 波段，积累脉冲数为 256，调频带宽为 4MHz，天线主波束指向目标中心，入射和接收均为 VV 极化。

目标环境复合模型：目标模型为直径 30cm 的导体球，环境面为海面，风速 2m/s，风向相对 x 轴方向为 0°，海面相对介电常数为 $\varepsilon_r=42-j40$。

图 5.59 所示为非线性调频的脉冲信号与线性调频脉冲信号距离-多普勒图的比较。图中的脉冲信号不包含线性调频信号的调制，因此信号处理过程中省略了脉冲压缩这一环节，其他步骤与线性调频信号脉冲信号的处理过程是一样的。可以看出基于两种信号均能得到有效的距离-多普勒图，并能分析回波的特性。

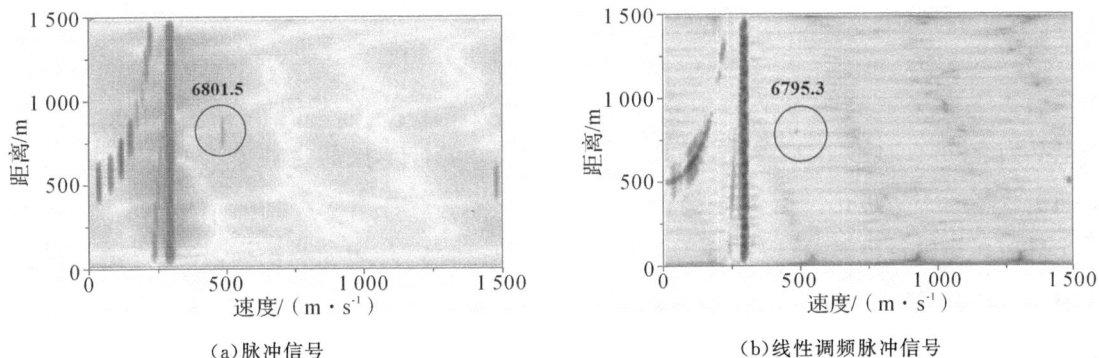

（a）脉冲信号 （b）线性调频脉冲信号

图 5.59 线性调频信号设置验证距离-多普勒图

（9）脉冲压缩验证。设定计算条件如下：

运动参数：雷达位置矢量为 S_p(6 500m,0m,2 000m)，速度矢量为 v_s(−300m/s,0m/s,0m/s)，目标位置矢量为 T_p(0m,0m,50m)，速度矢量 v_t 为(200m/s,0m/s,0m/s)，目标雷达仰角为 θ。

雷达参数为：主动体制，旁瓣电平为−20dB，工作频率在 Ku 波段，积累脉冲数为 256，调频带宽为 20MHz，天线主波束指向目标中心，入射和接收均为 VV 极化。

目标环境复合模型：目标模型为直径 30cm 的导体球，环境面为海面，风速 2m/s，风向相对 x 轴方向为 0°，海面相对介电常数为 $\varepsilon_r=42-j40$。

由图 5.60 可知，未进行脉冲压缩的目标计算值为 42.7dB，而进行脉冲压缩后目标的计算值为 85.8dB，相差了 43.1dB。这是因为匹配滤波器的理论最大值为 $\tau/2$，经过脉冲压缩后实际输出的增加值为 $\Delta A = f_s\tau/2$，也就是 49.5dB，与算例结果相符。

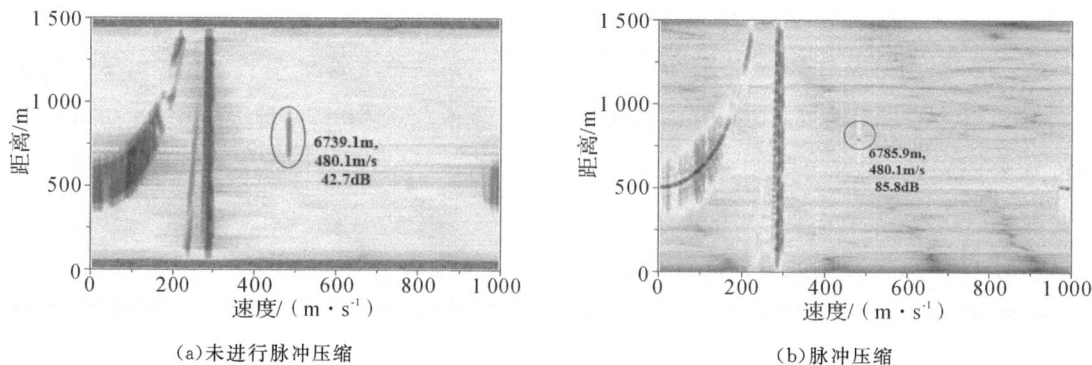

(a)未进行脉冲压缩

(b)脉冲压缩

图 5.60　脉冲压缩验证距离-多普勒图

（10）脉冲积累数验证。设定计算条件如下：

运动参数：雷达位置矢量为 S_p(8 000m,0m,2 000m)，速度矢量为 v_s（-300m/s,0m/s, 0m/s），目标位置矢量为 T_p(0m,0m,50m)，速度矢量 v_t 为（200 m/s,0 m/s,0 m/s），目标雷达仰角为 θ。

雷达参数为：主动体制，即发射和接收天线均在同一雷达内，且两种天线参数均相同，旁瓣电平为-20dB，工作频率在 Ku 波段，调频带宽为 20MHz，天线主波束指向目标中心，入射和接收均为 VV 极化。

目标环境复合模型：目标模型为直径 30cm 的导体球，环境面为海面，风速 2m/s，风向相对 x 轴方向为 0°，海面相对介电常数为 $\varepsilon_r=42-j40$。

图 5.61 为不同脉冲积累数下的距离-多普勒图。当脉冲积累数为 64 时，目标的最大值为 65.3dB，当脉冲积累数为 256 时，目标的最大值为 76.3dB，两者相差 11dB。这是因为目标信号的理论增加值为 $\Delta A = N_1/N_2 = 4$，其中 N_1 和 N_2 为积累脉冲数。而 $\Delta A\_dB = 20\lg(\Delta A) = 12$dB。利用回波模型计算得到的目标幅度增加值与理论分析得到的是一致的。

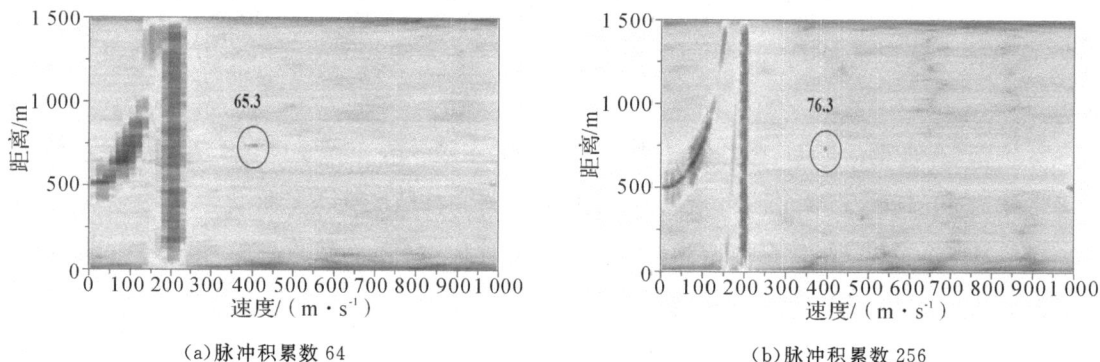

(a)脉冲积累数 64

(b)脉冲积累数 256

图 5.61　不同脉冲积累数的距离-多普勒图

由图 5.61 可知,随着脉冲积累数增加,雷达速度分辨力也随之提高,这是因为速度分辨率为 $\Delta v = \lambda f_r / (2N_p)$,脉冲积累数越多,速度/多普勒频率分辨率越大。

(11)脉冲宽度验证。设定计算条件如下:

运动参数:雷达位置矢量为 S_p(8 000m,0m,2 000m),速度矢量为 v_s(−300m/s,0m/s,0m/s),目标位置矢量为 T_p(0m,0m,50m),速度矢量 v_t 为(200m/s,0m/s,0m/s),目标雷达仰角为 θ。

雷达参数为:主动体制,旁瓣电平为 −20dB,工作频率在 Ku 波段,调频带宽为 10MHz,积累脉冲数为 256,天线主波束指向目标中心,入射和接收均为 VV 极化。

目标与环境复合模型:目标模型为直径 30cm 的导体球,环境面轮廓起伏为 $H_x = 1 \times 10^{-3}$ m,$L_x = 0.6$m,小尺度起伏为 $h = 1 \times 10^{-4}$ m,$l_x = 0.04$m。地面相对介电常数为 $\varepsilon_r = 20 - j10$。

图 5.62 为不同脉冲宽度下的距离-多普勒图。理论上,当脉冲宽度变增加到原来的 2 倍时,雷达发射信号的功率会增加为原来的 2 倍,即 $P_{t2} = 2P_{t1}$,进行脉冲压缩后,幅度又会增加 2 倍,综合而言,目标幅度会增加:$\Delta A\_dB = 10\lg(P_{t2}/P_{t1}) + 20\lg(\tau_2/\tau_1) = 9dB$,从图上可以看出目标信号增加值为 9dB,与理论分析结论一致。

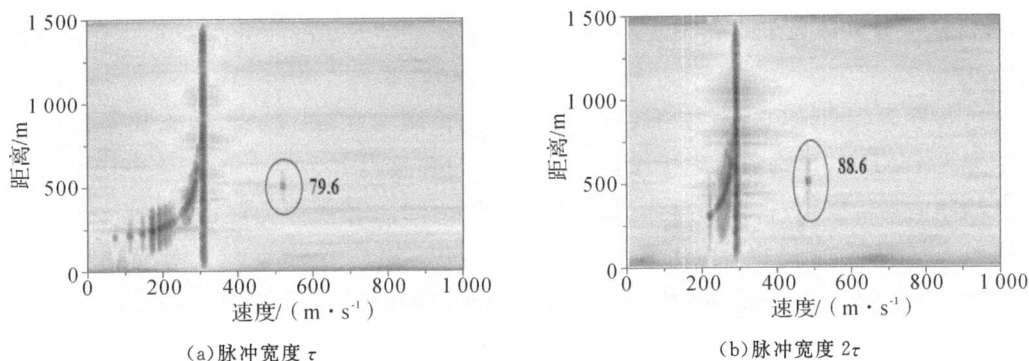

(a)脉冲宽度 τ　　　　　　　　　(b)脉冲宽度 2τ

图 5.62　不同脉冲宽度的距离-多普勒图

(12)脉冲重复频率验证。设定计算条件如下:

运动参数:雷达位置矢量为 S_p(8 000m,0m,700m),速度矢量为 v_s(−300m/s,0m/s,0m/s),目标位置矢量为 T_p(0m,0m,50m),速度矢量 v_t 为(200m/s,0m/s,0m/s),目标雷达仰角为 θ。

雷达参数为:主动体制,旁瓣电平为 −20dB,工作频率在 K 波段,调频带宽为 10MHz,积累脉冲数为 256,天线主波束指向目标中心,入射和接收均为 VV 极化。

目标环境复合模型:目标模型为直径 30cm 的导体球,环境面轮廓起伏为 $H_x = 1 \times 10^{-3}$ m,$L_x = 0.6$m,小尺度起伏为 $h = 1 \times 10^{-4}$ m,$l_x = 0.04$m。地面相对介电常数为 $\varepsilon_r = 20 - j10$。

由图 5.63 中可以看出:当脉冲重复频率改变时,总回波距离-多普勒图的分布会发生改变,具体为:重频较小时,不模糊距离较大,不模糊速度较小,当雷达与目标相对速度较大时,速度模糊会比较严重,距离模糊相对较弱;反之,当重频较大时,不模糊距离较小,不模糊速度较大。实际使用过程中,应当根据雷达与目标的相对距离和相对速度确定合理的脉冲重复频率以便能够快速检测与跟踪目标。该算例表明,回波模型适应不同的脉冲重复频率的设置。

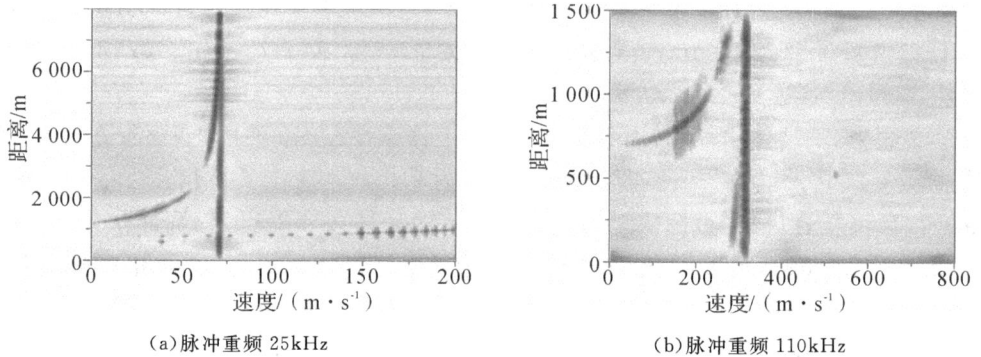

(a)脉冲重频 25kHz

(b)脉冲重频 110kHz

图 5.63　不同脉冲重复频率时的距离-多普勒图

(13)速度维加窗模型验证。设定计算条件如下:

运动参数:雷达位置矢量为 S_p(8 000m,0m,1 000m),速度矢量为 v_s(-300m/s,0m/s,0m/s),目标位置矢量为 T_p(0m,0m,50m),速度矢量 v_t 为(200m/s,0m/s,0m/s),目标雷达仰角为 θ。

雷达参数为:主动体制,旁瓣电平为 -20dB,工作频率在 Ku 波段,积累脉冲数为 256,调频带宽为 15MHz,天线主波束指向目标中心,入射和接收均为 VV 极化。

目标环境复合模型:目标模型为直径 30cm 的导体球,环境面为海面,风速 2m/s,风向相对 x 轴方向为 0°,海面相对介电常数为 $\varepsilon_r = 42 - j40$。

相参积累模型中介绍过:对脉冲压缩之后的回波重排,接着对同一距离门的信号作FFT 时,如果增加窗函数将对速度维上的信号做一次滤波,有利于目标检测。

图 5.64 所示为加窗与未加窗的效果比较。可以看出,加窗之后的距离-多普勒图在速度维上的旁瓣相对较小,如果采用 CFAR 检测,将会减小对有用目标信号的误判,提高对目标的检测效率和准确率。

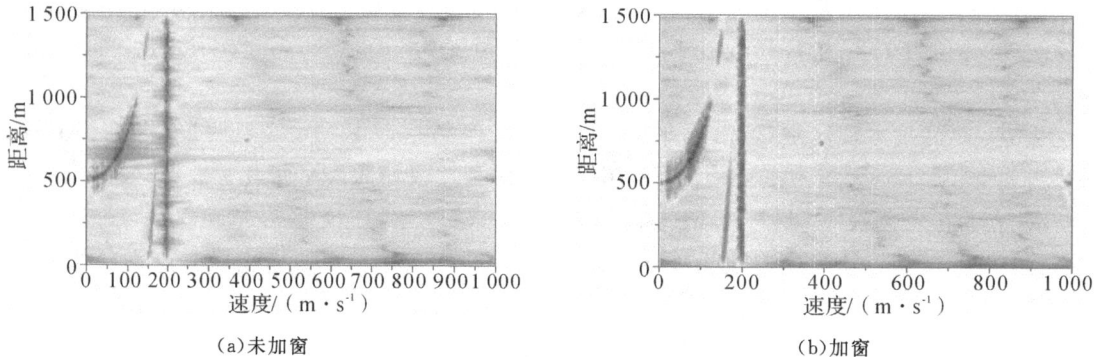

(a)未加窗

(b)加窗

图 5.64　速度维加窗验证距离-多普勒图

（14）噪声模型验证。设定计算条件如下：

运动参数：雷达位置矢量为 $\boldsymbol{S}_{p}$（8 000m，0m，1 000m），速度矢量为 $\boldsymbol{v}_{s}$（−300m/s，0m/s，0m/s），目标位置矢量为 $\boldsymbol{T}_{p}$（0m，0m，50m），速度矢量 $\boldsymbol{v}_{t}$ 为（200m/s，0m/s，0m/s），目标雷达仰角为 θ。

雷达参数为：主动体制，旁瓣电平为 −20dB，工作频率在 Ku 波段，积累脉冲数为 128，调频带宽为 15MHz，天线主波束指向目标中心。

目标环境复合模型：目标模型为直径 30cm 的导体球，环境面为海面，风速 2m/s，风向相对 x 轴方向为 0°，海面相对介电常数为 $\varepsilon_{r}=42-j40$。

噪声功率可以根据 $N_{i}=kTB_{n}$ 来进行计算，其中 k 为玻尔兹曼常数，T 为热力学温度，B_{n} 为噪声带宽。图 5.65 为不同噪声功率下的距离-多普勒图。结果表明：当噪声功率增大时，总回波的背景噪声会升高，某些距离频率分量内的回波成分会被淹没在背景噪声中；噪声功率的提高还会使得目标信号的信噪比下降，这会降低目标的检测率。

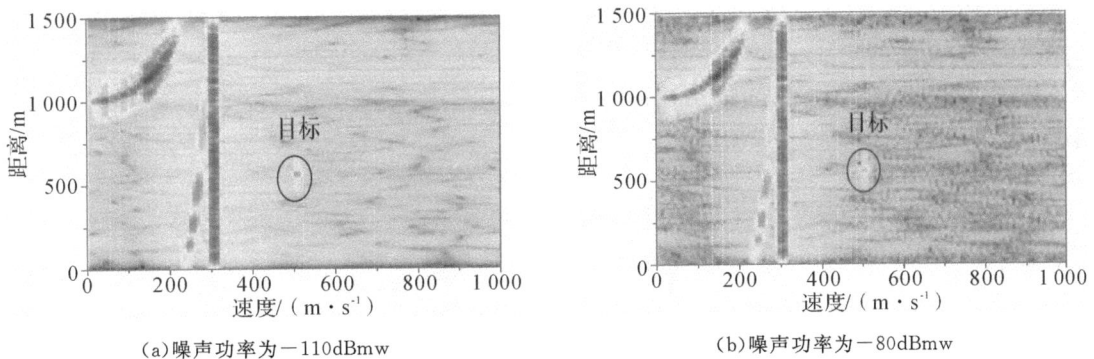

（a）噪声功率为 −110dBmw　　　　　　（b）噪声功率为 −80dBmw

图 5.65　不同噪声功率时的距离-多普勒图

（15）半主动体制验证。设定计算条件如下：

运动参数：照射雷达位置为 $\boldsymbol{S}_{p}$（0m，0m，15m），速度为 0m/s，接收雷达位置为 $\boldsymbol{S}_{r}$（4 000m，0m，1 200m），速度矢量为 $\boldsymbol{v}_{r}$（300m/s，0m/s，0m/s），目标位置矢量为 $\boldsymbol{T}_{p}$（8 000m，0m，200m），速度矢量 $\boldsymbol{v}_{t}$ 为（−230m/s，0m/s，0m/s），目标雷达仰角为 θ。

雷达参数为：半主动体制，即发射和接收天线均在不在一位置处，发射天线波束旁瓣电平为 −20dB，接收天线旁瓣电平 −15dB，工作频率在 X 波段，积累脉冲数为 128，调频带宽为 20MHz，照射和接收天线主波束均指向目标中心，入射和接收均为 VV 极化。

目标环境复合模型：目标模型为第 2 章中的模型 3，环境面为海面，风速 2m/s，风向相对 x 轴方向为 0°，海面相对介电常数为 $\varepsilon_{r}=42-j40$。

根据图 5.66 中雷达与目标的相互位置关系可以求出目标与接收雷达相互运动产生的多普勒频率为

$$f_{d}=[-\boldsymbol{V}_{t}\cdot\hat{\boldsymbol{k}}_{t}+(\boldsymbol{V}_{t}-\boldsymbol{V}_{r})\cdot\hat{\boldsymbol{k}}_{r}]/\lambda-[(-\boldsymbol{V}_{r})\cdot\hat{\boldsymbol{k}}_{p}]/\lambda \tag{5.68}$$

式中：$\hat{\boldsymbol{k}}_{t}$ 表示照射雷达至目标的方向矢量；$\hat{\boldsymbol{k}}_{r}$ 表示目标至的接收雷达方向矢量；$\hat{\boldsymbol{k}}_{p}$ 表示照射雷达至接收雷达的方向矢量。根据图中的位置关系可以求出预先计算的接收雷达与目标径向速度为 515.6m/s，实际计算所得相互的径向速度为 515.3m/s。主瓣杂波对应的多普

勒频率为

$$f_d = (-\boldsymbol{V}_r) \cdot \hat{\boldsymbol{k}}_r/\lambda - (-\boldsymbol{V}_r) \cdot \hat{\boldsymbol{k}}_p/\lambda \tag{5.69}$$

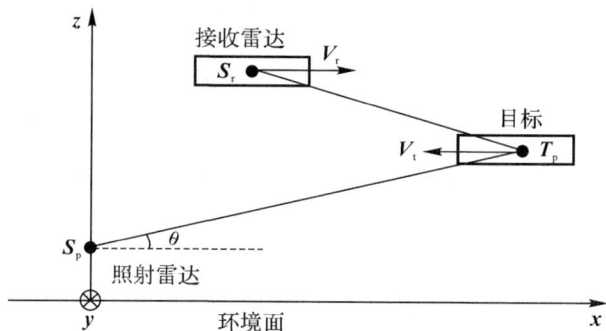

图 5.66 半主动体制下雷达目标位置关系图

照射、接收天线及目标的相互位置关系如图 5.67 所示。图 5.68 所示为半主动体制下的距离-多普勒图。

预先计算所得主瓣杂波对应的速度为 287.5m/s,从图 5.67 得到的速度为 287m/s,与预先设置的值是相符的。

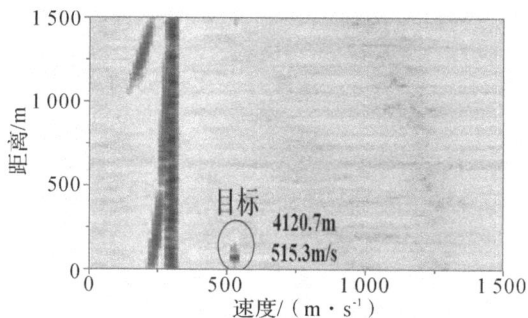

图 5.67 半主动体制时的距离-多普勒图

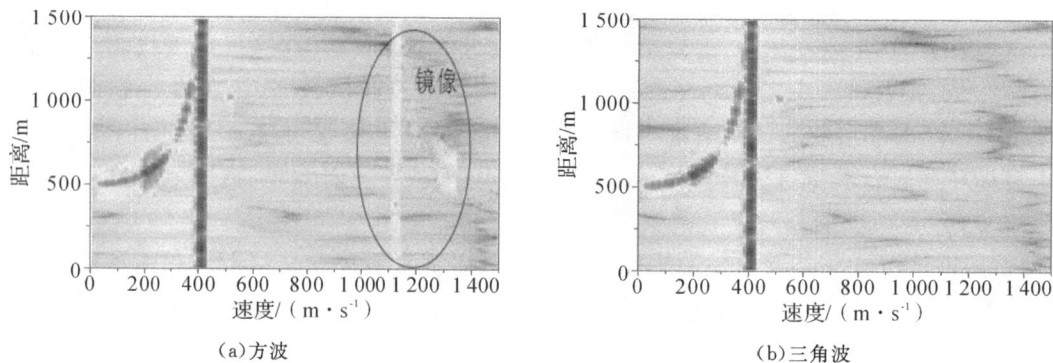

(a)方波 　　　　　　　　　　(b)三角波

图 5.68 不同包络时的距离-多普勒图

(16)发射脉冲包络验证。设定计算条件如下:

运动参数：雷达位置矢量为 S_p(4 000m,0m,500m)，速度矢量为 v_s(−400m/s,0m/s, 0m/s)，目标位置矢量为 T_p(0m,0m,15m)，速度矢量 v_t 为(100m/s,0m/s,0m/s)，目标雷达仰角为 θ。

雷达参数为：主动体制，旁瓣电平为 −20dB，工作频率在 X 波段，积累脉冲数为 128，调频带宽为 15MHz，天线主波束指向目标中心，中频信号采用正交双通道解调，脉冲压缩匹配函数采用加窗函数。

目标环境复合模型：目标模型为直径 30cm 的导体球，环境面为海面，风速 2m/s，风向相对 x 轴方向为 0°，海面相对介电常数为 $\varepsilon_r=42-j40$。

分别计算了发射信号包络为方波和三角波时的距离−多普勒图，从图 5.68 中可以看出：方波包络的图中出现了与真实回波呈对称关系的镜像成分，幅度比真实信号仅仅低了 40dB，这会对雷达目标检测与跟踪造成很大的影响。该算例中的低通滤波器带外衰减为 80dB，采样频率与中频满足采样条件，这部分镜像成分的产生主要是由 5.3.1 节正交通道解调中介绍的频谱混叠造成的。如果采用了方波包络，后期即使采用了性能良好的低通滤波器、匹配滤波器加窗技术、速度维加窗等措施均不能消除这部分镜像成分。当采用了三角波的包络时，镜像成分会得到极大地抑制，这是由于三角波的频谱边带与方波频谱边带相比低很多，频谱混叠程度比较小，这也就造成了本算例距离−多普勒图中镜像成分比较弱。

另外，本算例给出的发射信号为实数形式，即频谱为双边谱，如果发射信号为复数形式，即频谱为单边谱，这时包络即使采用方波，频谱混叠也会比较小。

5.4.2　雷达回波试验验证

1.海面机载雷达回波试验

机载雷达及采集设备在高度 1 500m 进行平飞，模型如图 5.69 所示，将同样的飞机当作目标并令其在高度 100m 进行平飞，两个飞机的飞行速度保持相同，约为 65m/s。

载机飞行过程中始终保持天线波束的指向对准目标机，并利用其上加装的回波采集设备对来自目标的回波进行持续的采集。试验过程中，海水的相对介电常数 $\varepsilon_r=47-j37$。海面风速约为 5m/s，且风向相对载机飞行方向为 45°。机载雷达工作在 Ku 波段，入射和接收均为 VV 极化。载机与目标机在水平距离相距 15km 时进行试验飞行并进行数据采集。

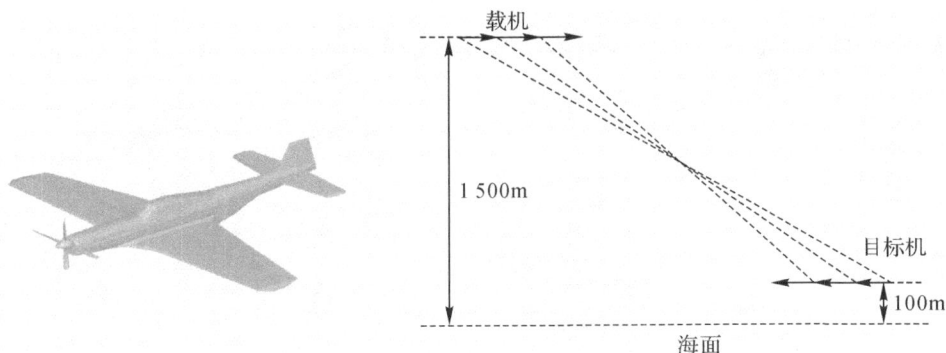

图 5.69　海面回波采集试验示意图

对采集到的试验数据进行包括混频、脉冲压缩、重排、FFT 等之后得到距离−多普勒图，并利用信号检测方法对目标、杂波及多径信号的数据进行获取，以得到最终的试验结果。仿真试验也是通过以上的计算条件进行建模与计算，并依据同样的信号处理过程以获得仿真计算结果。

首先给出的是调频带宽 80MHz,某一时刻下的距离-多普勒图仿真试验结果比较如图5.70 所示。可以看出,杂波图形的外观是一条曲线,这是由天线的窄波束照射所引起的,海面被照亮的区域实际上就是一条近似的长条形,并且整个杂波分布符合雷达下视照射时的情况,即主瓣杂波占据了比较强的部分,旁瓣杂波照射到的是其他区域,且随着距离越来越近,海面上旁瓣杂波区域对应的多普勒频率减小,呈现出"八字"形状,高度线的位置也存在比较强的杂波。右边试验结果中多了一条亮直线带,那是为了保证试验过程中载机波束始终对准目标机,而在目标机上安装的强信号发射器以保证载机能够始终对准强信号发生器,这样就能保证波束方向对目标的稳定照射。由于机载雷达与目标的相对速度和机载雷达与海面的相对速度相比存在差异,因此在目标信号与杂波信号在多普勒维上能够分得开。

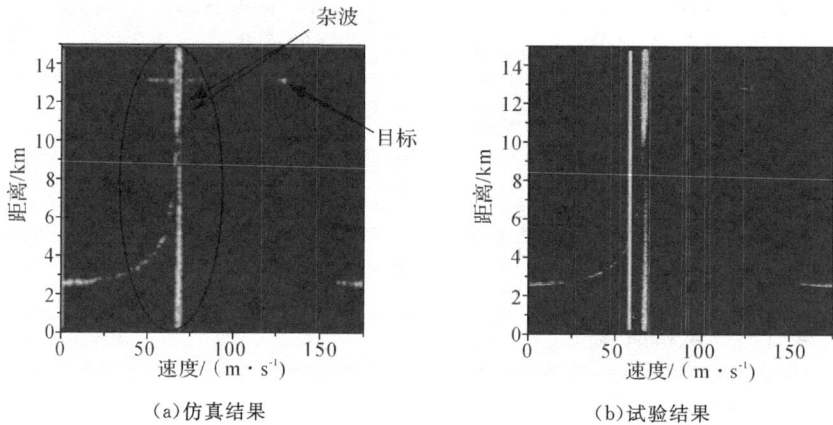

图 5.70 仿真与试验海面回波距离-多普勒图比较

为了比较杂波信号随带宽变化的特性,试验中进行了 3 种调频带宽下的信号采集。图5.71 给出了 3 种调频带宽下仿真与试验的最大杂波功率[C(dB)]对比,还给出了最大目标信号与杂波功率之比[SCR(dB),信杂比]的对比。试验中的杂波功率取的是杂波距离-多普勒图中的最大值,目标功率取的也是目标的最大值。由图 5.72 可以看出:当擦地角增大时,杂波后向散射系数增大,也就使得杂波后向散射截面积增大,由此引起杂波功率的增强。

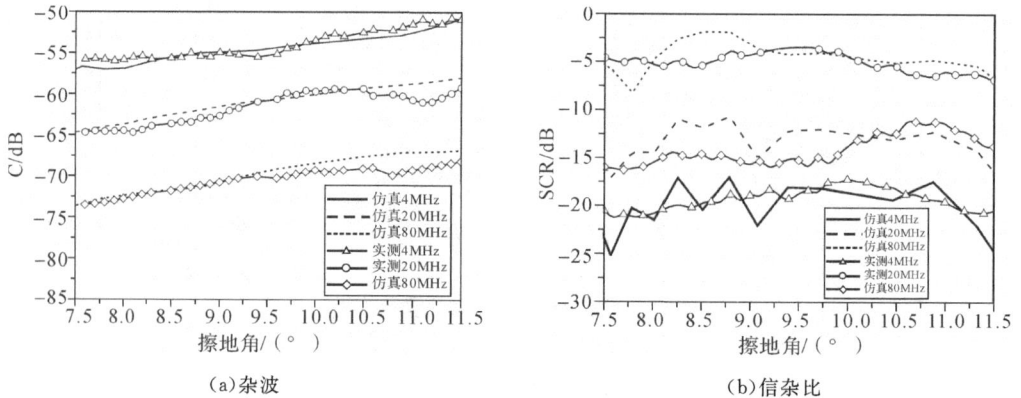

图 5.71 海面杂波与信杂比仿真与试验结果比较

当调频带宽增大时,雷达的最小距离分辨力提高,杂波单元的后向散射截面积就会减小,也就相当于减小了杂波在距离上的相关性,这样杂波功率就会下降。理论上杂波功率下降的值 ΔC 为

$$\Delta C = 10 \lg \frac{B_1}{B_2} \tag{5.70}$$

式中,B_1 和 B_2 表示调频带宽。当 $B_1 = 20\mathrm{MHz}$,$B_2 = 80\mathrm{MHz}$ 时,$\Delta C = -6\mathrm{dB}$。图中实测结果与该理论值存在差异,这主要是由于海面风速随时间不断变化,风速的变化引起海面后向散射发生变化。

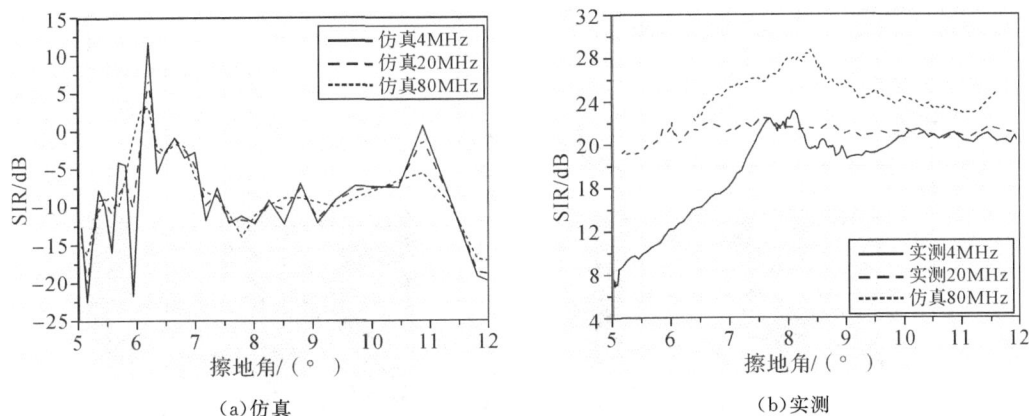

图 5.72　海面信干比仿真与试验结果比较

试验中还对信号与多径干扰比[SIR(dB)]进行了比较。由图 5.72 的对比结果可以看出:仿真所得海面布氏角度大约在 $6.5°$ 左右,而实测出的结果在 $8°$ 附近,相差小于 $2°$。计算误差主要来自于对海面相对介电常数的预估及雷达下视角的装订。具体为:实际的海水含盐量及温度随时间动态变化会引起相对介电常数变化,进而导致布氏角位置的偏移;仿真过程中,需要对雷达真实的下视角进行装订,然而经纬高度信息的获取本身就存在比较大的误差,这也会导致最终结果中布氏角的偏移。实际测试时目标与干扰信号是混在一起的,无法分开,这就为信干比(SIR)的获取增加了困难,而仿真中的目标回波与多径回波是分别建模与处理的,这两者的不同也就造成了信干比对比曲线量级的不同。

2.水泥地机载雷达回波试验

飞机加装雷达及采集设备在高度 800m 进行平飞,飞行速度 50m/s。目标为一直径 50cm 的导体球,飞行高度 35m,飞行速度 10m/s。试验过程中,水泥地的相对介电常数 $\varepsilon_r = 3-\mathrm{j}0.01$。雷达工作在 Ka 波段,旁瓣电平为 $-18\mathrm{dB}$,积累脉冲数为 256 个,入射和接收均为 VV 极化。载机与目标在水平距离相距 5km 时进行试验飞行并进行数据采集,如图 5.73 所示。

水泥地的轮廓采用地理信息采集数据,小尺度起伏均二次方根高度 h 为 $2\times10^{-4}\mathrm{m}$,相关长度 l_x 为 $3.4\times10^{-4}\mathrm{m}$。对采集到的试验数据进行信号处理之后得到距离-多普勒图,并利用信号检测方法对目标、杂波及多径信号的数据进行获取,以得到最终的试验结果。仿真试验也是通过以上的计算条件进行建模和仿真以获得仿真计算结果。

首先给出的是调频带宽 80MHz,某一时刻下的距离-多普勒图仿真试验结果比较,结果

如图 5.74 所示。由于试验条件与仿真条件一样,因此两者比较符合。目标信号与杂波在多普勒维上能够区别开。

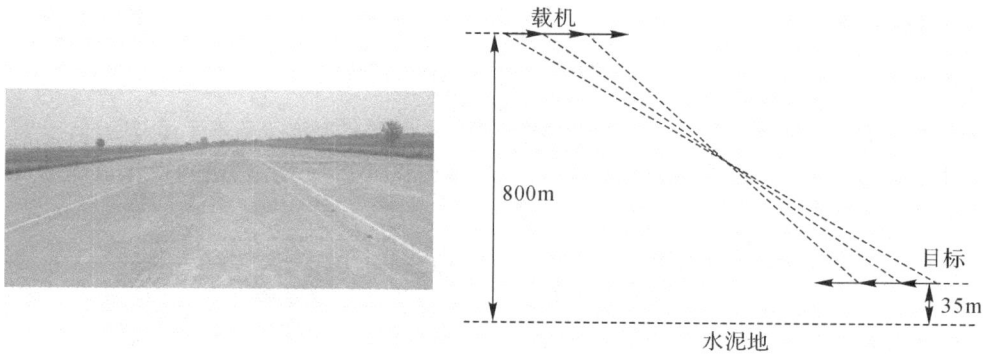

图 5.73　水泥地回波采集试验示意图

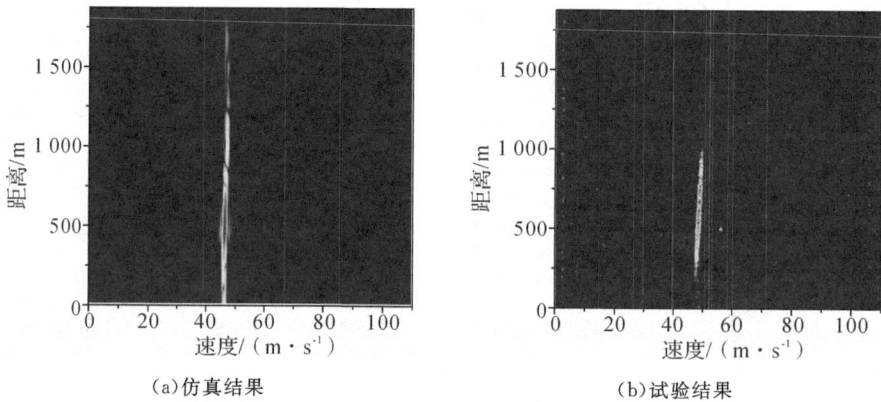

(a)仿真结果　　　　　　　　(b)试验结果

图 5.74　仿真与试验水泥地回波距离-多普勒图比较

接着,给出杂波信号随带宽变化的特性,试验中进行了 3 种调频带宽下的信号采集。图 5.75 为杂波功率与信杂比的对比图。

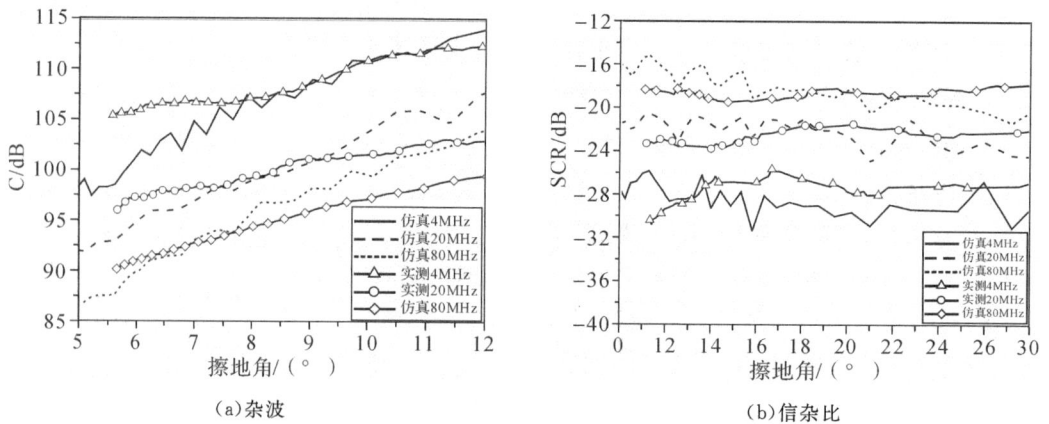

(a)杂波　　　　　　　　　　(b)信杂比

图 5.75　水泥地杂波与信杂比仿真与试验结果比较

从图中可以看出：当擦地角增大时，杂波后向散射系数增大，也就使得杂波后向散射截面积增大，由此引起杂波功率的增强。仿真所得杂波功率随擦地角的斜率与试验结果有差异，主要是由测得的地理信息数据误差较大所引起的。

接下来给出了信干比的验证。由图5.76可以看出：仿真的水泥地布氏角度在30°左右，而实测出的结果在30°附近，调频带宽在20MHz时，局部最大值有所偏移。信干比局部最大值存在差异的原因仍然是：对水泥地相对介电常数的估计有误差，而且多径最大值的提取受到目标与多径干扰信号无法分开的限制。

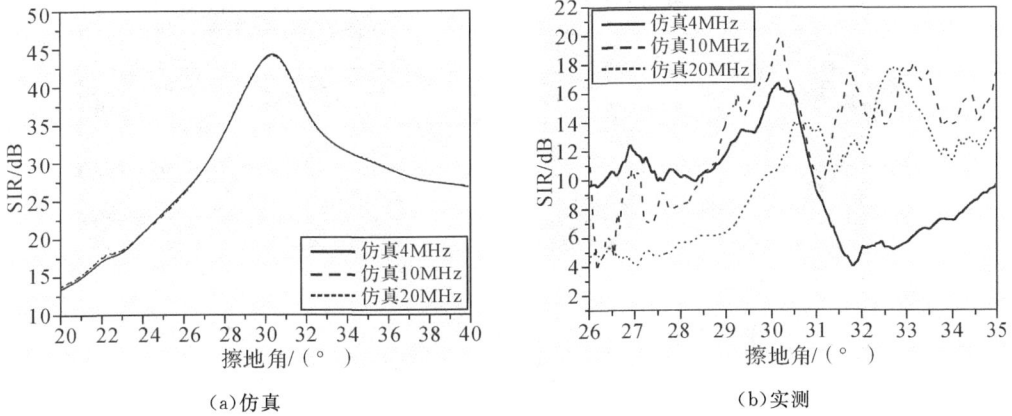

(a)仿真　　　　　　　(b)实测

图 5.76　水泥地信干比仿真与试验结果比较

3. 草地机载雷达回波试验

飞机加装雷达及采集设备在高度800m进行平飞，飞行速度50m/s。目标为一直径50cm的导体球，飞行高度35m，飞行速度10m/s。试验过程中，草地的相对介电常数 $\varepsilon_r = 8 - j6$。雷达工作在Ka波段，入射和接收均为VV极化。载机与目标在水平距离相距5km时进行试验飞行并进行数据采集，如图5.77所示。

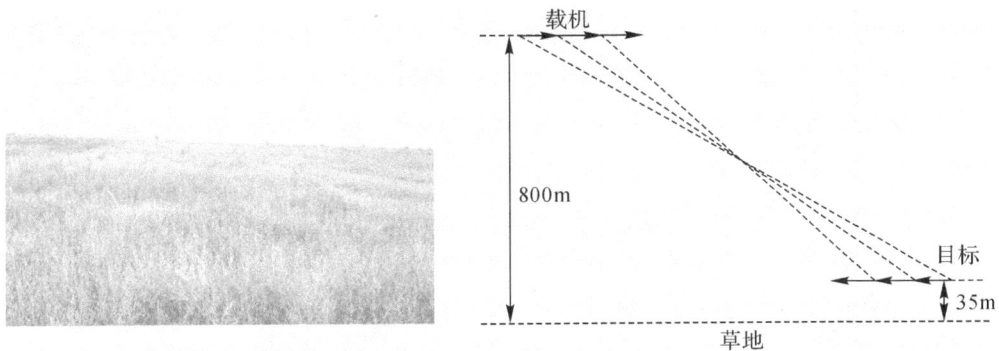

图 5.77　草地挂飞回波采集试验示意图

草地的轮廓采用地理信息采集数据，小尺度起伏均二次方根高度 h 为 8.3×10^{-5} m，相

关长度 l_x 为 3.4×10^{-4}m。对采集到的试验数据进行信号处理之后得到距离-多普勒图,并利用信号检测方法对目标、杂波及多径信号的数据进行获取,以得到最终的试验结果。仿真试验也是通过以上的计算条件进行建模和仿真以获得仿真计算结果。

首先给出的是调频带宽 80MHz,某一时刻下的距离-多普勒图仿真试验结果比较如图 5.78 所示。由于试验条件与仿真条件一样,因此两者比较符合。目标信号与杂波在多普勒维上能够区别开。

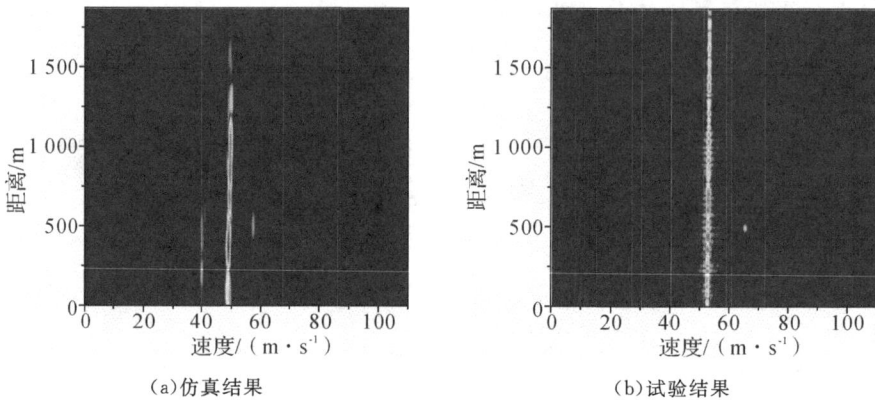

(a)仿真结果   (b)试验结果

图 5.78 仿真与试验草地回波距离-多普勒图比较

给出杂波信号随带宽变化的特性,试验中进行了 3 种调频带宽下的信号采集。图 5.79 为杂波功率与信杂比的对比图。从图中可以看出,当擦地角增大时,杂波功率增强。仿真所得杂波功率随擦地角的斜率与试验结果略有差异。

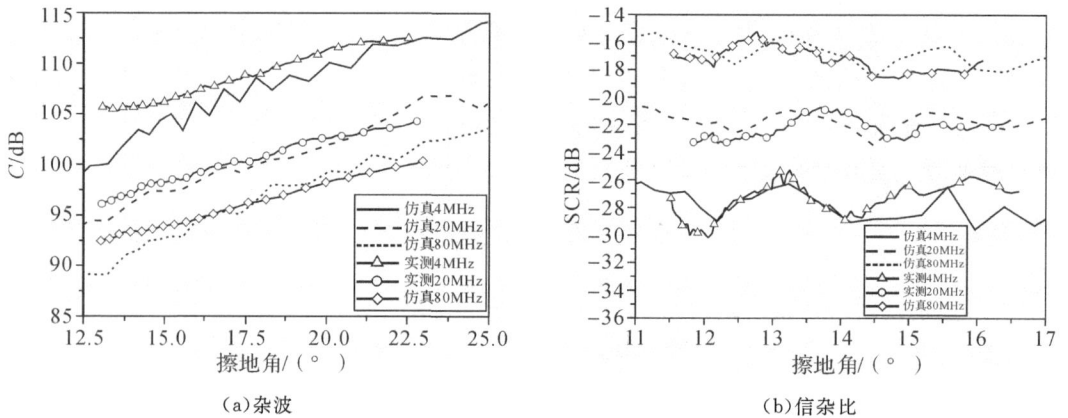

(a)杂波   (b)信杂比

图 5.79 草地杂波与信杂比仿真与试验结果比较

最后给出了信干比的验证。由图 5.80 可以看出:仿真的草地布氏角度在 22°左右,而实测出的结果也在 22°附近,调频带宽在 10MHz 和 20MHz 时,局部最大值也有所偏移。目标与多径干扰信号无法分开会导致多径信号提取不准,信干比存在计算误差。

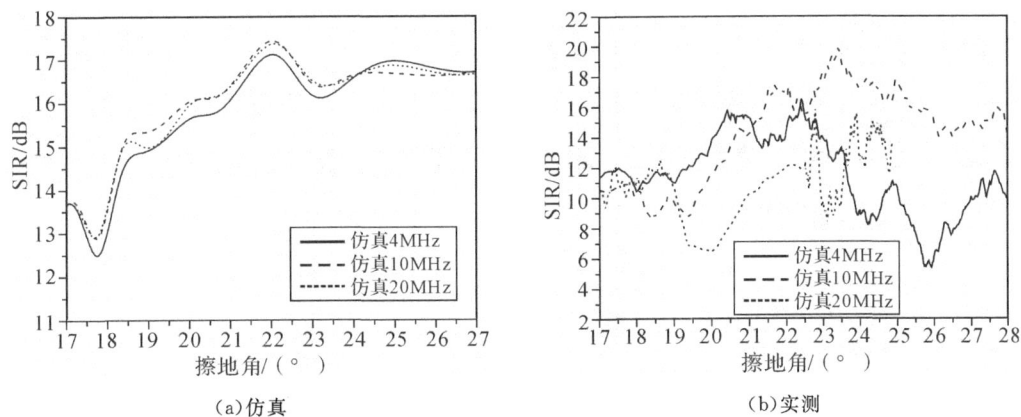

(a)仿真 (b)实测

图 5.80 草地信干比仿真与试验结果比较

4.草地地基雷达回波试验

将照射和接收雷达放置在 100m 的平台上。目标为一直径 15cm 的导体球,飞行高度 30m,飞行速度 15m/s。试验过程中,草地的相对介电常数 $\varepsilon_r = 8 - j6$。雷达工作在 Ku 波段,入射和接收均为 VV 极化。雷达与目标在水平距离相距 1km 时进行试验飞行并进行数据采集,如图 5.81 所示。

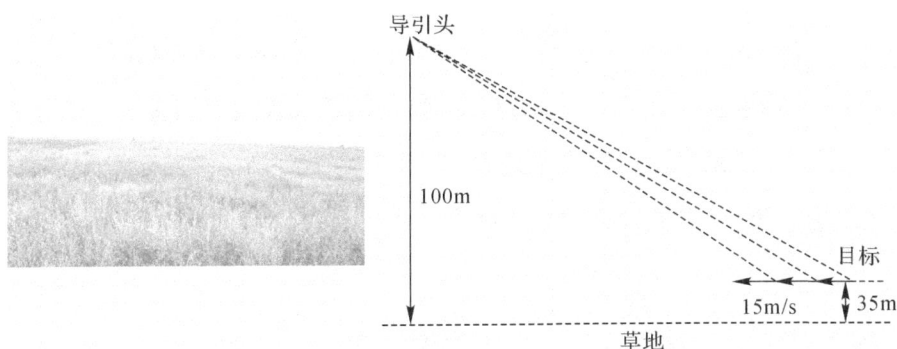

图 5.81 草地地基雷达回波采集试验示意图

此处试验场地的轮廓仍然采用地理信息采集数据,小尺度起伏均二次方根高度 h 为 1.8×10^{-5} m,相关长度 l_x 为 0.08m。对采集到的试验数据进行信号处理,以得到最终的试验结果。仿真试验也是通过以上的计算条件进行建模和仿真以获得仿真计算结果。

图 5.82 所示为某一时刻的距离-多普勒图,可以看出:杂波集中在零速度附近,这

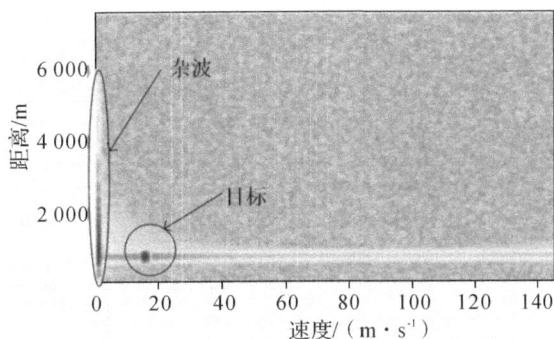

图 5.82 地基雷达回波调频带宽 4MHz 距离-多普勒图

主要是因为地基雷达是静止的,对应的多普勒频率为零,目标的速度为 15m/s,与雷达径向速度约为 15m/s。

图 5.83 所示为信杂比随带宽变化的特性曲线。可以看出:当擦地角增大时,杂波功率增强,信杂比也随之增大,随擦地角的斜率与试验结果略有差异。误差主要是由草地地理信息数据存在测量误差而引起的。

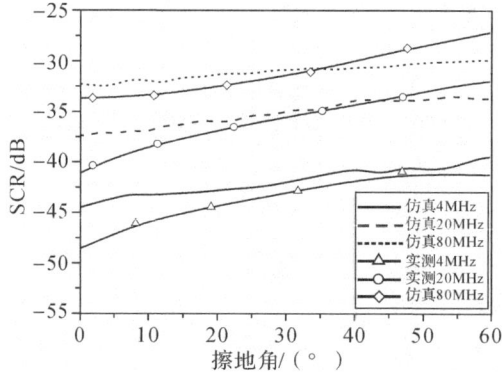

图 5.83　地基雷达回波信杂比仿真与试验结果比较

最后给出了信干比的验证。由图 5.84 可以看出:仿真的草地布氏角度在 21°左右,而实测出的结果也在 19°附近,调频带宽在 80MHz 时,局部最大值也有所偏移。信干比局部最大值计算误差是由多径最大值提取误差造成的。试验采集的数据中目标信号与多径干扰信号难以区分是引起信干比计算误差的重要因素。

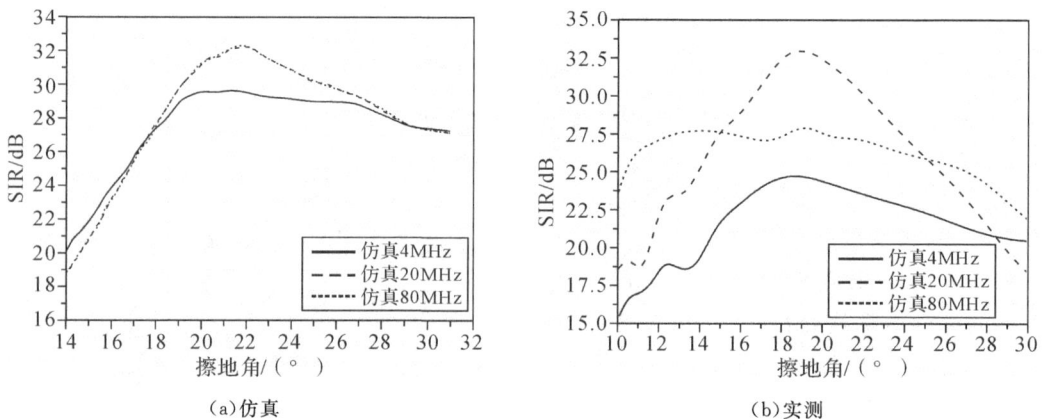

（a）仿真　　　　　　　　　　　（b）实测

图 5.84　地基雷达回波信干比仿真与试验结果比较

5.5　雷达回波特性

脉冲多普勒体制的雷达回波经过前面介绍的信号处理会得到比较直观的距离-多普勒图,利用二维的距离-多普勒图能够对其探测特性进行分析。雷达回波主要包含目标回波、多径及杂波三部分。当目标与环境参数、雷达参数发生变化时,雷达回波的分布也会发生变化。通过雷达回波的距离-多普勒二维图可以对目标进行检测或跟踪,而检测概率受到目标与多径功率及杂波功率相对大小的影响。这里将目标与杂波功率之比定义为信杂比(SCR),目标与多径功率之比定义为信干比(SIR),这两个特征量均会受到目标环境参数及雷达参数的影响。

5.5.1　不同参数下信杂比随带宽的变化规律

首先通过一个算例介绍目标、多径及杂波随带宽变化的一般规律。该算例的模型原理图可以参阅图 5.39。目标与雷达相互位置固定。设定计算条件如下:

运动参数:雷达位置矢量为 $S_p(6\,000\text{m},0\text{m},2\,000\text{m})$,速度矢量为 $v_s(-300\text{m/s},0\text{m/s},0\text{m/s})$,目标位置矢量为 $T_p(0\text{m},0\text{m},50\text{m})$,速度矢量为 $v_t(50\text{m/s},0\text{m/s},0\text{m/s})$,目标雷达仰角为 θ。

雷达参数为:主动体制,旁瓣电平为 -20dB,工作频率在 Ku 波段,积累脉冲数为 256,天线主波束指向目标中心,入射和接收均为 VV 极化。

目标与环境复合模型:目标模型为直径 30cm 的导体球,环境面轮廓起伏为 $H_x = 1 \times 10^{-3}\text{m}$,$L_x = 0.6\text{m}$,小尺度起伏为 $h = 1 \times 10^{-4}\text{m}$,$l_x = 0.04\text{m}$。地面相对介电常数为 $\varepsilon_r = 20 - \text{j}10$。

图 5.85 所示为某一调频带宽下总回波的距离-多普勒二维图分布,信杂比计算中可以取杂波功率的最大值,也可以在目标周围取杂波的平均值,这一部分的杂波是处于或靠近目标速度门的杂波,也会包含速度模糊的杂波分量。

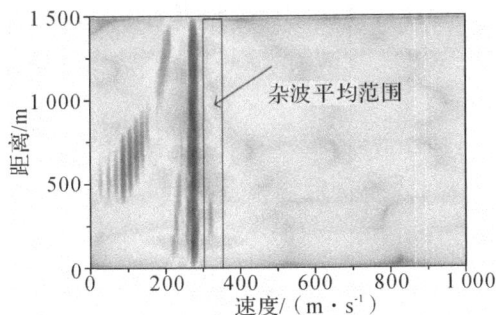

图 5.85　杂波平均范围

图 5.86 所示为目标、信干比及信杂比随带宽变化的曲线,可以看出:

(1)随着调频带宽的增加,目标功率略微有所下降,这是由于目标能量有分散在不同距离门的趋势。

(2)信干比基本保持不变,这是由于多径信号有类目标的特性,目标功率的减小也会使得多径功率随之减小。

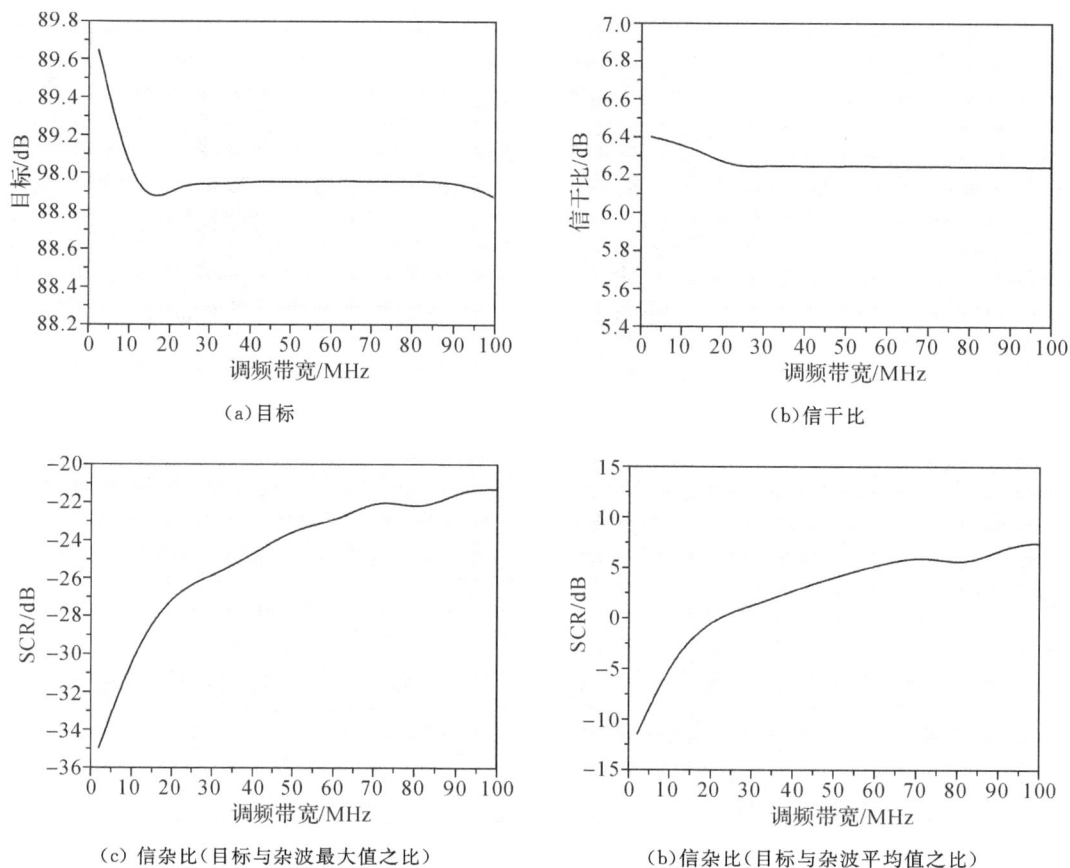

（a）目标

（b）信干比

（c）信杂比（目标与杂波最大值之比）

（b）信杂比（目标与杂波平均值之比）

图 5.86　信杂比与信干比随带宽变化规律

（3）当杂波功率取最大值时，信杂比（SCR）指的是目标功率与杂波最大值之比，它会随着带宽的增加而增加，这是因为随着雷达距离分辨力的增加，环境面上相参叠加的杂波单元尺寸也减小，杂波在距离维上的相关性减弱，反映在距离-多普勒图上的结果就是杂波最大值减小，信杂比增加。

（4）当杂波取目标周围的平均值时，信杂比（SCR）指的是目标功率与杂波平均值之比，它也会随着带宽的增加而增加，说明目标周围的杂波平均功率在下降，这对目标检测是有利的。

（5）杂波功率最大值时的信杂比相比杂波平均值下的杂波要强，信杂比要小，说明在该计算条件下，二维图中目标信号距离杂波信号还有一定的间隔。

（6）从信杂比随带宽的变化上还能看出：随着带宽的增加，信杂比随带宽的变化率在减小。这是由于雷达的分辨力为 $\Delta R = c/(2B)$，杂波的功率与调频带宽呈反比关系，分辨力相对调频带宽的变化率在调频带宽较小时很大，而在调频带宽较大时则较小。

总之，从该算例能认识到带宽变化时目标、多径及杂波变化的一般特性，并且杂波最大值时的信杂比较杂波平均值时的信杂比要小，两者的特性是一致的。后面不作说明均指的是取杂波最大值计算得到的信杂比。

1. 目标参数

(1)目标类型。计算条件如下：

运动参数：雷达位置矢量为 S_p(6 000m,0m,2 000m),速度矢量为 v_s(-300m/s,0m/s, 0m/s),目标位置矢量为 T_p(0m,0m,50m),速度矢量 v_t(50m/s, 0m/s, 0m/s),目标主轴指向 x 轴正向,目标雷达仰角为 θ。

雷达参数为：主动体制,旁瓣电平为 -20dB,工作频率在 Ku 波段,积累脉冲数为 256,天线主波束指向目标中心,入射和接收均为 VV 极化。

目标环境复合模型：环境面轮廓起伏为 $H_x = 1 \times 10^{-3}$ m, $L_x = 0.6$ m,小尺度起伏为 $h = 1 \times 10^{-4}$ m, $l_x = 0.04$ m。地面相对介电常数为 $\varepsilon_r = 20 - j10$。

分别计算了直径为 30cm 的导体球、第 2 章中介绍的模型 2 和模型 4。由图 5.87 的计算结果可以看出：三种目标回波中无人机模型的最大,导体球次之,模型 2 导弹模型的最小。因为三种条件下的环境的位置关系和环境参数均未发生改变,而目标回波的强弱就决定了信杂比的大小,模型 4 的最大,模型 2 的最小。

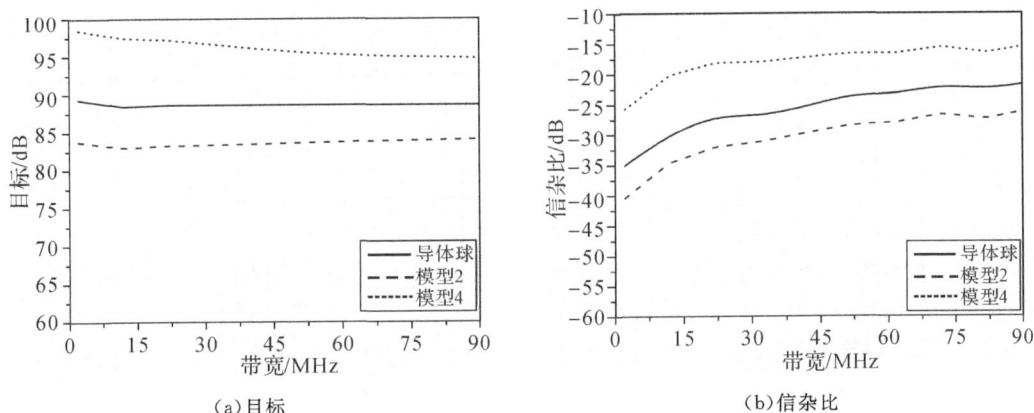

图 5.87　不同目标类型下信杂比随带宽变化规律

(2)目标速度。计算条件如下：

运动参数：雷达位置矢量为 S_p(6 000m,0m,2 000m),速度矢量为 v_s(-300m/s,0m/s, 0m/s),目标位置矢量为 T_p(0m,0m,50m),速度矢量 v_T(1m/s, 0m/s, 0m/s),目标主轴指向 x 轴正向,目标雷达仰角为 θ。

雷达参数为：主动体制,旁瓣电平为 -20dB,工作频率在 Ku 波段,积累脉冲数为 256,天线主波束指向目标中心,入射和接收均为 VV 极化。

目标环境复合模型：目标模型为模型 2,环境面轮廓起伏为 $H_x = 1 \times 10^{-3}$ m, $L_x = 0.6$ m,小尺度起伏为 $h = 1 \times 10^{-4}$ m, $l_x = 0.04$ m。地面相对介电常数为 $\varepsilon_r = 20 - j10$。

保持目标速度矢量方向不变,分别计算了目标速度大小 40m/s,60m/s 及 100m/s 下目标功率及信杂比随调频带宽变化的曲线,结果如图 5.88 所示。可以看出：

1)当目标速度越大时,目标功率会出现下降,这是由于目标各处相对雷达的速度不同,功率会在速度维出现分散。

2）杂波最大值下的信杂比在不同速度下随调频带宽的变化不明显，这是由于环境参数包括目标与雷达的位置关系未发生变化。

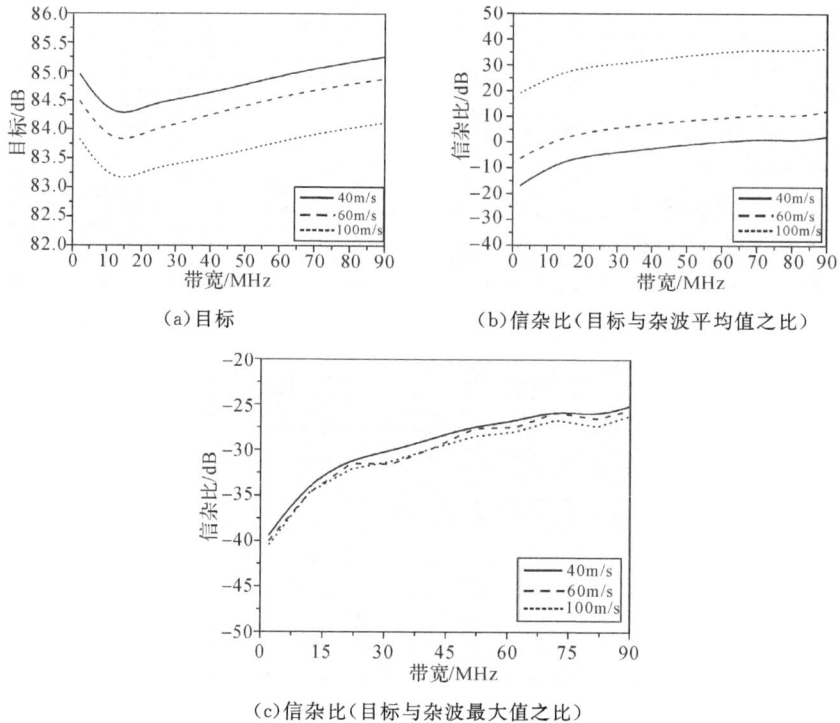

（a）目标　　　　　　　　　　　（b）信杂比（目标与杂波平均值之比）

（c）信杂比（目标与杂波最大值之比）

图5.88　不同目标速度下目标与信杂比随带宽变化规律

3）杂波平均值时的信杂比在不同速度下随调频带宽的变化比较明显。这可以从图5.89中可以看出：当目标速度较小时，目标更加靠近杂波，目标周围杂波的平均值较大，而目标速度增大，目标信号远离杂波区域，目标周围杂波的平均值会下降，这就导致了目标速度约小，信杂比的整体水平会下降。这也从侧面表明，脉冲多普勒体制下的目标检测对于目标速度非常敏感，高速目标的检测相对容易些，低速目标的检测将变得不稳定；这个例子还说明，如果目标速度较小时，可以通过增加调频带宽以改善信杂比，进而提高目标的检测概率。

（3）目标速度方向。计算条件如下：

运动参数：雷达位置矢量为 $\boldsymbol{S}_p(6\,000\text{m},0\text{m},2000\text{m})$，速度矢量为 $\boldsymbol{v}_s(-300\text{m/s},0\text{m/s},0\text{m/s})$，目标位置矢量为 $\boldsymbol{T}_p(0\text{m},0\text{m},50\text{m})$，目标雷达仰角为 θ。

雷达参数为：主动体制，旁瓣电平为 -20dB，工作频率在 Ku 波段，积累脉冲数为 128，天线主波束指向目标中心，入射和接收均为 VV 极化。

目标与环境复合模型：目标模型为直径 30cm 导体球及模型 2，环境面轮廓起伏为 $H_x=1\times10^{-3}\text{m}$，$L_x=0.6\text{m}$，小尺度起伏为 $h=1\times10^{-4}\text{m}$，$l_x=0.04\text{m}$。地面相对介电常数为 $\varepsilon_r=20-\text{j}10$。

计算中保持雷达与目标距离不变，分别计算了目标速度矢量为 $\boldsymbol{v}_1(100\text{m/s},0\text{m/s},0\text{m/s})$，$\boldsymbol{v}_2(100\text{m/s},100\text{m/s},0\text{m/s})$，$\boldsymbol{v}_3(100\text{m/s},173.2\text{m/s},0\text{m/s})$ 时的信杂比曲线。其中，$\boldsymbol{v}_1$ 与 x 轴正向夹角为 $0°$，$\boldsymbol{v}_2$ 与 x 轴正向夹角为 $45°$，$\boldsymbol{v}_3$ 与 x 轴正向夹角为 $60°$。由图5.90所示的计算结果可以看出：

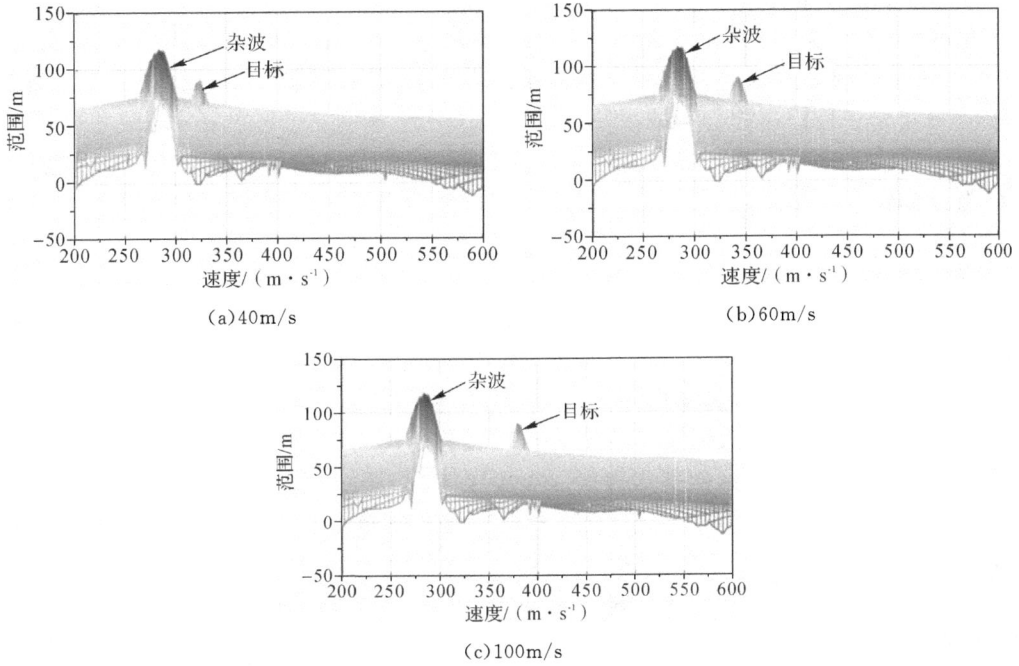

(a)40m/s

(b)60m/s

(c)100m/s

图 5.89　调频带宽 10MHz 时,不同目标速度下目标与杂波分布

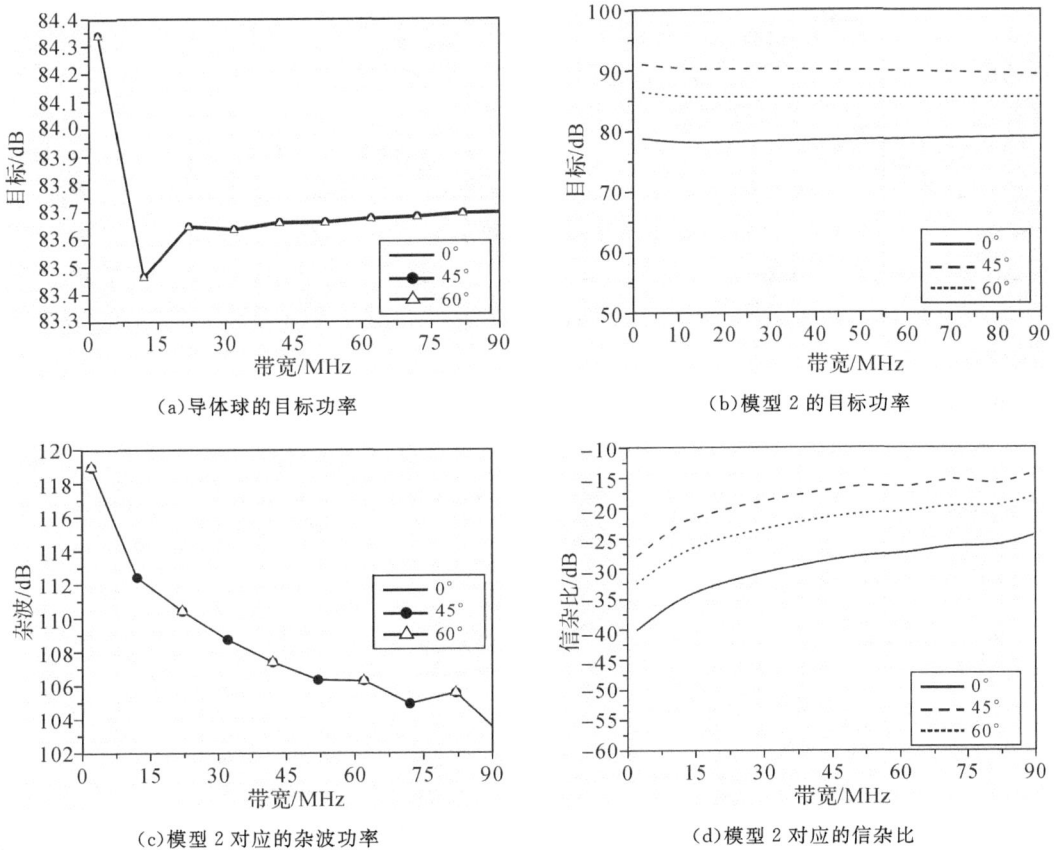

(a)导体球的目标功率

(b)模型 2 的目标功率

(c)模型 2 对应的杂波功率

(d)模型 2 对应的信杂比

图 5.90　不同速度矢量时目标、杂波与信杂比随带宽变化规律

1)当目标速度矢量发生改变时,模型2目标轴向也会随之改变,目标功率的大小呈现一定的变化,速度矢量为45°方向时最大,60°次之,0°最小。而当目标为导体球时,目标是球对称的,速度矢量的改变并未对目标功率的大小产生影响,功率保持不变。这说明目标姿态与目标形状共同决定目标回波功率的大小。

2)由于雷达波束指向与环境参数均未发生改变,因此杂波功率对应的曲线不发生改变。

3)当目标姿态变化时,信杂比对应的曲线与目标功率变化的规律一致,随目标功率的增加而增加。

(4)目标高度算例。计算条件如下:

运动参数:雷达位置矢量为 $S_p(6\ 000\text{m},0\text{m},2\ 000\text{m})$,速度矢量为 $v_s(-300\text{m/s},0\text{m/s},0\text{m/s})$,目标位置矢量为 $T_p(0,0,H_t)$,速度矢量(100m/s, 0m/s, 0m/s)。

雷达参数为:主动体制,旁瓣电平为 -20dB,工作频率在 Ku 波段,积累脉冲数为256,天线主波束指向目标中心,入射和接收均为 VV 极化。

目标环境复合模型:目标模型为直径30cm导体球,环境面轮廓起伏为 $H_x = 1 \times 10^{-3}$ m,$L_x = 0.6\text{m}$,小尺度起伏为 $h = 1 \times 10^{-4}\text{m}$,$l_x = 0.04\text{m}$。地面相对介电常数为 $\varepsilon_r = 20 - \text{j}10$。

计算中保持雷达位置不变,改变目标高度 H_t,且保持雷达的波束方向始终对准目标中心,分别计算了 H_t 为 50m,150m 及 200m 时信杂比随带宽的变化。结果如图 5.91 所示,可以看出:

1)当目标高度增加时,目标功率随带宽的曲线会增加。目标高度的增加会使得目标处的入射波矢量方向发生改变,而算例选择的目标是导体球,其后向散射截面积并不会随入射角度的改变而变化。目标高度的增加还会使雷达与目标的距离减小,从而使得目标功率会增加。这是图 5.91(a)中目标功率曲线增加的原因。

2)当目标高度增加时,信杂比会升高,这是综合作用的结果。目标高度增加,主瓣波束对应的擦地角减小,后向散射系数减小,同时,主瓣杂波中心距离雷达的距离增大,杂波功率整体会减小,然而根据空时分解得到的等距离环间隔为 $\Delta R = c/(2B)$,该间隔其实是环境面间隔 $\Delta R' = \Delta R/\cos\theta$ 在入射方向的投影,θ 为入射方向的仰角,θ 变小,$\Delta R'$ 变大,杂波功率应当增加。另外,目标功率会随着高度的增加而增大。综合的结果是信杂比随目标高度的增加而增大。

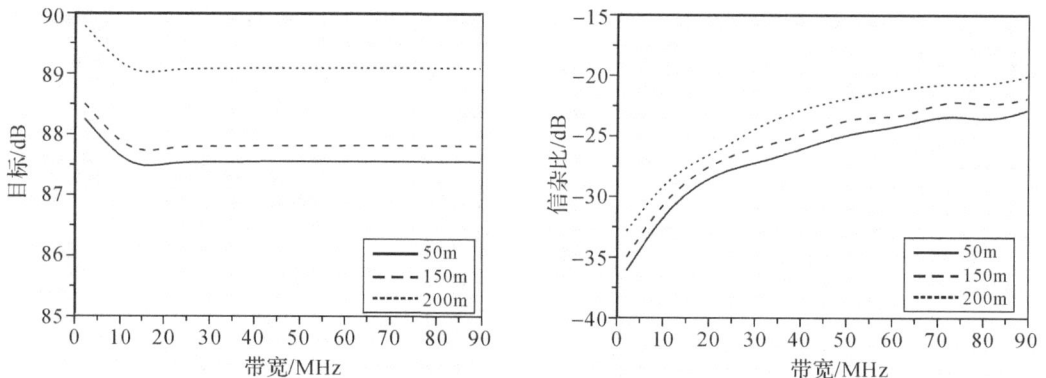

(a)目标　　　　　　　　　　　　(b)信杂比

图 5.91　不同目标高度时目标与信杂比随带宽变化规律

（5）雷达与目标距离算例。计算条件如下：

运动参数：雷达位置矢量 S_p 为 $[D_{st}\cos(\theta),0,D_{st}\sin\theta+50m]$，速度矢量为 v_s（$-300m/s,0m/s,0m/s$），目标位置矢量为 T_p（$0m,0m,50m$），速度矢量为 v_t（$100m/s$，$0m/s,0m/s$），目标主轴指向 x 轴正向，目标雷达仰角为 $\theta=20°$。

雷达参数为：主动体制，旁瓣电平为 $-20dB$，工作频率在 Ku 波段，积累脉冲数为256，天线主波束指向目标中心，入射和接收均为 VV 极化。

目标与环境复合模型：目标模型为模型2，环境面轮廓起伏为 $H_x=1\times10^{-3}m$，$L_x=0.6m$，小尺度起伏为 $h=1\times10^{-4}m$，$l_x=0.04m$。地面相对介电常数为 $\varepsilon_r=20-j10$。

计算中保持目标仰角不变，只是改变雷达与目标距离 D_{st}，分别计算了雷达与目标距离 D_{st} 分别为 $5\ 000m$，$5\ 200m$ 及 $5\ 500m$ 时的信杂比随带宽的变化。结果如图5.92所示，可以看出：

1）当雷达目标距离增大时，目标功率随调频带宽变化的曲线整体是下降的。这是由于目标雷达的仰角并为发生改变，也就是目标处的照射波束矢量保持不变，只是目标回波的距离发生了变化，当距离增加时，目标功率会下降。

2）当雷达目标距离增大时，信杂比随调频带宽变化的曲线整体是下降的。原因是主瓣波束的照射角度并未发生改变，环境面上等距离环投影间隔 $\Delta R'$ 也未发生改变，当距离增加时，杂波功率也会随之减小，这时目标功率也会降低，综合的结果是杂波功率下降的幅度要小于目标下降的幅度，信杂比会缓慢下降。

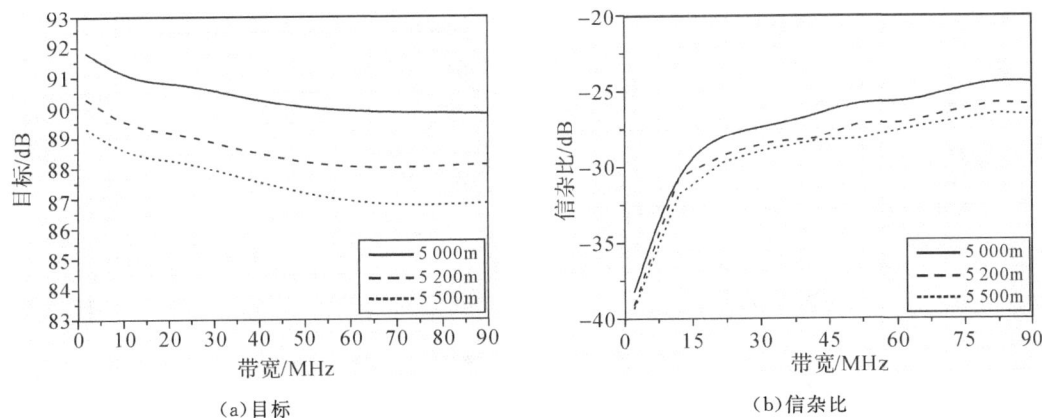

(a)目标　　　　　　　　　　　　　(b)信杂比

图5.92　不同雷达目标距离时目标与信杂比随带宽变化规律

（6）擦地角算例。计算条件如下：

运动参数：雷达位置矢量为 S_p（$5\ 000\times\cos\theta,0m,5\ 000\times\sin\theta$），速度矢量为 v_s（$-300m/s,0m/s,0m/s$），目标位置矢量为 T_p（$0m,0m,50m$），速度矢量为 v_t（$100m/s$，$0m/s,0m/s$），目标雷达仰角为 θ。

雷达参数为：主动体制，旁瓣电平为 $-20dB$，工作频率在 Ku 波段，积累脉冲数为256，天线主波束指向目标中心，入射和接收均为 VV 极化。

目标环境复合模型：目标模型为直径 30cm 导体球，环境面轮廓起伏为 $H_x=1\times10^{-3}m$，$L_x=0.6m$，小尺度起伏为 $h=1\times10^{-4}m$，$l_x=0.04m$。地面相对介电常数为 $\varepsilon_r=20-j10$。

计算中保持雷达与目标距离不变,分别计算了目标与雷达仰角 θ 分别为 15°,30° 及 40° 时的信杂比随带宽的变化。结果如图 5.93 所示,可以看出:

1)当仰角增大时,目标功率随带宽变化的曲线整体保持不变。这是由于目标为导体球,目标功率的差别非常小,不足 0.2dB,计算误差主要是由信号的数字采样所形成的。

2)当仰角增大时,信杂比的曲线会减小。这是由于当仰角 θ 增大时,环境的后向散射系数增大,而环境面上等距离环投影间隔在减小,环境散射单元面积减小,同时,主瓣杂波距离雷达的距离略微会减小,综合的结果是杂波功率增加,信杂比整体下降。说明仰角的增加使得进入到雷达内的杂波功率会增强。

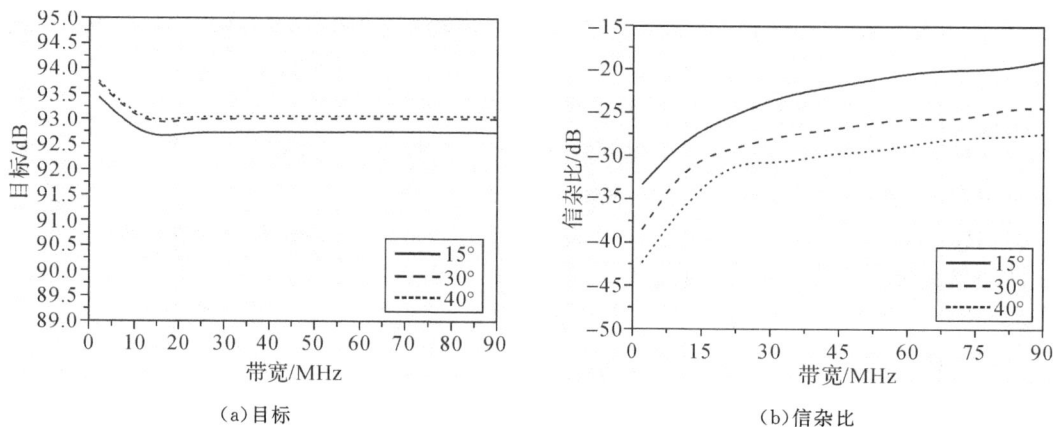

图 5.93 不同擦地角时目标与信杂比随带宽变化规律

2.环境参数

(1)环境相对介电常数。计算条件如下:

运动参数:雷达位置矢量为 S_p(6 000m,0m,2 000m),速度矢量为 v_s(−300m/s,0m/s,0m/s),目标位置矢量为 T_p(0m,0m,50m),速度矢量为 v_t(100m/s,0m/s,0m/s),目标雷达仰角为 θ。

雷达参数为:主动体制,旁瓣电平为 −20dB,工作频率在 Ku 波段,积累脉冲数为 256,天线主波束指向目标中心,入射和接收均为 VV 极化。

目标环境复合模型:目标模型为直径 30cm 导体球,环境面轮廓起伏为 $H_x = 1 \times 10^{-3}$ m,$L_x = 0.6$m,小尺度起伏为 $h = 1 \times 10^{-4}$m,$l_x = 0.04$m。

计算中保持雷达与目标相对位置不变,分别计算了环境介电常数 ε_r 分别为 3−j10,20−j10,40−j10 时的信杂比随带宽的变化。结果如图 5.94 所示,可以看出:

1)由于目标与雷达的相对位置及波束指向并未发生改变,目标功率随带宽变化的曲线并未发生改变。

2)当环境相对介电常数实部增大时,环境的后向散射系数增加,环境散射单元的大小不变,每个单元的后向 RCS 增加,反映在距离−多普勒二维图中杂波功率就会增加,信杂比随带宽变化的曲线就会整体减小。

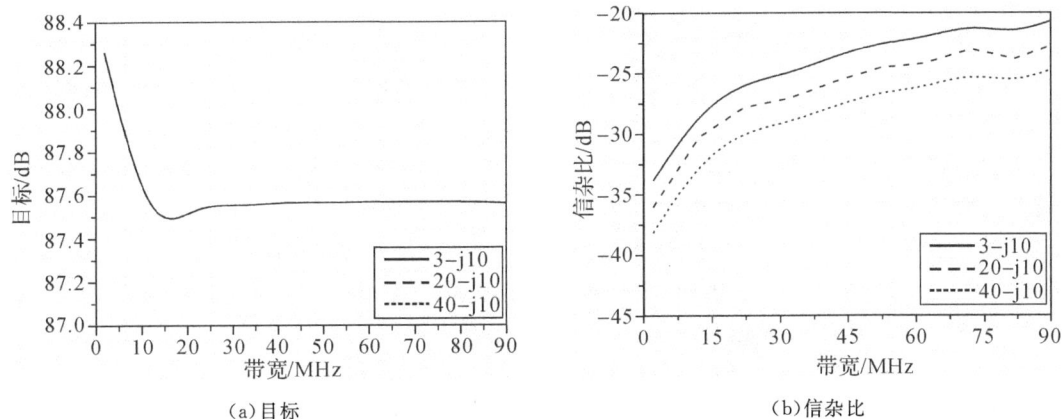

（a）目标　　　　　　　　　　　　　　（b）信杂比

图 5.94　不同介电常数时目标与信杂比随带宽变化规律

（2）环境大均二次方根高度。计算条件如下：

运动参数：雷达位置矢量为 S_p（6 000m，0m，2 000m），速度矢量为 v_s（−300m/s，0m/s，0m/s），目标位置矢量为 T_p（0m，0m，50m），速度矢量为 v_t（100m/s，0m/s，0m/s），目标雷达仰角为 θ。

雷达参数为：主动体制，旁瓣电平为 −20dB，工作频率在 Ku 波段，积累脉冲数为 128，天线主波束指向目标中心，入射和接收均为 VV 极化。

目标环境复合模型：目标模型为直径 30cm 导体球，环境面轮廓起伏为 L_x = 0.6m，小尺度起伏为 h = $1×10^{-4}$ m，l_x = 0.04m，环境面相对介电常数为 ε_r = 20−j10。

计算中保持雷达与目标相对位置不变，分别计算了环境面起伏 H_x 为 0.001m，1m 及 5m 时的信杂比随带宽的变化。结果如图 5.95 所示，可以看出：

1）由于目标与雷达的相对位置及波束指向并未发生改变，3 种情况下目标功率与前一算例的结果类似。目标的绝对值低于前一种的结果，这是因为本算例的脉冲积累数少于前一算例的。

2）当环境面的轮廓均二次方根高度变大时，环境面的起伏加大，环境后向散射系数增强，杂波单元的后向 RCS 随之增强，杂波功率也会增强，信杂比随带宽变化的曲线也就整体下降。

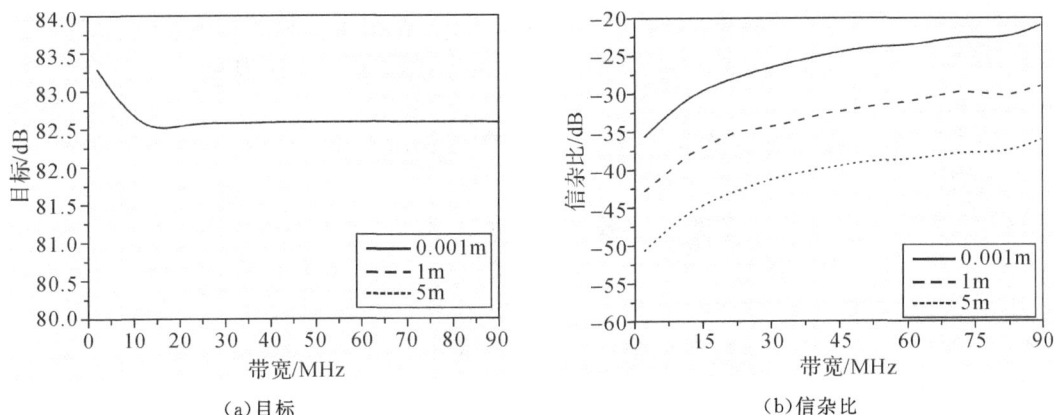

（a）目标　　　　　　　　　　　　　　（b）信杂比

图 5.95　不同 H_x 时目标与信杂比随带宽变化规律

（3）环境大相关长度。计算条件如下：

运动参数：雷达位置矢量为（6 000m,0m,2 000m），速度矢量为 v_s（−300m/s,0m/s, 0m/s），目标位置矢量为 T_p（0m,0m,50m），速度矢量为 v_t（100m/s, 0m/s, 0m/s），目标雷达仰角为 θ。

雷达参数为：主动体制，旁瓣电平为−20dB，工作频率在 Ku 波段，积累脉冲数为 128，天线主波束指向目标中心，入射和接收均为 VV 极化。

目标环境复合模型：目标模型为直径 30cm 导体球，环境面轮廓起伏为 $H_x = 1$m，小尺度起伏为 $h = 1×10^{-4}$m，$l_x = 0.04$m，环境面相对介电常数为 $\varepsilon_r = 20−j10$。

计算中保持雷达与目标相对位置不变，分别计算了环境面起伏小均二次方根高度为 L_x 为 0.6m,2m 及 6m 时的信杂比随带宽的变化。结果如图 5.96 所示，可以看出：

1）由于目标与雷达的相对位置及波束指向并未发生改变，环境大相关长度变化时，目标功率不发生变化。

2）当环境面轮廓的大相关长度变大时，环境面的起伏变缓，环境后向散射系数减小，杂波单元的后向 RCS 会随之减小，杂波功率会减弱，信杂比随带宽变化的曲线整体上升。

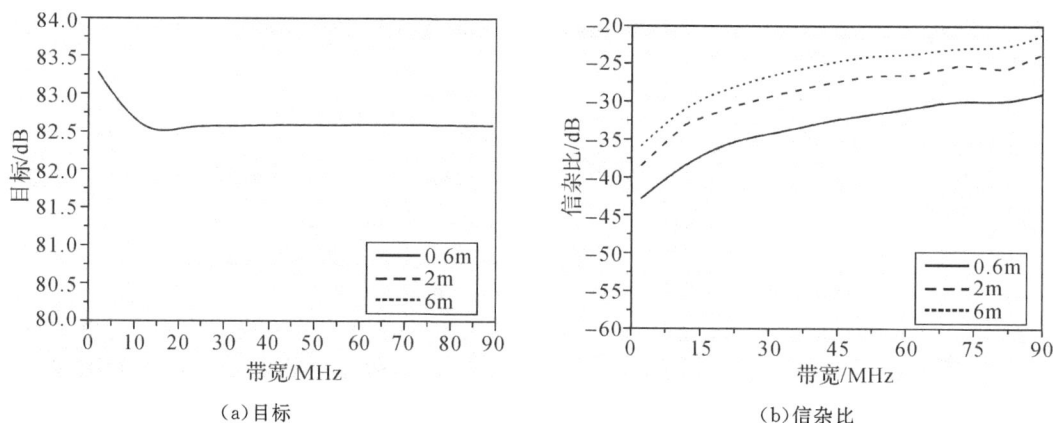

（a）目标　　　　　　　　　　　　　（b）信杂比

图 5.96　不同 L_x 时目标与信杂比随带宽变化规律

（4）环境小均二次方根高度。计算条件如下：

运动参数：雷达位置矢量为 S_p（6 000m,0m,2 000m），速度矢量为 v_s（−300m/s,0m/s, 0m/s），目标位置矢量为 T_p（0m,0m,50m），速度矢量为 v_t（100m/s, 0m/s, 0m/s），目标雷达仰角为 θ。

雷达参数为：主动体制，旁瓣电平为−20dB，工作频率在 Ku 波段，积累脉冲数为 128，天线主波束指向目标中心，入射和接收均为 VV 极化。

目标环境复合模型：目标模型为直径 30cm 导体球，环境面轮廓起伏为 $H_x = 1×10^{-3}$ m，$L_x = 0.6$m，小尺度起伏为 $l_x = 0.04$m，环境面相对介电常数为 $\varepsilon_r = 20−j10$。

计算中保持雷达与目标相对位置不变，分别计算了环境面起伏小相关长度为 h 为 0.01m,0.001m 及 0.000 1m 时的信杂比随带宽的变化。目标功率变化情况与上一算例类似，这里不再赘述。

由图 5.97 可以看出：当环境面的大起伏上叠加的小起伏均二次方根高度变大时，环境面的粗糙度增加，环境后向散射系数增大，杂波单元的后向 RCS 会随之变大，杂波功率会增强,信杂比随带宽变化的曲线整体下降。

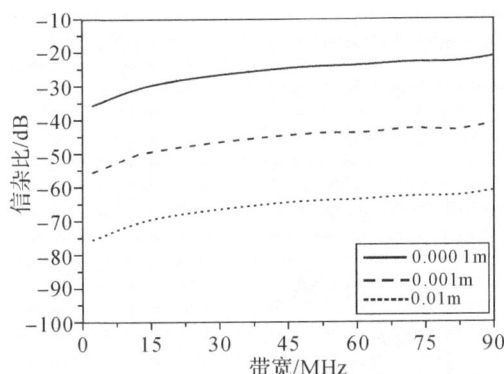

图 5.97　不同 h 时信杂比随带宽变化规律

（5）环境小相关长度。计算条件如下：

运动参数：雷达位置矢量为 S_p（6 000m,0m,2000m），速度矢量为 v_s（−300m/s,0m/s,0m/s），目标位置矢量为 T_p（0m,0m,50m），速度矢量为 v_t（100m/s,0m/s,0m/s），目标雷达仰角为 θ。

雷达参数为：主动体制,旁瓣电平为 −20dB,工作频率在 Ku 波段,积累脉冲数为 128,天线主波束指向目标中心,入射和接收均为 VV 极化。

目标环境复合模型：目标模型为直径 30cm 导体球,环境面轮廓起伏为 $H_x = 1\times10^{-3}$ m, $L_x = 0.6$m,小尺度起伏为 $h = 1\times10^{-4}$m,环境面相对介电常数为 $\varepsilon_r = 20 - j10$。

计算中保持雷达与目标相对位置不变,分别计算了环境面起伏小相关长度为 l_x 为 0.01m,0.04m 及 0.08m 时的信杂比随带宽的变化。目标功率变化情况与上一算例类似。

由图 5.98 可以看出：当环境面的大起伏上叠加的小起伏相关长度变大时,环境面的局部起伏变化会减缓,也就是斜率变化更平缓,等效为粗糙度减小,后向散射系数减小,杂波单元的后向 RCS 会随之减小,杂波功率变弱,信杂比随带宽变化的曲线整体抬升。

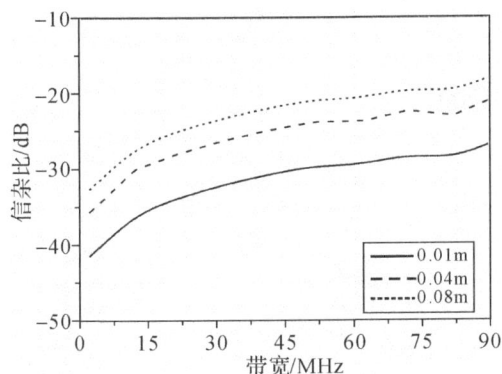

图 5.98　不同 l_x 时信杂比随带宽变化规律

（6）海面风速。计算条件如下：

运动参数：雷达位置矢量为 S_p（6 000m,0,2000m），速度矢量为 v_s（−300m/s,0m/s,0m/s），目标位置矢量为 T_p（0m,0m,50m），速度矢量为 v_t（100m/s,0m/s,0m/s），目标雷

达仰角为 θ。

雷达参数为:主动体制,旁瓣电平为 -20dB,工作频率在 Ku 波段,积累脉冲数为 128,天线主波束指向目标中心,入射和接收均为 VV 极化。

目标环境复合模型:目标模型为直径 30cm 导体球,环境面为海面,风向 0°,也就是在图 5.39 中沿着 x 轴方向,海面相对介电常数为 $\varepsilon_r=42-j39$。

计算中保持雷达与目标相对位置不变,分别计算了海面风速分别为 2m/s,3m/s,6m/s 时的信杂比随带宽的变化。目标功率变化情况与上一算例类似。

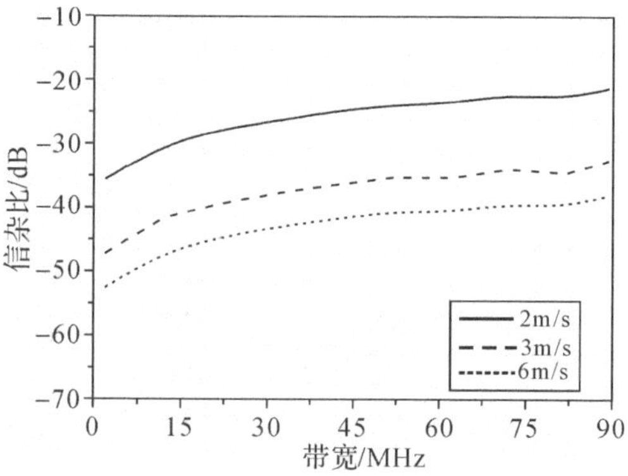

图 5.99 不同风速时信杂比随带宽变化规律

由图 5.99 可以看出:当海面的风速增大时,海面浪高变大,整体起伏也变大,海面的后向散射系数增大,杂波单元的后向 RCS 会随之增大,杂波功率变强,信杂比随带宽变化的曲线整体下降。

(7)海面风向。计算条件如下:

运动参数:雷达位置矢量为 S_p(6 000m,0,2 000m),速度矢量为 v_s(-300m/s,0m/s,0m/s),目标位置矢量为 T_p(0m,0m,50m),速度矢量为 v_t(100m/s,0m/s,0m/s),目标雷达仰角为 θ。

雷达参数为:主动体制,旁瓣电平为 -20dB,工作频率在 Ku 波段,积累脉冲数为 128,天线主波束指向目标中心,入射和接收均为 VV 极化。

目标环境复合模型:目标模型为直径 30cm 导体球,环境面为海面,海面风速为 7m/s,海面相对介电常数为 $\varepsilon_r=42-j39$。

计算中保持雷达与目标相对位置不变,分别计算了风速为 2m/s 及 7m/s 时,海面风向分别为 0°,45°,90° 时的信杂比随带宽的变化。目标功率变化情况与上一算例类似。由图 5.39 可知,雷达收发天线波束方向在 xOz 面内,在水平面的投影方向指向 x 轴正向。

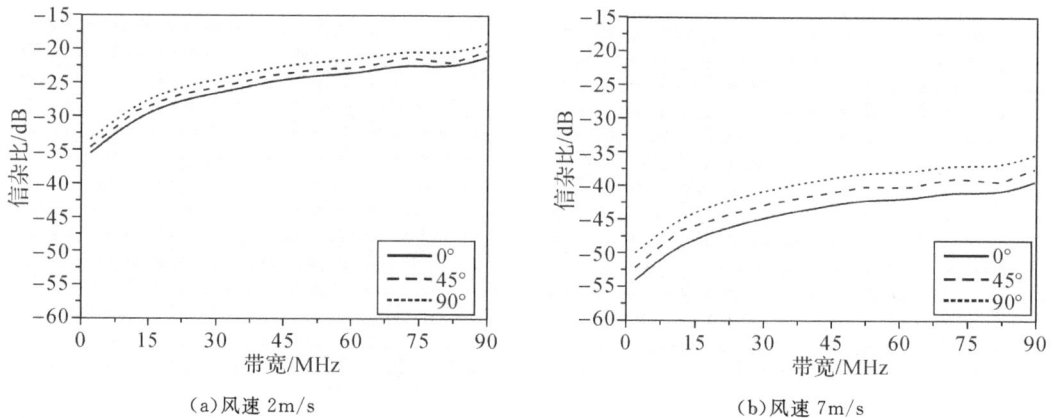

(a)风速 2m/s

(b)风速 7m/s

图 5.100 不同风向时信杂比随带宽变化规律

计算结果如图 5.100 所示,可以看出:

1)当海面的风向为 0°时,海面显得比较粗糙,当风向变为 45°时,海面的粗糙度下降,90°时更平缓,也就是当风向增大时,海面的后向散射系数减小,杂波单元的后向 RCS 会随之减小,杂波功率变弱,信杂比随带宽变化的曲线整体增加。

2)当风速较小时,信杂比整体会比风速较大时的要高,且风速较小时,风向对杂波功率的影响较风速较大时的影响要弱。

3.雷达参数

(1)工作频率。计算条件如下:

运动参数:雷达位置矢量为 S_p(6 000m,0m,2 000m),速度矢量为 v_s(−300m/s,0m/s,0m/s),目标位置矢量为 T_p(0m,0m,50m),速度矢量为 v_t(100m/s,0m/s,0m/s),目标雷达仰角为 θ。

雷达参数为:主动体制,旁瓣电平为 −20dB,积累脉冲数为 128,天线主波束指向目标中心,入射和接收均为 VV 极化。

目标环境复合模型:目标模型为直径 30cm 导体球,环境面为海面,海面风速为 4m/s,海面相对介电常数为 $\varepsilon_r = 42 − j39$。

计算中保持雷达与目标相对位置不变,分别计算了工作频率分别为 5GHz,10GHz 及 14GHz 时,目标与信杂比随带宽的变化。从图 5.101 的计算结果可以看出:

1)当频率升高时,目标功率整体会增加。由于本算例选取的目标为直径 30cm 的导体球。目标的 RCS 理论值为 πr^2,保持不变,其中,r 为导体球的半径。根据雷达接收功率计算公式,即

$$P_r = \frac{P_t G_t}{4\pi R_t^2} \frac{\sigma}{4\pi R_r^2} A_r = \frac{P_t}{R_t^2} \frac{\sigma}{4\pi R_r^2} \frac{A_t A_r}{\lambda^2} \tag{5.71}$$

式中:P_r 为接收功率;P_t 为发射功率;G_t 为发射天线增益,并且 $G_t = 4\pi A_t/\lambda^2$;R_t 和 R_r 分别为发射天线、接收天线与目标距离,σ 为散射体的雷达 RCS;A_t 和 A_r 分别为发射天线、接收天线的有效辐射口径面积,该式表明,当散射体 RCS、发射功率、收发天线有效口径面积及收发天线与散射体距离不变时,工作频率增加,波长变小,接收功率变大。反映在图 5.101 (a)中就是目标功率增加。

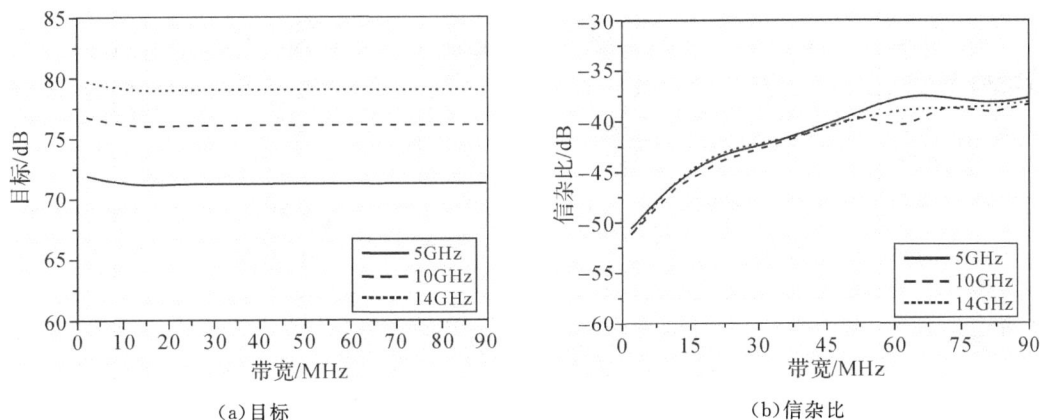

(a)目标　　　　　　　　　　　　(b)信杂比

图 5.101　不同工作频率时目标与信杂比随带宽变化规律

2)当频率升高时,环境面的等效粗糙度增加,环境单元 RCS 增加,杂波功率也会增加。当工作频率发生改变时,即使目标与环境相对位置不变,杂波功率最大值对应的杂波单元距离也是不固定的。综合的效果表明,信杂比随带宽变化的曲线并未发生明显的变化。

(2)波束指向偏差。计算条件如下:

运动参数:雷达位置矢量为 S_p(6 000m,0m,2 000m),速度矢量为 v_s(−300m/s,0m/s,0m/s),目标位置矢量为 T_p(0m,0m,50m),速度矢量为 v_t(100m/s, 0m/s, 0m/s),目标雷达仰角为 θ。

雷达参数为:主动体制,即发射和接收天线均在同一雷达内,且两种天线参数均相同,旁瓣电平为 −20dB,工作频率在 Ku 波段,入射和接收均为 VV 极化。

目标环境复合模型:目标模型为直径 30cm 导体球,环境面轮廓起伏为 $H_x = 1 \times 10^{-3}$ m,$L_x = 0.6$m,小尺度起伏为 $h = 1 \times 10^{-4}$m,相关长度 $l_x = 0.04$m,环境面相对介电常数为 $\varepsilon_r = 20 - j10$。

分别计算了天线波束偏离雷达目标连线一定角度的目标功率与信杂比曲线。这里仅仅考虑俯仰角度差。计算结果如图 5.102 所示,图上角度的偏差表明天线波束向地面偏转。从结果中可以看出:

1)当波束角度偏差变大时,目标处的幅值会下降,反映在目标功率上就会下降。

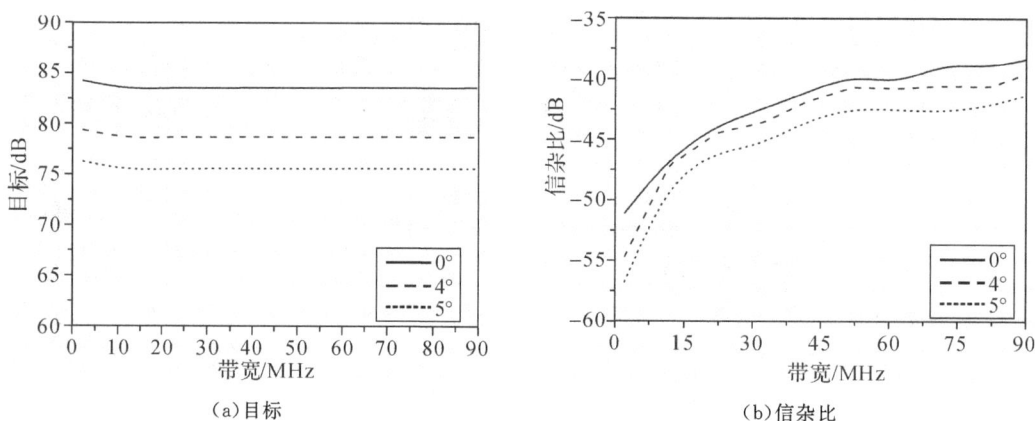

（a）目标　　　　　　　　　　（b）信杂比

图 5.102　不同波束偏差时目标与信杂比随带宽变化规律

2)当波束角度偏差变大时,天线主波束仰角增加,主波束照射区域的杂波距离会减小。主波束仰角的增加会导致环境散射系数增加,杂波功率增强,杂波距离减小也会使得杂波功率增强。综合起来就是信杂比整体下降。

(3)脉冲积累数。计算条件如下:

运动参数:雷达位置矢量为 S_p(6 000m,0m,2 000m),速度矢量为 v_s(−300m/s,0m/s,0m/s),目标位置矢量为 T_p(0m,0m,50m),速度矢量为 v_t(100m/s, 0m/s, 0m/s),目标雷达仰角为 θ。

雷达参数为:主动体制,旁瓣电平为 −20dB,工作频率在 Ku 波段,天线主波束指向目标中心,入射和接收均为 VV 极化。

目标环境复合模型:目标模型为直径 30cm 导体球,环境面为海面,海面风速为 4m/s,海面相对介电常数为 $\varepsilon_r = 42 - j39$。

计算中保持雷达与目标相对位置不变,分别计算了脉冲积累数为 128,256,512 时,目标

与信杂比随带宽的变化。从图 5.103 的结果可以看出:

1)随着脉冲积累数的增加,目标功率随带宽的曲线整体上移,说明积累数的增加有利于提高目标相参积累。

2)脉冲积累数的增加使得杂波功率也增加,反映在信杂比曲线上,间隔要比目标功率曲线的间隔小,也就是说杂波功率的增加值小于目标功率增加值。从曲线上还可以看出,随着积累数的增加,信杂比的增加值不均匀,说明杂波序列是有一定的相关时间长度的。

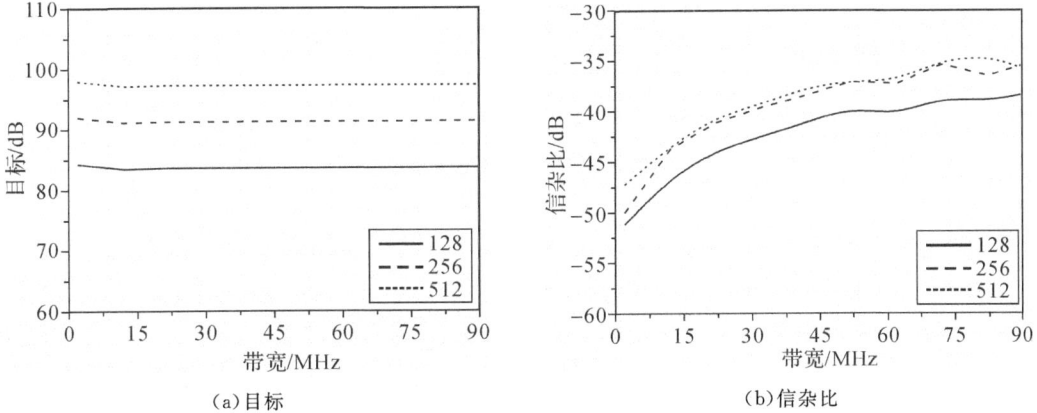

（a）目标　　　　　　　　　　　　（b）信杂比

图 5.103　不同脉冲积累数时目标与信杂比随带宽变化规律

(4)主动与半主动体制。计算条件如下:

运动参数:接收雷达位置矢量为 S_p(4 000m,0m,1 200m),速度矢量为 v_s(300m/s,0m/s,0m/s),目标位置矢量为 T_p(8 000m,0m,200 m),速度矢量为 v_t(−230m/s,0m/s,0m/s)。半主动体制下照射雷达位置矢量为(0m,0m,15m),速度为 0m/s。

雷达参数为:发射和接收天线均相同,旁瓣电平为−20dB,工作频率在 Ku 波段,积累脉冲数为 128。照射雷达与接收雷达天线主波束均指向目标中心,入射和接收均为 VV 极化。

目标环境复合模型:环境面为海面,海面风速为 2m/s,海面相对介电常数为 $\varepsilon_r = 42-j39$。

分别计算了四种模型下的信杂比变化规律,目标分别为直径 30cm 的导体球、模型 1,2,3。如图 5.67 所示,当采用主动体制时,接收雷达兼有发射和接收两种功能,而半主动体制时,照射雷达位于靠近环境面且高度 15m 处,分别计算了两种体制下信杂比随带宽变换的曲线,结果如图 5.104 所示。

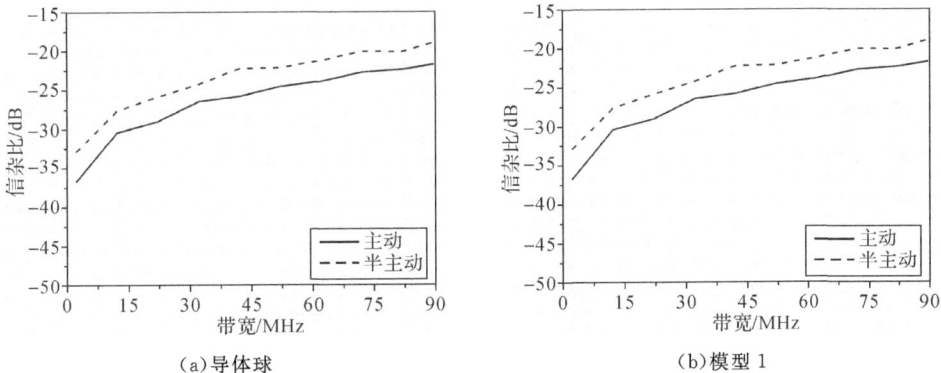

（a）导体球　　　　　　　　　　　　（b）模型 1

图 5.104　不同体制时目标与信杂比随带宽变化规律

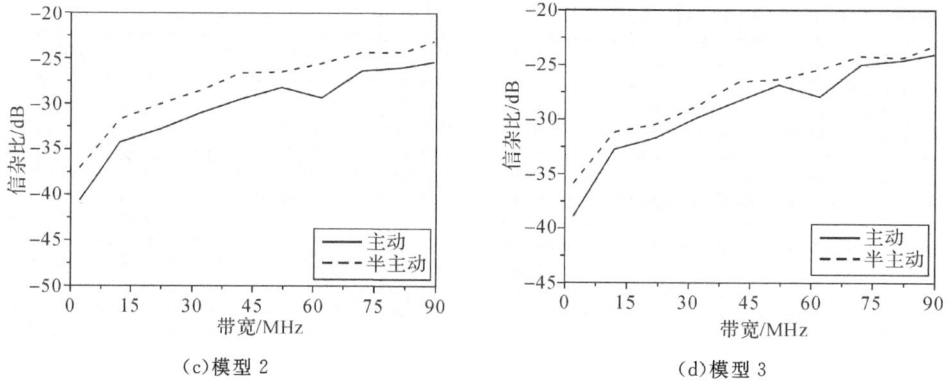

(c)模型 2 　　　　　　　　　　　　　(d)模型 3

续图 5.104　不同体制时目标与信杂比随带宽变化规律

可以看出:随着带宽的增加,半主动与主动体制下的信杂比均增大。目标为导体球、模型 2 及模型 3 时,计算得到的主动信杂比小于半主动信杂比;目标为模型 1 时,主动信杂比与半主动信杂比两者相差不大。这是因为主动体制下,目标环境复合散射是单站后向散射,而半主动体制下,目标环境复合散射是双站散射。不同的体制下信杂比与目标类型及照射角度两者紧密相关。

5.5.2　不同参数下信干比随仰角的变化规律

首先通过一个算例介绍目标、多径随擦地角变化的一般规律。该算例的原理图可以参阅图 5.105。目标与环境位置相对固定,目标与雷达的距离也固定。

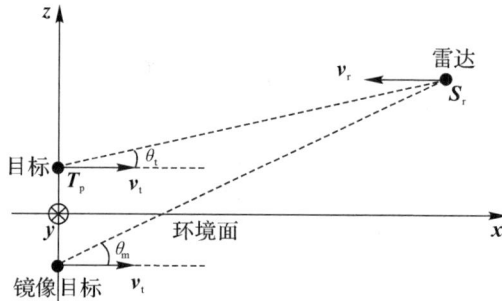

图 5.105　目标、多径、杂波及信干比随仰角变化

设定计算条件如下:

运动参数:雷达速度矢量为 $v_s(-300\text{m/s},0\text{m/s},0\text{m/s})$,目标位置矢量为 $T_p(0\text{m},0\text{m},50\text{m})$,速度矢量为 $v_t(100\text{m/s},0\text{m/s},0\text{m/s})$,目标雷达仰角为 θ。

雷达参数为:主动体制,旁瓣电平为 -20dB,工作频率在 Ku 波段,积累脉冲数为 128,天线主波束指向目标中心,入射和接收均为 VV 极化。

目标环境复合模型:目标模型为直径 30cm 的导体球,环境面轮廓起伏为 $H_x=1\times10^{-3}\text{m}$,$L_x=0.6\text{m}$,小尺度起伏为 $h=1\times10^{-4}\text{m}$,$l_x=0.04\text{m}$。地面相对介电常数为 $\varepsilon_r=3-\text{j}0.0024$。

图 5.106 所示为目标、多径、杂波及信干比随仰角,即 θ_t 变化的曲线,计算过程中保持雷达与目标的距离为 5 000m,且始终不变。本节如果不作特殊说明,横坐标的仰角均指的是 θ_t。由图可以看出:

(1)随着仰角的变化,目标功率基本保持不变。这是由于目标为导体球,各方向的 RCS 相同,且收发天线与目标的距离不变,整个计算过程中目标功率相差不足 1.5dB,计算误差主要是由信号的数字采样所引起的。

(2)随着仰角的变化,杂波后向散射系数增强,杂波单元的 RCS 增强,因而杂波功率增强。

(3)随着仰角的变化,多径功率会存在一个局部最小值,这个最小值的仰角 $\theta_t = 29°$,这个角度对应的是耦合散射的布儒斯特角。环境布儒斯特效应是由 VV 极化下的反射系数计算得到的,对应的是图 5.105 中的 θ_m。该算例下多径的最小值是与耦合散射对应的,两者有区别也有联系。环境布儒斯特效应是环境的局部效应,而多径的最小值是环境各部分耦合综合作用的结果;环境布儒斯特效应是多径局部最小值产生的原因。由于多径的最小值是与布儒斯特角相对应的,而环境的相对介电常数为 $\varepsilon_r = 3 - j0.002\,4$,对应的布氏角正是 $30°$。计算结果与理论分析相一致。

(4)随着仰角的变化,信干比出现局部最大值。这是因为目标功率基本保持不变,多径有局部最小值,两者之比就会出现局部最大值。这说明,当主波束的下视角与环境布儒斯特角接近时,多径就会比较小,信干比会出现峰值,这对抑制多径是有利的。

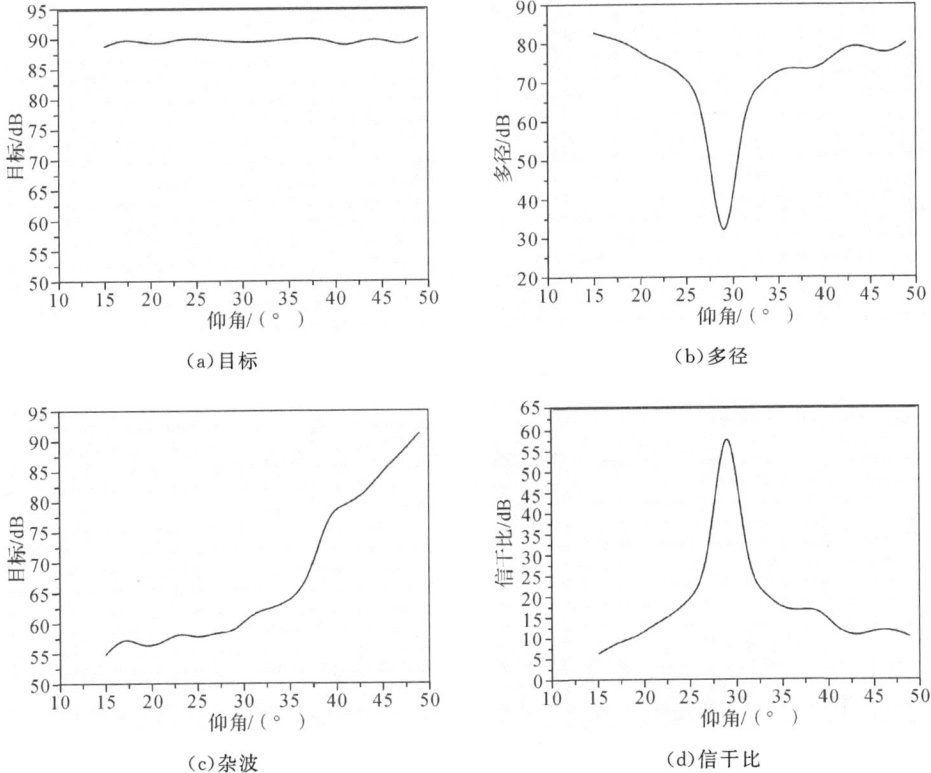

图 5.106　目标、多径、杂波及信干比随仰角变化规律

1.目标参数

(1)目标类型。计算条件如下：

运动参数：雷达速度矢量为 v_s（−300m/s,0m/s,0m/s），目标位置矢量为 T_p(0m,0m,50m)，速度矢量为 v_t(100m/s, 0m/s, 0m/s)，目标雷达仰角为 θ，雷达与目标的距离为5 000m。

雷达参数为：主动体制，即发射和接收天线均在同一雷达内，且两种天线参数均相同，旁瓣电平为−20dB，工作频率在 Ku 波段，积累脉冲数为 128，天线主波束指向目标中心，入射和接收均为 VV 极化。

目标环境复合模型：环境面轮廓起伏为 $H_x = 1 \times 10^{-3}$m，$L_x = 0.6$m，小尺度起伏为 $h = 1 \times 10^{-4}$m，$l_x = 0.04$m。地面相对介电常数为 $\varepsilon_r = 3 - j0.002\,4$。

图 5.107 给出了 3 种目标类型即直径 30cm 导体球、模型 1，模型 2 时，目标及信干比随仰角，即 θ_t 变化的曲线，计算过程中保持雷达与目标的距离不变。从图上可以看出：

1)当仰角发生变化时，不同类型的目标随仰角变化存在比较大的差异。目标与雷达距离保持不变就排除了距离对结果的影响，目标功率随角度的变化主要是由目标 RCS 随角度变化特性决定的。

2)不同目标类型对应的信干比曲线均在 30°左右存在局部最大值，但曲线形状存在小的差异。说明目标类型对信干比局部最大值影响较小，不同目标类型对应的信干比均在相同角度位置处有最大值，这是可以利用的一个重要特性，对抑制多径，提高目标信号检测率具有重要的意义。

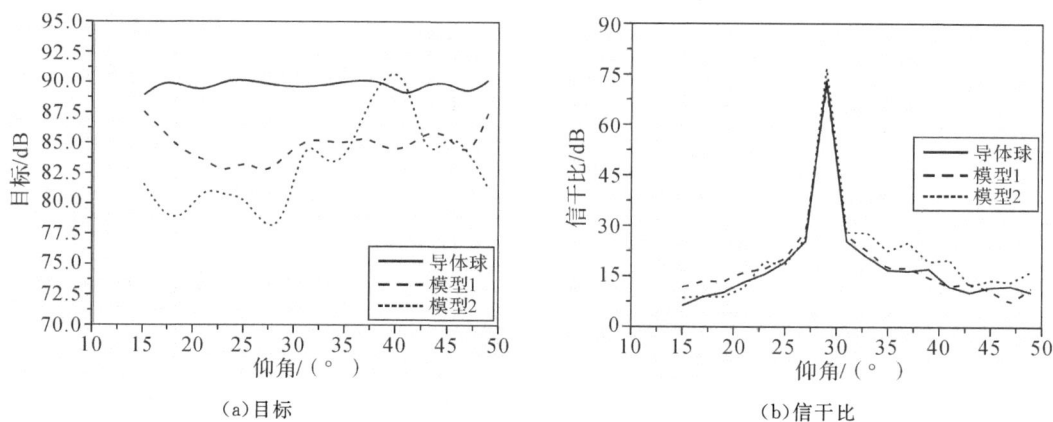

(a)目标　　　　　　　　　　(b)信干比

图 5.107　不同目标类型目标及信干比随仰角变化规律

(2)目标高度。运动参数：雷达速度矢量为 v_s（−300m/s,0m/s,0m/s），目标位置矢量为 T_p(0m,0m,H)，速度矢量为 v_t(100m/s, 0m/s, 0m/s)，目标雷达仰角为 θ，雷达与目标的距离为 1000 m。

雷达参数为：主动体制，即发射和接收天线均在同一雷达内，且两种天线参数均相同，旁瓣电平为−20dB，工作频率在 Ku 波段，积累脉冲数为 128，天线主波束指向目标中心，入射和接收均为 VV 极化。

目标环境复合模型：目标模型为直径 30cm 的导体球，环境面轮廓起伏为 $H_x = 1 \times 10^{-3}$

m，$L_x = 0.6$m，小尺度起伏为 $h = 1 \times 10^{-4}$ m，$l_x = 0.04$m。地面相对介电常数为 $\varepsilon_r = 6 - j4$。

图 5.108 所示为目标高度为 5m，30m 及 50m 时，目标及信干比随仰角 θ_t 变化的曲线。由图可以看出：

1）当目标高度增加时，目标功率随仰角的曲线几乎不发生变化。这是由于目标 RCS 不变，目标与雷达的距离也未发生变化。

2）当目标高度增加时，信干比随仰角的曲线整体上移。这是由于目标高度增加，多径减弱，而目标功率不变，信干比增强。并且信干比的最大值从目标高度为 5m 时的 20°移动至目标高度为 50m 的约 12°附近，这是由于仰角 θ_t 与雷达镜像连线仰角 θ_m 存在差异。其表达式为

$$
\theta_t = \arctan \frac{H_r - H_t}{D_x}
$$
$$
\theta_m = \arctan \frac{H_r + H_t}{D_x}
$$

(5.72)

式中：H_t 表示目标高度；H_r 表示雷达高度；D_x 表示雷达与目标水平距离；环境布儒斯特角其实是与 θ_m 对应的，当目标高度越大时，θ_t 与 θ_m 差异越大，反映在信干比曲线上，高度越大，最大值往低仰角处偏移也就越大。

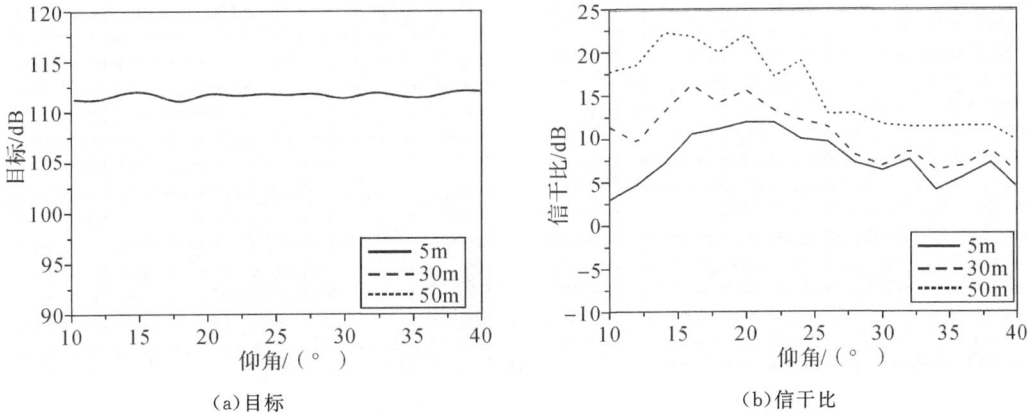

（a）目标　　　　　　　　　　（b）信干比

图 5.108　不同目标高度目标及信干比随仰角变化规律

（3）雷达与目标距离。运动参数：雷达速度矢量为 $\boldsymbol{v}_s(-300\text{m/s}, 0\text{m/s}, 0\text{m/s})$，目标位置矢量为 $\boldsymbol{T}_p(0\text{m}, 0\text{m}, 50\text{m})$，速度矢量为 $\boldsymbol{v}_t(100\text{m/s}, 0\text{m/s}, 0\text{m/s})$，目标雷达仰角为 $\theta_t = 30°$。

雷达参数为：主动体制，即发射和接收天线均在同一雷达内，且两种天线参数均相同，旁瓣电平为 -20dB，工作频率在 Ku 波段，积累脉冲数为 128，天线主波束指向目标中心，入射和接收均为 VV 极化。

目标环境复合模型：目标模型为直径 30cm 的导体球，环境面轮廓起伏为 $H_x = 1 \times 10^{-3}$m，$L_x = 0.6$m，小尺度起伏为 $h = 1 \times 10^{-4}$m，$l_x = 0.04$m。地面相对介电常数为 $\varepsilon_r = 6 - j4$。

图 5.109 所示为雷达目标距离分别为 800m,900m,1 000m,1 700m 及 2 000m 时,目标及信干比随仰角 θ_t 变化的曲线。由图上可以看出:

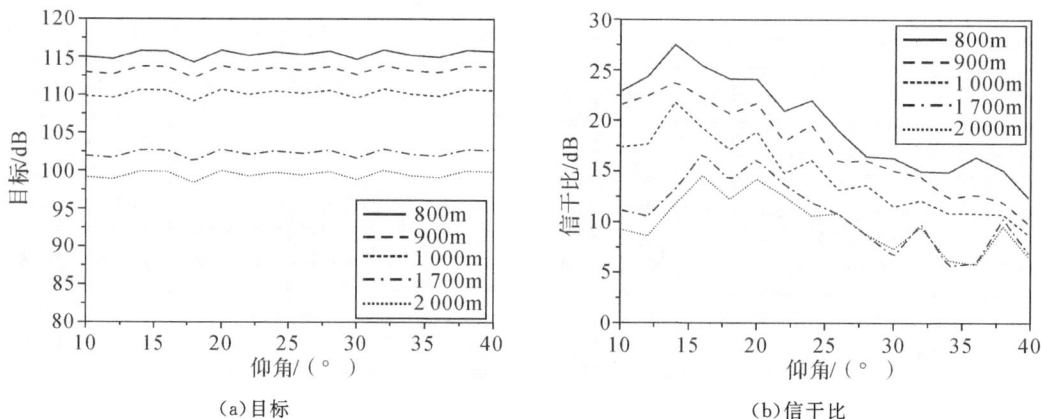

(a)目标

(b)信干比

图 5.109　不同雷达目标距离目标及信干比随仰角变化规律

1)当雷达目标之间的距离增加时,目标功率下降。这是由于目标功率与距离呈反比的关系。

2)当雷达目标距离增加时,信干比也在下降。这说明目标功率下降的同时,多径功率也在下降,且距离越远,多径功率与目标功率的下降量基本相同,反映在信干比的曲线上就是距离越远时,曲线的间隔越小。

2.环境参数

(1)环境介电常数。计算条件如下:

运动参数:雷达速度矢量为 v_s(−300m/s,0m/s,0m/s),目标位置矢量为 T_p(0m,0m,50m),速度矢量为 v_t(100m/s, 0m/s, 0m/s),雷达与目标的距离为 873m。

雷达参数主动体制,旁瓣电平为−20dB,工作频率在 Ku 波段,积累脉冲数为 128,天线主波束指向目标中心,入射和接收均为 VV 极化。

目标环境复合模型:目标模型为直径 30cm 的导体球,环境面轮廓起伏为 $H_x=1\times10^{-3}$ m,$L_x= 0.6$m,小尺度起伏为 $h=1\times10^{-4}$m,$l_x=0.04$m。

图 5.110 给出了不同环境相对介电常数时的信干比曲线。由图可以看出:

1)当环境相对介电常数的实部变大时,信干比的最大值向低仰角处移动。这说明介电常数的实部越大,环境的布儒斯特效应在低仰角处出现。当虚部绝对值与实部相比越小时,信干比的最大值越明显。

2)当环境相对介电常数的虚部绝对值变大时,信干比的局部最大值越不明显。这是由于虚部绝对值越大,介质的损耗越大,环境面的类导体属性增强,更多的能量会被环境面反射,多径增强,信干比减小。同时,在实部没有变化的情况下,信干比最大值的角度位置并未发生明显变化。

从本算例可以得出结论:介电常数的实部决定了信干比的角度位置,介电常数的虚部决定了信干比最大值的幅度。自然界中环境介电常数的虚部绝对值越大,介质的损耗越大,多径效应越明显;自然界中介质损耗较小的环境,如含水量很小的沙漠、戈壁滩等介质损耗小,多径效应越弱。

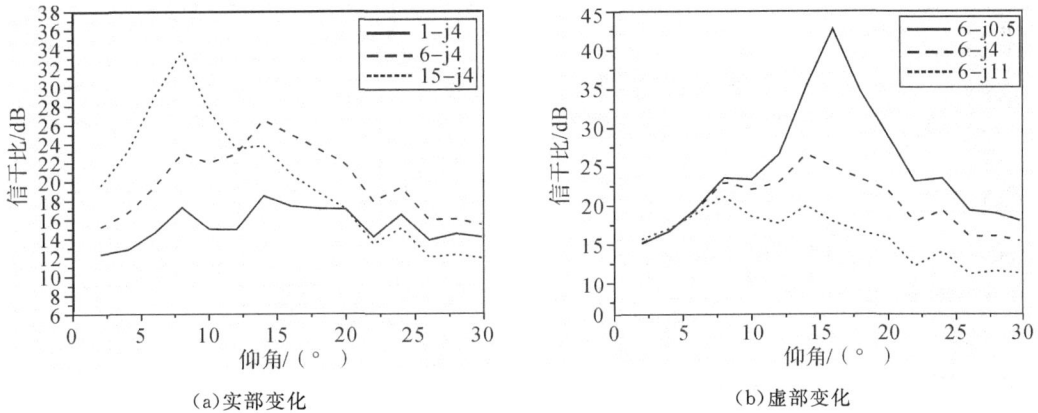

(a)实部变化   (b)虚部变化

图 5.110 不同介电常数信干比随仰角变化规律

(2)环境均二次方根高度。计算条件如下：

运动参数：雷达速度矢量为 v_s(−300m/s,0m/s,0m/s)，目标位置矢量为 T_p(0m,0m,50m)，速度矢量为 v_t(100m/s, 0m/s, 0m/s)，雷达与目标的距离为 873m。

雷达参数：主动体制，旁瓣电平为 −20dB，工作频率在 Ku 波段，积累脉冲数为 128，天线主波束指向目标中心，入射和接收均为 VV 极化。

目标环境复合模型：目标模型为直径 30cm 的导体球，环境面轮廓起伏为 L_x=0.6m，小尺度起伏为 $h = 1\times10^{-4}$m，$l_x = 0.04$m，地面相对介电常数为 $\varepsilon_r = 6-$j0.5。

分别计算了环境面起伏 H_x 为 0.001m，0.01m、0.05m 及 0.1m 时信干比随带宽的变化。由图 5.111 可以看出：当环境面大均二次方根高度增加时，信干比曲线整体上移。这是由于该算例中除了环境大均二次方根高度变化外，其他参数均未发生改变，目标功率并不改变，环境面会随环境均二次方根高度的增加变得粗糙，多径效应减弱，信干比增强。

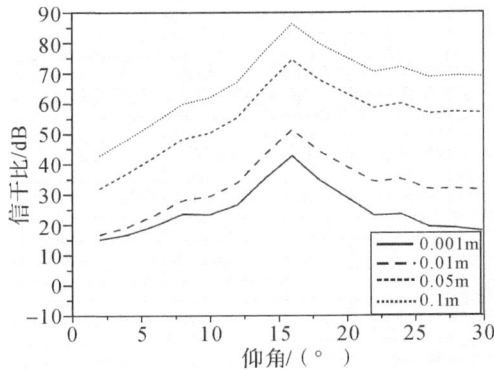

图 5.111 不同 H_x 信干比随仰角变化规律

(3)海面风速。计算条件如下：

运动参数：雷达位置矢量为 S_p(800m,0m,400m)，雷达速度矢量为 v_s(−300m/s,0m/s,0m/s)，目标位置矢量为 T_p(0m,0m,50m)，速度矢量为 v_t(100m/s, 0m/s, 0m/s)。

雷达参数为:主动体制,即发射和接收天线均在同一雷达内,且两种天线参数均相同,旁瓣电平为 $-20\mathrm{dB}$,工作频率在 Ku 波段,积累脉冲数为 128,天线主波束指向目标中心,入射和接收均为 VV 极化。

目标环境复合模型:目标模型为直径 30cm 的导体球,环境面为海面,风向 0°,海面相对介电常数为 $\varepsilon_r = 42 - \mathrm{j}39$。

分别计算了不同风速下信干比随仰角变化的曲线,由图 5.112 可以看出:当风速较低时,海面较平静,海面粗糙度较小,信干比的最大值出现在 $\theta_t = 5°$ 左右,当风速增大时,海面变得粗糙,多径效应不明显,信干比的局部最大值不明显,当风速进一步增加时,信干比的局部最大消失。

值得注意的是,海面介电常数为 $\varepsilon_r = 42 - \mathrm{j}39$ 时对应的环境布儒斯特角为 $\theta_m = 7°$ 左右,与计算的结果不一致,这可以通过式(5.72)来解释。

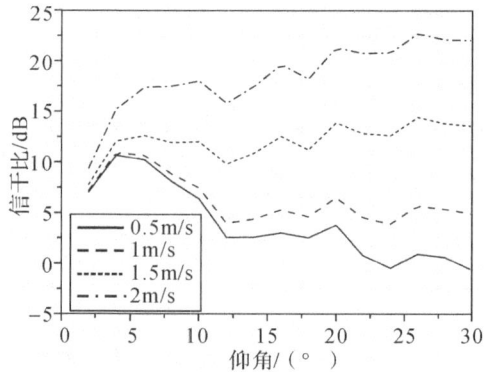

图 5.112 不同风速信干比随仰角变化规律

3. 雷达参数

(1)天线极化。计算条件如下:

运动参数:雷达速度矢量为 $\boldsymbol{v}_s(-300\mathrm{m/s}, 0\mathrm{m/s}, 0\mathrm{m/s})$,目标位置矢量为 $\boldsymbol{T}_p(0\mathrm{m}, 0\mathrm{m}, 50\mathrm{m})$,速度矢量为 $\boldsymbol{v}_t(100\mathrm{m/s}, 0\mathrm{m/s}, 0\mathrm{m/s})$,雷达与目标的距离为 873m。

雷达参数:主动体制,即发射和接收天线均在同一雷达内,且两种天线参数均相同,旁瓣电平为 $-20\mathrm{dB}$,工作频率在 Ku 波段,积累脉冲数为 128,天线主波束指向目标中心。

目标环境复合模型:目标模型为直径 30cm 的导体球,环境面轮廓起伏为 $H_x = 1 \times 10^{-3}$ m,$L_x = 0.6\mathrm{m}$,小尺度起伏为 $h = 1 \times 10^{-4}\mathrm{m}$,$l_x = 0.04\mathrm{m}$,地面相对介电常数为 $\varepsilon_r = 6 - \mathrm{j}0.5$。

分别计算了 VV 和 HH 极化下信干比随仰角变化的曲线,结果如图 5.113 所示,可以看出:VV 极化下的信干比存在局部最大值,HH 极化下的信干比的局部最大值消失。这是由于环境布儒斯特效应只在 VV 极化才存在导致的。

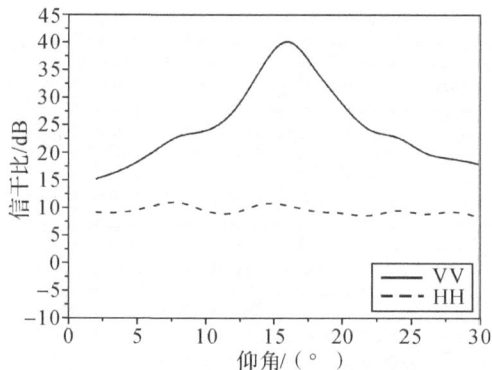

图 5.113 不同极化信干比随仰角变化规律

5.6　本　章　小　结

雷达探测目标时需要对收到的回波特性进行分析,本章介绍了雷达回波仿真模型,对其有效性进行了验证,并利用雷达回波模型分析了信杂比与信干比的特性。主要工作包括以下几项:

(1)提出了基于散射的回波仿真模型,利用空时分解方法并结合发射信号形式对目标环境模型进行划分,利用第 4 章介绍的目标环境复合散射计算方法、天线模型、雷达功能模型等计算各散射单元的回波序列并生成回波。

(2)基于雷达回波模型并结合雷达信号处理模型生成雷达回波二维距离-多普勒图,并计算目标信号的相关参数。

(3)根据机载雷达回波试验和地基雷达回波试验对雷达回波仿真模型的精度进行验证,并通过仿真算例对其有效性进行分析,证明了雷达回波仿真模型的适用性。

(4)利用雷达回波仿真模型分析了信杂比随带宽变化的规律,并给出了信杂比随目标、环境及雷达各参数变化的特性;接着分析了信杂比随仰角变化的规律,并给出信杂比随各参数变化的特性。

本章介绍的雷达回波仿真模型有以下几项突破:

(1)建立了目标环境散射计算方法与雷达回波信号之间的联系。

(2)将传统的窄带经验公式模型推向了基于散射计算的宽带自适应剖分宽带雷达回波仿真模型。

(3)实现了传统目标环境复合散射数据级向雷达回波信号级的建模。

(4)能够对雷达回波的探测特性进行分析并提出抑制措施。

(5)该雷达回波仿真模型的适用性强,能够应用于不同体制下机载与地基雷达回波探测特性的分析。

(6)可扩展性好,能够将高效精确的目标环境辐射散射计算方法融合其中以提高模型的精度和计算效率,还能够用来和雷达仿真系统全过程构成闭环系统,并作为雷达系统功能分析的仿真工具。

第6章 超低空雷达目标探测综合仿真软件系统

本章将前面几章主要介绍的目标环境复合散射计算方法及雷达探测超低空目标的回波仿真模型进行集成,构成雷达探测超低空目标综合仿真软件。该综合仿真软件基于微软的MFC库进行开发,共有以下功能模块:模型显示模块、目标散射计算模型、环境散射计算模型、目标环境复合计算模块、雷达回波生成模块、机载雷达与地基雷达回波全程仿真模块等。为了实现快速计算,该综合仿真软件采用了OpenMP多核加速计算技术以提高计算效率,计算完成后能够输出计算结果。

6.1 综合仿真软件系统基本组成

综合仿真软件采用模块化设计,根据实现的功能进行模块化的设计,综合软件总体架构如图6.1所示。

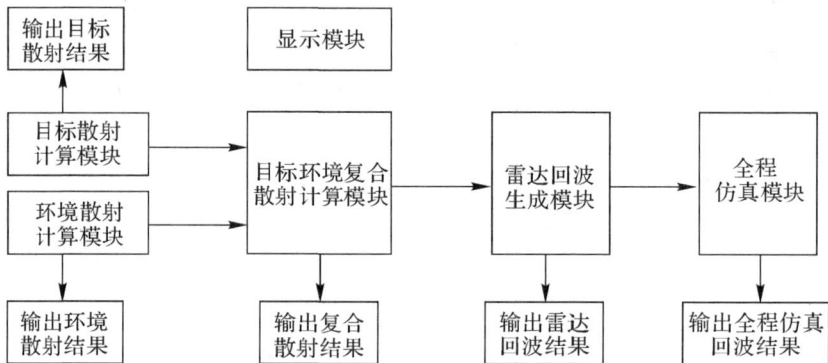

图 6.1 综合仿真软件总体架构图

综合仿真软件包含了若干仿真模块,且各模块的主要功能如下:

(1)显示模块。该模块能够实现目标与环境模型的可视化显示。

(2)目标散射模块。该模块设置计算条件,并对目标模型进行散射计算,计算完成后能够将散射结果输出。

(3)环境散射模块。该模块采用导入或随机生成的方式设置环境模型,并设置计算条件,对环境模型进行散射计算,计算完成后能够将散射结果输出。

(4)目标环境复合散射计算模块。该模块能够对目标环境模型进行设置,并根据计算条件计算目标环境复合散射,计算完成后对结果进行输出。

（5）雷达回波生成模块。该模块基于目标环境散射模块，并结合了雷达回波生成方法，根据计算条件计算雷达回波，计算完成后进行结果输出。

（6）全程仿真模块。该模型能够实现目标与雷达在一段运动过程中的回波仿真，并将计算结果进行输出。

综合仿真软件的核心是雷达回波生成模块，该模块以目标环境复合散射计算方法为基础，融合了天线模型、雷达功能模型、环境生成模型、模型变换方法等，生成的回波序列能够实时输出，经过后处理能够得到雷达回波的距离-多普勒二维图。雷达回波生成模块融合一定的运动方程并以准静态法为基础就能够对机载雷达、地基雷达等进行全程的回波仿真。

该综合仿真软件为了能够实现散射、回波及信号处理的快速计算，就需要充分利用硬件条件实现快速计算。可以采用的加速措施如下：

（1）64 位编程。编程软件大都支持 64 位编程，计算效率可以得到成倍的提高。

（2）多核并行加速技术。多核计算机已经得到普及，几十核的计算机非常常见，那么可以采用 OpenMP 多核加速技术实现快速并行计算，理论上计算效率的提高倍数与核数成正比。实际上，并行计算任务的分配、数据准备、同步、交互等开销会降低计算效率。

（3）Cuda 编程加速技术。显卡具有天然的并行处理数据优势，可以利用高性能显卡对代码的结构进行简单的改造便能够实现 Cuda 编程的并行计算。然而，与多核加速技术类似，数据从主机传入显存再将结果回传均会占用一定的时间，降低计算效率。与多核并行加速技术性比，对加速前代码的改造工作量要大许多，使用前应当权衡利弊。

（4）MPI 多主机并行加速技术。可以利用 MPI 通信机制和并行加速技术对代码进行大的改造，使其能够利用大型计算平台，发挥集群计算机资源的优势，并行效率将会是惊人的。难度在于任务的分配与计算中计算数据的同步。与多核并行、Cuda 并行相比难度较大，改造代码前应当做好充分的准备。

（5）代码优化技术。基本功能代码完成之后就应当对代码进行优化。内容包括：去除冗余项；优化程序的逻辑和流程；数值计算中选择容易实现并行的代码库或自己编制的能用于并行的代码；重点对耗时环节进行深度分析并优化结构；等等。

6.2　软件概图

软件总界面如图 6.2 所示。该总界面上标题栏有四个下拉菜单，分别是目标环境特性仿真，回波信号仿真，全程仿真及显示。目标环境特性仿真菜单下包含三个子菜单，分别是目标散射特性仿真、环境散射特性仿真、目标环境复合散射特性仿真。全程仿真菜单下包含两个子菜单，分别是机载雷达回波仿真、地基雷达回波仿真。下面分别给出截图。

6.2.1　目标与环境特性仿真菜单

1. 目标散射特性仿真菜单

通过总界面标题栏按钮"目标环境特性仿真"下拉菜单选择"目标散射特性仿真"就能进入"目标散射特

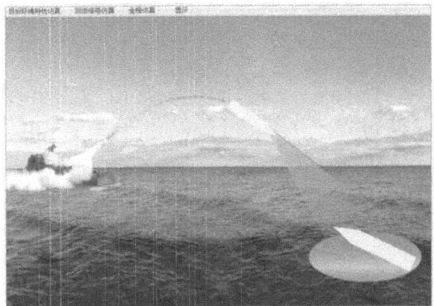

图 6.2　综合仿真软件总界面

性仿真"界面。

图 6.3 所示是"目标特性仿真"的主界面，左侧树形结构包含两个选项，分别是"目标"与"输出"。该主界面默认在"目标"界面，在界面下能够设置目标位置、轴向等，并能够在右侧子框中显示目标参数列表。

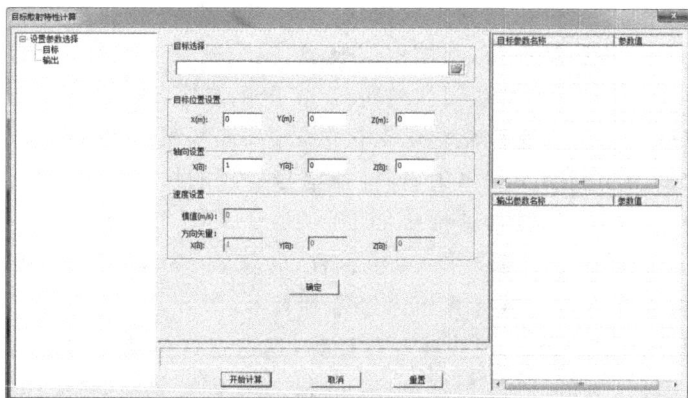

图 6.3　目标散射特性仿真目标参数设置界面

点击"输出"选项就能进入"输出"参数设置界面，如图 6.4 所示，在该界面下能够设置收发天线方向图、单双站、极化、扫描方式、角度方位等，并能够在右侧子框中显示输出参数列表。

图 6.4　目标散射特性仿真输出参数设置界面

目标参数和输出参数设置好后就可以点击"确定"按钮开始计算，计算完成后可以将计算结果进行输出；计算中途点击"暂停"按钮可以暂时停止计算，再次点击"继续"可以恢复计算过程；计算完成后点击"重置"可以进行参数的重新设置，进而进行下一步的计算。如果目标参数和输出参数有误，将会出现提示框提醒人员需要正确设置参数。

2. 环境散射特性仿真菜单

通过总界面标题栏按钮"目标环境特性仿真"下拉菜单选择"环境散射特性仿真"就能进入"环境散射特性仿真"界面。

图 6.5 所示是"环境散射特性仿真"的主界面,左侧树形结构包含两个选项,分别是"环境"与"输出"。该主界面默认在"环境"界面,在界面下能够设置环境参数,环境类型主要包括海洋、混凝土、草地三种。以海洋环境为例,见图 6.5,该界面下能够通过公式计算或直接写入方式设置海水介电常数,通过模型导入或随机生成两种方式设置环境模型。

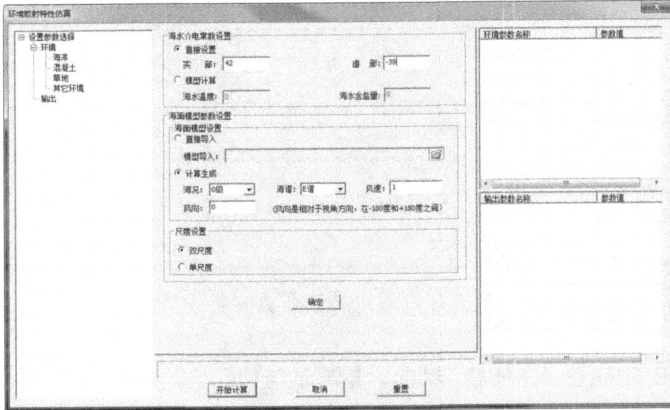

图 6.5 环境散射特性仿真环境参数设置界面

点击"输出"选项就能进入"输出"参数设置界面,如图 6.6 所示,与"目标散射特性仿真"中的"输出"类似,不同的是该输出参数界面下增加了一项镜向输出功能,满足环境镜向散射计算的需要。

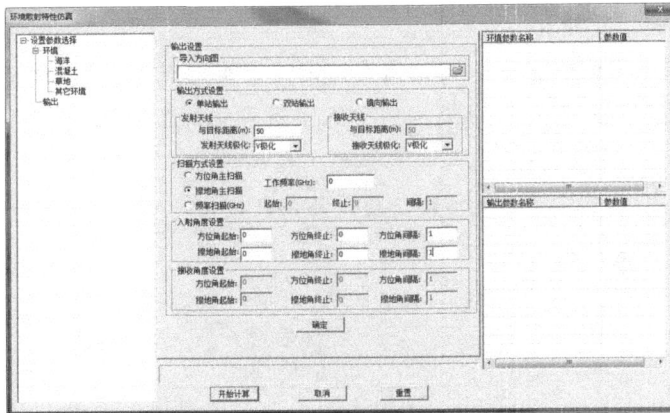

图 6.6 环境散射特性仿真输出参数设置界面

环境参数和输出参数设置好后就可以点击"确定"按钮开始计算。也具有暂停、继续、重置及参数检查功能。

3.目标环境复合散射特性仿真菜单

通过总界面标题栏按钮"目标环境特性仿真"下拉菜单选择"目标环境散射特性仿真"就能进入"目标环境散射特性仿真"界面。

图 6.7 所示是"目标环境散射特性仿真"的主界面,左侧树形结构包含三个选项,分别是"目标""环境"与"输出"。该主界面默认在"目标"界面下,该界面与"目标散射特性仿真"中

的"目标"界面类似。

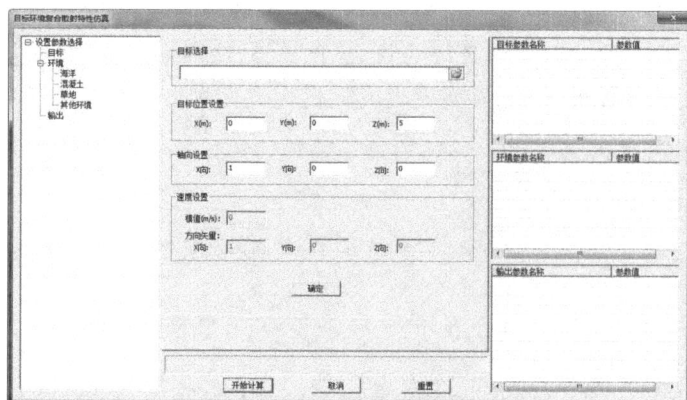

图 6.7 目标环境散射特性仿真目标设置界面

点击"环境"选项就能进入"环境"界面,该界面与"环境散射特性仿真"中的"环境"界面类似。

点击"输出"选项就能进入"输出"界面,该界面与"目标散射特性仿真"中的"输出"界面类似。

目标参数、环境参数和输出参数设置好后就可以点击"确定"按钮开始计算。也具有暂停、继续、重置及参数检查功能。

6.2.2 回波仿真菜单

点击总界面标题栏按钮"回波信号仿真"就能进入"回波信号仿真"界面。图 6.8 所示是"回波信号仿真"的主界面,左侧树形结构包含四个选项,分别是"目标""环境""雷达"与"回波信号输出"。

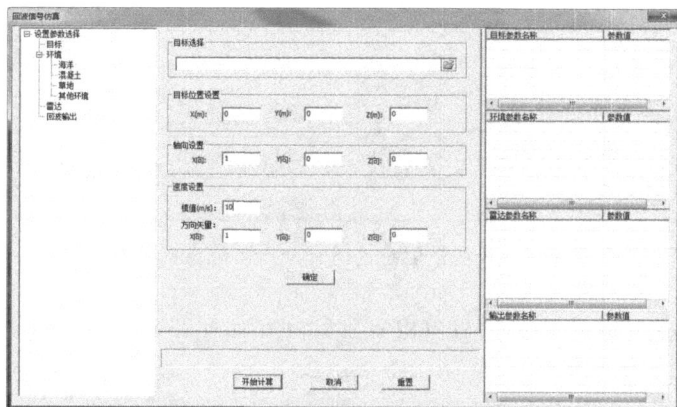

图 6.8 回波信号仿真目标参数设置界面

该主界面默认在"目标"界面下,该界面与"目标散射特性仿真"中的"目标"界面类似。在该界面下除了能够设置目标位置、轴向等,还能设置目标速度。

点击"环境"选项就能进入"环境"界面,该界面与"环境散射特性仿真"中的"环境"界面类似。

点击"雷达"选项就能进入"雷达"界面。该界面如图 6.9 所示,在该界面下能够设置雷达体制,天线方向图,雷达及制导站位置,雷达运动参数,雷达功能参数,如工作频率,脉冲重复频率、中频,调频带宽,信号组合形式,脉冲积累数,波束偏差等。

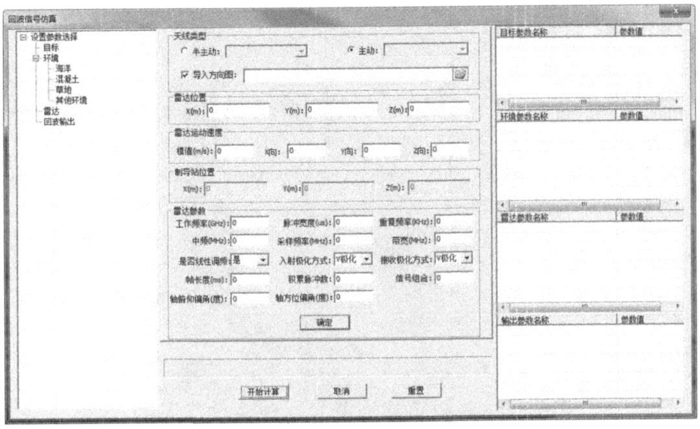

图 6.9　回波信号仿真雷达参数设置界面

点击"回波信号输出"选项就能进入"回波信号输出"界面。该界面如图 6.10 所示,在该界面下能够设置扫描方式,如调频带宽、仰角、目标高度、环境参数等,满足不同计算方式的需要。

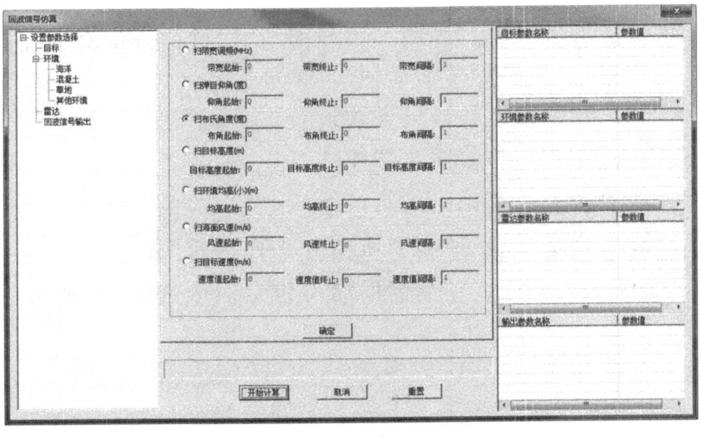

图 6.10　回波信号仿真输出参数设置界面

目标参数、环境参数、雷达参数和回波信号输出参数设置好后就可以点击"确定"按钮开始计算。该菜单也具有暂停、继续、重置及参数检查功能。

6.2.3　全程仿真菜单

总界面标题栏按钮"全程仿真"的下拉菜单有两个选项,分别是"机载雷达回波全程仿真"及"地基雷达回波全程仿真"。

1.机载雷达回波全程仿真菜单

点击"全程仿真"的下拉菜单的"机载雷达回波全程仿真"就能进入"机载雷达回波全程仿真"界面。该界面如图 6.11 所示,左侧树形结构包含四个选项,分别是"目标""环境""雷达"与"输出"。

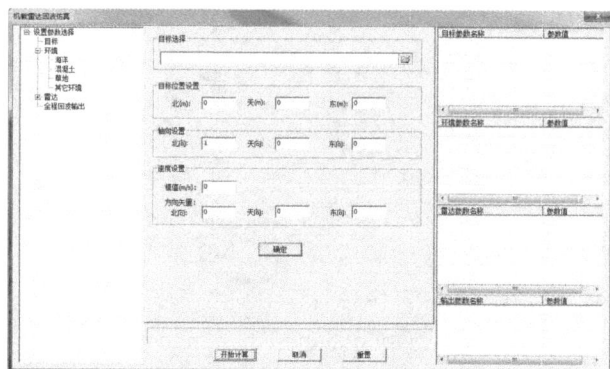

图 6.11　机载雷达回波全程仿真设置界面

该主界面默认在"目标"界面下,该界面与"回波信号仿真"中的"目标"界面类似。

点击"环境"选项就能进入"环境"界面,该界面与"环境散射特性仿真"中的"环境"界面类似。

点击"雷达"选项就能进入"雷达"界面。该界面与"回波信号仿真"中的"雷达"界面类似。

点击"输出"选项就能进入"输出"界面。该界面与"回波信号仿真"中的"回波信号输出"界面类似。

目标参数、环境参数、雷达参数和输出参数设置好后就可以点击"确定"按钮开始计算。该菜单也具有暂停、继续、重置及参数检查功能。

2.地基雷达回波全程仿真菜单

点击"全程仿真"的下拉菜单的"地基雷达回波全程仿真"就能进入"地基雷达回波全程仿真"界面。该界面如图 6.12 所示,左侧树形结构包含四个选项,分别是"目标""环境""雷达"与"输出"。

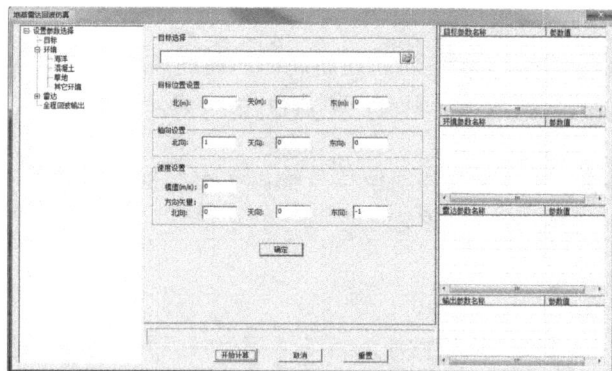

图 6.12　地基雷达回波全程仿真设置界面

该主界面默认在"目标"界面下,该界面与"回波信号仿真"中的"目标"界面类似。

点击"环境"选项就能进入"环境"界面。该界面与"环境散射特性仿真"中的"环境"界面类似。

点击"雷达"选项就能进入"雷达"界面。该界面与"回波信号仿真"中的"雷达"界面类似。

点击"输出"选项就能进入"输出"界面。该界面与"回波信号仿真"中的"回波信号输出"界面类似。

目标参数、环境参数、雷达参数和输出参数设置好后就可以点击"确定"按钮开始计算。该菜单也具有暂停、继续、重置及参数检查功能。

6.3　本章小结

本章简要介绍了雷达探测超低空目标综合仿真软件。从软件的结构、组成和各模块的功能等方面做了介绍。给出了软件各菜单及界面的软件截图和软件的使用方法。该软件具有以下特点:

(1)不仅能够导入地理环境数据进行计算,而且能够根据统计参数生成随机环境面。

(2)能够计算目标散射、环境散射及目标环境复合散射。

(3)可以根据雷达参数、目标参数及环境参数生成回波并分析雷达探测超低空目标的特性。

(4)实时输出计算参数和计算结果用于后期的数据分析。

(5)融合了多项加速技术以进一步提高计算效率。

(6)软件中各子模块的复用,如目标散射特性仿真和目标环境复合散射特性仿真模块中的目标参数设置子功能模块,回波信号仿真和全程仿真中的输出参数设置模块等。

使用该软件能够实现散射计算、雷达回波生成及探测特性分析。该软件是分析雷达探测超低空目标特性随各参数变化的有力工具,还是检验某些干扰抑制方法和可行性的有力手段。

该软件还能够被应用于雷达仿真系统中,为系统的运行和仿真提供各类散射数据,模拟雷达回波数据,极大地减小实际试验的开销。

参 考 文 献

[1] 王毅. 关于建立超低空防御系统的战略思考[J]. 兵器装备工程学报，2002，23(2)：3 - 5.

[2] 杨亚波，陈欣. 超低空突防对雷达的影响分析[J]. 机电信息，2010(12)：47.

[3] 马井军. 低空/超低空突防及其雷达对抗措施[J]. 国防科技，2011(3)：26 - 35.

[4] 关世义. 再论超低空突防战术和技术[J]. 战术导弹技术，1997(4)：9 - 14.

[5] 关世义. 三论超低空突防战术和技术[J]. 战术导弹技术，2006(2)：1 - 8.

[6] 袁俊. 探测巡航导弹的方法概述[J]. 制导与引信，2005，26(2)：40 - 43.

[7] 高莉. 巡航导弹探测技术述评[J]. 电讯技术，2004，44(1)：10 - 16.

[8] 穆虹，甘伟佑. 防空导弹雷达导引头设计[M]. 北京：宇航出版社，1996.

[9] 王博. 防空作战雷达导引头性能仿真研究[D]. 长沙：国防科技大学，2013.

[10] 林伟民. 空对地弹载毫米波复合体制雷达关键技术研究[D]. 南京：南京航空航天大学，2012.

[11] 王利军，朱和平，郭建明，等. 多径条件下雷达探测巡航导弹的性能研究[J]. 雷达科学与技术，2010，8(3)：204 - 208.

[12] 祝明波，车驰峰，邹建武，等. 超低空反导中的多径效应及其抑制研究综述[J]. 飞航导弹，2015(11)：64 - 67.

[13] 姬伟杰，刘平，刘映希，等. 海面上方低空突防飞机雷达散射特性研究[J]. 现代导航，2014，6：436 - 441.

[14] 陈博韬，谢拥军，李晓峰. 真实地形环境下低空雷达目标回波信号分析[J]. 西安交通大学学报，2010，44(4)：103 - 107.

[15] 赵建宏. 低空目标探测及宽带雷达信号检测研究[D]. 成都：电子科技大学，2008.

[16] STRATTON J A. Electromagnetic Theory [M]. New York：McGraw-Hill，1941.

[17] 金亚秋，刘鹏，叶红霞. 随机粗糙面与目标复合散射数值模拟理论与方法[M]. 北京：科学出版社，2008.

[18] BOWMAN J J. Electromagnetic and acoustic scattering by simple shapes[M]. Amsterdam：North-Holland Publishing，1969.

[19] HARRINGTON R F. Time-Harmonic electromagnetic fields [M]. New York：McGraw-Hill，1961.

[20] TAFLOVE A，HAGNESS S C. Computation electrodynamics：The finite difference time domain method [M]. 3rd ed. Norwood：Artech House Publishers，2005.

[21] LEE K S. Numerical solution of initial boundary value problems involving Maxwell's equations in isotropic media [J]. IEEE Trans Antennas Propag，1966，14：302 - 307.

[22] WEILAND T. A discretization model for the solution of Maxwell's equations for six-component fields[J]. Archiv Elektronik and Uebertragungstechnik，1977，31：116 - 120.

［23］ JIN J M. The finite element method in electromagnetics［M］. New York：Wiley，1993.

［24］ 盛新庆. 计算电磁学要论［M］. 合肥：中国科学技术大学出版社，2008.

［25］ 夏明耀，王均宏. 电磁场理论与计算方法要论［M］. 北京：北京大学出版社，2013.

［26］ 王长清. 现代计算电磁学基础［M］. 北京：北京大学出版社，2005.

［27］ WANDZURA S. Electric current basis functions for curved surfaces［J］. Electromagnetics，1992，12(1)：77 – 91.

［28］ HAMILTON L R，MACDONALD P A. Electromagnetic scattering computations using high-order basis functions in the method of moments［J］. IEEE Antennas Propag Int Symp Dig，1994，3：2166 – 2169.

［29］ NEDELEC J C. Mixed finite elements in R3［J］. Numerische Mathematic，1980，35：315 – 341.

［30］ BOSSAVIT A，MAYERGOYZ I. Edge elements for scattering problems［J］. IEEE Trans Magn，1989，25：2816 – 2821.

［31］ SAVAGE J S，PETERSON A F. High-order vector finite elements for tetrahedral cells［J］. IEEE Trans Microw Theory Tech，1996，44：874 – 879.

［32］ GRAGLIA R D，WILTOGD R，PETERSON A F. High order interpolatory vector bases for computational electromagnetics［J］. IEEE Trans Antennas Propag，1997，45：329 – 342.

［33］ WU J P. WANG Z H. Problems and improvements to the incomplete choledsky decomposition with thresholds［J］. Journal on Numerical Methods and Computer applications，2003，24(3)：207 – 214.

［34］ BEAUMENS R. Iterative solution methods［J］. Applied Numerical Mathematics，2004，51：437 – 450.

［35］ ZHANG Y J，SUN Q A. A new ICCG method of large scale sparse linear equations［J］. Journal on Numerical Methods and Computer Applications，2007，28(2)：133 – 137.

［36］ SHENG X Q，JIN J M，SONG J M. Solution of combined-field integral equation using multilevel fast multipole algorithm for scattering by homogeneous bodies［J］. IEEE Trans Antennas Propag，1998，46(11)：1718 – 1726.

［37］ ROKHLIN R V. Solution of integral equations of scattering theory in two dimensions［J］. Journal Computational Physics，1990，86(2)：414 – 439.

［38］ COIFMAN R，ROKHLIN V，WANDZURA S. The fast multipole method for the wave equation：A Pedestrian prescription［J］. IEEE Antennas Propag Mag，1993，35：7 – 12.

［39］ HAMILTON L R，MACDONALD P A，STALZER M A，et al. 3D method of moments scattering computations using the fast multipole method［J］. IEEE Antennas Propag，Int Symp Dig，1994，1：435 – 438.

［40］ SOND J M，CHEW W C. Fast multipole method solution using parametric geometry［J］. Microw Opt Tech Lett，1994，7：760 – 765.

[41] SHENG X Q,JIN J M,SONG J M. Solution of combined-field integral equation using multilevel fast multipole algorithm for scattering by homogeneous bodies [J]. IEEE Trans Antennas Propag,1998,46(11):1718-1726.

[42] 胡俊. 复杂目标矢量电磁散射的高效算法:快速多极子算法及其应用[D]. 成都:电子科技大学,2000.

[43] SARKAR T K,ARVAS E,RAO S M. Application of FFT and the conjugate gradient method for the solution of electromagnetic radiation from electrically large and small conducting bodies [J]. IEEE Trans Antennas Propag,1986,34(5):635-640.

[44] BLESZYNSKI M,BLESZYNSKI E E, JAROSZEWICZ T. AIM:Adaptive integral method for solving large-scale electromagnetic scattering and radiation problems [J]. Radio Sci,1996,31(5):1225-1251.

[45] LI L W, WANG Y J, LI E P. MPI-based parallelized precorrected FFT algorithm for analyzing scattering by arbitrarily shaped three dimensional objects [J]. J Electromagn Waves Appl,2003,17(10):1489-1491.

[46] MO S S, LEE J F. A fast IE-FFT algorithm for solving PEC scattering problems [J]. IEEE Trans Magn,2005,41(5):1476-1479.

[47] LAI B, AN X, YUAN H B, et al. A novel Gaussian interpolation formula-based IE-FFT algorithm for solving EM scattering problems [J]. Microw Opt Tech Lett,2009,51(9):2233-2236.

[48] CHEN S W, LU F,MA Y. Fitting Green's function FFT acceleration applied to anisotropicsielectric scattering problems [J]. Int J Antenna Propag,2015(2):1-8.

[49] 谢家烨. 基于快速 Fourier 变换的快速积分方程算法的研究[D]. 南京:东南大学,2013.

[50] CHAN C H, WANG H G. A multilevel Green's function interpolation approach for large-scale electromagnetic simulations [J]. Ieice Tech Report Antenna Propag,2008,108:1-5.

[51] SHI Y, CHAN C H. An Open MP parallelized multilevel Green's function interpolation method accelerated by fast fourier transform technique [J]. IEEE Trans Antennas Propag,2012,60(7):3305-3313.

[52] MAKAROV S N. Antenna and EM modeling with MATLAB [M]. New York:John Wiley & Sons,2002.

[53] YEO J, KOKSOY S, PRAKASH V V S, et al. Efficient generation of method of moments matrices using the characteristic function method [J]. IEEE Trans Antennas Propag,2004,52(12):3405-3410.

[54] YUAN J D, GU C Q,HAN G D. Efficient generation of method of moments matrices using equivalent dipole-moment method [J]. IEEE Antennas Wirel Propag Lett,2009,8:716-719.

[55] CHEN X L, LI Z, NIU Z Y, et al. Analysis of Electromagnetic scattering from PEC targets using improved fast dipole method [J]. J Electromagn Waves Appl, 2011, 25(16): 2254 - 2263.

[56] KURZ S, RAIN O, RJASANOW S. The adaptive cross-approximation technique for the 3D boundary-element method [J]. IEEE Trans Magnetics, 2002, 38(2): 421 - 424.

[57] TAMAYO J M, HELDRING A, RIUS J M. Multilevel adaptive cross approximation (MLACA) [J]. IEEE Trans Antenna Propag, 2011, 59(12): 4600 - 4608.

[58] CHEN X L, GU C Q, DING J, et al. Multilevel fast adaptive cross-approximation algorithm with characteristic basis functions [J]. IEEE Trans Antenna Propag, 2015, 63(9): 3994 - 4002.

[59] 黄培康, 殷红成, 许小剑. 雷达目标特性[M]. 北京: 电子工业出版社, 2006.

[60] KLINE M, KAY I W. Electromagnetic theory and geometrical optics [M]. New York: John Wiley & Sons, 1965.

[61] KELLER J B. Geometrical theory of diffraction [J]. J Opt Soc Amer, 1962, 52: 116 - 130.

[62] 汪茂光. 几何绕射理论[M]. 西安: 西安电子科技大学出版社, 1994.

[63] KNOTT E F. A progression of high frequency RCS prediction techniques[J]. Proc of IEEE, 1985, 2: 252 - 264.

[64] LEE S W. Comparison of uniform asymptotic theory and ufimtsev's theory of electromagnetic edge diffraction[J]. IEEE Trans On Antennas and Propagat, 1977 (12): 162 - 170.

[65] HAO L, CHOW R C, LEE S W. Shooting and bouncing rays: calculating the RCS of an arbitrarily shaped cavity [J]. IEEE Trans Antennas Propag, 1989, 37(2): 194 - 205.

[66] PENG Z, LIM K H, LEE J F. Computations of electromagnetic wave scattering from penetrable composite targets using a surface integral equation method with multiple traces [J]. IEEE Trans Antennas Propag, 2013, 61(1): 256 - 270.

[67] JIANG M, HU J, TIAN M, et al. Solving scattering by multilayer dielectric objects using JMCFIE-DDM-MLFMA [J]. IEEE Antennas Wirel Propag Lett, 2014, 13(5): 1132 - 1135.

[68] 郑开来. 基于电磁场积分方程的区域分解方法研究[D]. 南京: 东南大学, 2015.

[69] THIELE G A, NEWHOUSE T. A hybrid technique for combining moment methods with the geometrical theory of diffraction [J]. IEEE Trans Antennas Propag, 1975, 23(1): 62 - 69.

[70] DAVIDSON S A, THIELE G A. A hybrid method of moments-GTD technique for computing electromagnetic coupling between two monopole antennas on a large cylindrical surface [J]. IEEE Trans Electromagn Compatibility, 1984, 26(2): 90 - 97.

[71] HSU M, PATHAK P H. Hybrid analysis (MM-UTD) of EM scattering from finned convex objects [J]. IEEE Antennas Propagat Soc Int Symp Dig, 1995, 3: 1456 – 1459.

[72] JIN J M, LING F, CAROLAN S T, et al. Ahybrid SBR/MoM technique for analysis of scattering from small protrusions on a large conducting body [J]. IEEE Trans Antennas Propag, 1998, 46(9): 1349 – 1357.

[73] FAN T Q, GUO L X, LIU W. A novel OpenGL-based MoM/SBR hybrid method for radiation pattern analysis of an antenna above an electrically large complicated platform [J]. IEEE Trans Antennas Propag, 2016, 64(1): 201 – 209.

[74] JIN J M, NI S S, LEE S W, Hybridization of SBR and FEM for scattering by large bodies with cracks and cavities [J]. IEEE Trans Antennas Propag, 1995, 43(10): 1130 – 1139.

[75] MONEUM M A A, SHEN Z, VOLAKIS J L. Hybrid PO-MoM analysis of large axi-symmetric radomes [J]. IEEE Trans Antennas Propag, 2001, 49(12): 1657 – 1666.

[76] GONE Z, XIAO B, ZHOU G, et al. Improvement of the hybrid MOM-PO technique for scattering of plane wave by an infinite wedge [J]. IEEE Trans Antennas Propag, 2006, 54(1): 251 – 255.

[77] ZHANG Y, LIN H. MLFMA-PO hybrid technique for efficient analysis of electrically large structures [J]. IEEE Antennas Wirel Propag Lett, 2015, 13(1): 1676 – 1679.

[78] 杨伟. 三维复杂粗糙海面电磁散射建模研究与特性分析[D]. 成都：电子科技大学, 2012.

[79] MA J, GONG S X, WANG X, et al. Efficient IE-FFT and PO hybrid analysis of antennas around electrically large platform [J]. IEEE Antennas Wirel Propag Lett, 2011, 10(10): 611 – 614.

[80] EIBERT T F, VOLAKIS J L, WILTON D R. Hybrid FE/BI modeling of 3-D doubly periodic structures utilizing triangular prismatic elements and an MPIE formulation accelerated by the Ewald transformation [J]. IEEE Trans Antennas Propag, 1995, 47(5): 843 – 850.

[81] YANG L M, GAO H W, SONG W, et al. An effective domain-decomposition-based preconditioner for the FE-BI-MLFMA method for 3D scattering problems [J]. IEEE Trans Antennas Propag, 2014, 62(4): 2263 – 2268.

[82] TESSENDORF J. Simulating ocean water[J]. Simulating Nature Realistic and Interactive Techniques Siggraph, 2001, 24(3): 401 – 407.

[83] KUGA Y, PHU P. Experimental studies of millimeter-wave scattering in discrete random media and from rough surfaces-summary[J]. Journal of Electromagnetic Waves and Applications, 1996, 10(3): 451 – 453.

[84] BROWN G S. Backscattering from a Gaussian-Distributed perfectly conducting rough surface [J]. IEEE Trans Antennas Porpag, 1978, 26(3): 472 – 482.

[85] THORSOS E I, JASKSON D R. The validity of the perturbation approximation for rough surface scattering using Gaussian roughness spectrum [J]. Acous Soc Amer J, 1988, 83(1): 78 – 92.

[86] DARAWANKUL A, JOHNSON J T. Band-limited exponential correlation function for rough-surface scattering[J]. IEEE Transactions on Geoscience and Remote Sensing, 2007, 45(5):1198 – 1206.

[87] XU P, TSANG L. Bistatic scattering and emissivities of lossy dielectric surfaces with exponential correlation functions[J]. IEEE Transactions on Geoscience and Remote Sensing, 2007, 45(1):62 – 72.

[88] PIERSON W J, MOSKOWITZ L. A proposed spectral form for fully developed wind seas based on the similarity theory of S. A. Kitaigorodskii[J]. Journal of Geophysical Research, 1964, 69(24): 5181 – 5190.

[89] ELFOUHAILY T, CHAPRON B, KATSAROS K, et al. A unified directional spectrum for long and short wind-driven waves [J]. Journal of Geophysical Research Oceans, 1997, 102(C7):15781 – 15796.

[90] HASSELMANN K. Measurements of wind-wave growth and swell decay during the Joint North Sea Wave Project (JONSWAP)[J]. Dtsch Hydrogr Z, 1973, 12 (2):1 – 95.

[91] HASSELMANN D E. Directional wave spectra observed during JONSWAP 1973 [J]. J Phys Oceanogr, 1980, 10(8):1264 – 1280.

[92] FUNG A K, LEE K K. A semi-empirical sea-spectrum model for scattering coefficient estimation[J]. IEEE Journal of Oceanic Engineering, 1982, 7(4):166 – 176.

[93] FRANCESCHETTI G, LODICE A, RICCIO D. Scattering from dielectric random fractal surfaces via method of moments[J]. IEEE Transactions on Geoscience and Remote Sensing, 2000, 38(4):1644 – 1655.

[94] BECKMANN P, SPIZZICHION A. The scattering of electromagnetic waves from rough surfaces [M]. New York: Pergamon, 1963.

[95] OGILVY J A. Theory of wave scattering from random rough surfaces [M]. Bristol: Institute of Physics Publishing, 1991.

[96] BASS F G, FUKS I M. Waves scattering from statistically rough surfaces [M]. Oxford: Pergamon, 1979.

[97] VORONOVICH A G. Waves scattering from rough surfaces [M]. Berlin: Springer – Verlag, 1994.

[98] SORIANO G, GUERIN C A, SAILLARD M. Scattering by two-dimensional rough surfaces: Comparison between the method of moments, Kirchhoff and small-slope approximations [J]. Waves in Random and Complex Media, 2002, 12(1): 63 – 83.

[99] WRIGHT J. A new model for sea clutter[J]. Antennas and Propagation IEEE Transactions, 1968, 16(2): 217 - 223.

[100] 聂丁. 动态海面电磁散射与多普勒谱研究[D]. 西安：西安电子科技大学, 2012.

[101] ZHANG M, CHEN H, YIN H C. Facet-based investigation on EM scattering from electrically large sea surface with two-scale profiles: theoretical model[J]. IEEE Trans on Geoscience and Remote Sensing, 2011, 49(6): 1967 - 1975.

[102] 陈珲. 动态海面及其上目标复合电磁散射与多普勒研究[D]. 西安：西安电子科技大学, 2012.

[103] KAPP D A, BROWN G S. A new numerical method for rough surface scattering calculations [J]. IEEE Trans Antennas Propag, 1996, 44(5): 711 - 722.

[104] ZHAO Z , SONG J C. Low-grazing-angle microwave scattering from a three-dimensional spilling breaker crest: a numerical investigation [J]. IEEE Trans Antennas Propag, 2005, 43(2): 286 - 294.

[105] YAGBASAN TUNC A C A, ERTURK V B, et al. Characteristic basis function method for solving electromagnetic scattering problems over rough terrain profiles [J]. IEEE Trans Antennas Propag, 2010, 58(5): 1579 - 1589.

[106] WAGNER R L, SONG J M, CHEW W C. Monte carlo simulation of electromagnetic scattering from two-dimensional random rough surfaces [J]. IEEE Trans Antennas Propag, 1997, 7(8): 235 - 245.

[107] XIA M Y, CHAN C H, LI S Q, et al. An efficient algorithm for electromagnetic scattering from rough surfaces using a single integral equation and multilevel sparse-matrixcanonical-grid method [J]. IEEE Trans Antennas Propag, 2003, 51(6): 1142 - 1149.

[108] YANG W, ZHAO Z, NIE Z. Fast fourier transform multilevel fast multipole algorithm in rough ocean surface scattering [J]. Electromagnetics, 2009, 29(7): 541 - 552.

[109] JANDHYALA V, SHANKER B, MICHIELSSEN E, et al. A combined steepest descent-fast multipole algorithm for fast analysis of three-dimensional scattering by rough surfaces [J]. IEEE Trans Geosci Remote Sens, 1997, 36(3): 738 - 748.

[110] EI-SHENAWEE M. Scattering from multipole objects buried beneath two-dimensional random rough surface using the steepest descent fast multipole method [J]. IEEE Trans Antennas Propag, 2003, 51(4): 802 - 809.

[111] HOLLIDAY D, DERAAD L L, ST-CYR G J. Forward-backward: a new method for computing low-grazing angle scattering [J]. IEEE Trans Antennas Propag, 1996, 44(5): 722 - 729.

[112] LI Z X, JIN Y Q. Numerical simulation of Bistatic scattering form a fractal rough surface using the forward-backward method [J]. Electromagnetics, 2002, 22(3): 191 - 207.

[113] TORRUNGRUENG D, CHOU H T, JOHNSON J T. A novel acceleration algorithm for the computation of scattering from two-dimensional large-scale perfectly conducting random rough surfaces with the forward-backward method [J]. IEEE Trans Antennas Propag, 2000, 38(4): 1656 – 1668.

[114] TSANG L, LI Q. Wave scattering with UV multilevel partioning method for volume scattering by discrete scatters [J]. Microw Opt Tech Lett, 2004, 41(5): 354 – 361.

[115] LI Z X. Bistatic scattering from three-dimensional conducting rough surface with UV multilevel partitioning method [J]. Prog Electromagn Res, 2007, 76: 381 – 395.

[116] LI Z X. Wave scattering with the UV multilevel partitioning method: Three-dimensional problem of dielectric rough-surface scattering [J]. Microw Opt Tech Lett, 2010, 48(7): 1313 – 1317.

[117] JOHNSON J , PAK K, TSANG L. Numerical simulations and backscattering enhancement of electromagnetic waves from two-dimensional dielectric random rough surfaces with the sparse-matrix canonical grid method [J]. J Opt Soc Amer A, 1997, 14(7): 1515 – 1529.

[118] DU Y, LUO Y, KONG J A. Electromagnetic scattering from randomly rough surfaces using the stochastic second-degree method and the sparse matrix/canonical grid algorithm [J]. IEEE Trans Antennas Propag, 2008, 46(10): 2831 – 2839.

[119] HUANG S W, WANG G H, XIA M Y, et al. Numerical analysis of scattering by dielectric random rough surfaces using modified SMCG scheme and curvilinear RWG basis functions [J]. IEEE Trans Antennas Propag, 2009, 57 (10): 3392 – 3397.

[120] DECHAMPS N, BEACOUDREY N D, BOURLIER C, et al. Fast numerical method for electromagnetic scattering by rough layered interfaces: propagation-inside-layer expansion method [J]. J Opt Soc Amer A, 2006, 23(2): 359 – 369.

[121] LI Q, TSANG L, PAK K S. Bistatic scattering and emissivities of random rough dielectric lossy surfaces with the physics-based two-grid method in conjunction with the sparse-matrix canonical grid method [J]. IEEE Trans Antennas Propag, 2000, 48(1): 1 – 11.

[122] XU P, TSANG L. Scattering by rough surface using a hybrid technique combining the multilevel UV method with sparse matrix canonical grid method [J]. Radio Sci, 2016, 40(4): 1 – 17.

[123] 徐丰. 全极化合成孔径雷达的正向与逆向遥感理论[D]. 上海:复旦大学, 2007.

[124] El-SHENAWEE M. Scattering from multiple objects buried beneath two-dimensional random rough surface using the steepest descent fast multipole method [J]. IEEE Trans Antennas Propag, 2003, 51(4): 802 – 809.

[125] KUANG L, JIN Y Q. Bistatic scattering from a three-dimensional object over a

randomly rough surface using the FDTD Algorithm [J]. IEEE Trans Antennas Propag, 2007, 55(8): 2302 – 2312.

[126] LIU P, JIN Y Q. Numerical simulation for bistatic scattering from a target at low altitude over rough sea surface under EM incidence at low grazing angle by using the finite element method [J]. IEEE Trans Antennas Propag, 2004, 52(5): 1205 – 1210.

[127] YEHX, JIN Y Q. A hybrid KA-MOM algorithm for computation of scattering from 3-D PEC target above a dielectric rough surface [J]. Radio Sci, 2008, 43 (3): 1 – 15.

[128] 齐聪慧. 动态海面及其上方目标的电磁散射建模与回波特性分析[D]. 成都: 电子科技大学, 2015.

[129] LI J, GUO L X, HE V. Hybrid FE-BI-KA method in analyzing scattering from dielectric object above sea surface [J]. Electronics Lett, 2011, 47(20): 1147 – 1148.

[130] HE H J, GUO L X. A multihybrid FE-BI-KA Technique for 3-D electromagnetic scattering from a coated object above a conductive rough surface [J]. IEEE Trans Geosci Remote Sens Lett, 2016, 13(12): 2009 – 2013.

[131] LI X M, TONG C M, FU S H, et al. Bistatic electromagnetic scattering from a three-dimensional perfect electric conducting object above a Gaussian rough surface based on the Kirchhoff Helmholtz and electric field integral equation [J]. Waves Inrandom and Complex Media, 2011, 21(3): 389 – 404.

[132] CHAI S R, GUO L X, WANG R. PO-PO method for electromagnetic backscattering from a 2D arbitrary dielectric-coated conducting target located above a 1D randomly rough surface: horizontal polarization [J]. IET Microw. Antennas Propag, 2014, 8(15): 1340 – 1347.

[133] CHAI S R. Electromagnetic scattering from a PEC object above a dielectric rough sea surface by a hybrid PO-PO method [J]. Waves in Random and Complex Media, 2015, 25(1): 60 – 74.

[134] WANG R, GUO L X. A fast PO-PO hybrid method for analyzing the Doppler spectrum of a plasma-coated object above a rough sea surface: horizontal polarization [J]. Int J Remote Sens, 2015, 36(3): 845 – 862.

[135] BIGLARY H, DEHMOLLAIAN M. RCS of a Target above a random rough surface with impedance boundaries using GO and PO methods [J]. IEEE Antennas Propag Soc Int Symp, 2012, 1(2): 813 – 814.

[136] WANG J Q, ZHANG M, NIE D, et al. Improved GO/PO method and its application to wideband SAR image of conducting objects over rough surface [J]. Waves in Random and Complex Media, 2017, 2: 1-16.

[137] ZHANG M, ZHAO Y, LI J X, et al. Reliable approach for composite scattering calculation from ship over a sea surface based on FBAM and GO-PO models [J].

IEEE Trans Antennas Propag，2017，65(2)：775 – 784.

[138] XU F, JIN Y Q. Bidirectional analytic ray tracing for fast computation of composite scattering from electric-large target over a randomly rough surface [J]. IEEE Trans Antennas Propag, 2009, 57(5): 1495 – 1505.

[139] DEHMOLLAIAN M, BIGLARY H. Scattering of an object above a rough surface with impedanceboundaries using IPO and FMM [J]. IEEE Antennas Propag Soc Int Symp, 2012, 1(2): 809 – 810.

[140] RASHIDI-RANJBAR E, DEHMOLLAIAN M. Target above random rough surface scattering using a parallelized IPO accelerated by MLFMM [J]. IEEE Trans Geosci Remote Sens Lett, 2015, 12(7): 1481 – 1485.

[141] 王晓冰，梁子长，吴振森. 水面目标复合电磁散射的并行迭代快速计算[J]. 物理学报，2012，61(12)：219 – 224.

[142] JIN Y Q, LI Z X. Simulation of scattering from complex rough surface at low grazing angle using the GFBM/SAA method [J]. IEEE Trans Fundamentals and Materials Soc, 2001, 121(10): 917 – 921.

[143] BOURLIER C. Scattering by an object above a randomly rough surface from s fast numerical method: Extended PILE method combined with FB-SA [J]. Waves in Random and Complex Media, 2008, 18(3): 495 – 519.

[144] KUBICKE G, BOURLIER C, BELLEZ S, et al. A fast EFILE-FBSA method combined with adaptive cross approximation for the scattering from a target above a large oceanlike surface [J]. Prog Electromagn Res M, 2014, 37: 175 – 182.

[145] LI Z, JIN Y Q. Bistatic scattering and transmitting through a fractal rough surface with high permittivity using the PBTG-FBM/SAA method [J]. IEEE Trans Antennas Propag, 2002, 50(9): 1323 – 1326.

[146] 姬伟杰，童创明. 三维目标与粗糙面复合散射的广义稀疏矩阵平面迭代及规范网格算法[J]. 物理学报，2011，60(1)：22 – 30.

[147] DENG F S, HE S Y, CHEN H T, et al. Numerical simulation of vector wave scattering from the target and rough surface composite model with 3-D multilevel UV Method [J]. IEEE Trans Antennas Propag, 2010, 58(5): 1625 – 1634.

[148] JOHNSON J T. A study of the four-path model for scattering from an object above a half space [J]. Microw Opt Tech Lett, 2001, 30(2): 130 – 134.

[149] ZHAO Y, YUAN X F, ZHANG M, et al. Radar scattering from the composite ship-ocean scene: Facet-based asymptotical model and specular reflection weighted mode [J]. IEEE Trans Antennas Propag, 2014, 62(9): 4810 – 4815.

[150] 李清亮，尹志盈. 雷达地海杂波测量与建模 [M]. 北京:国防工业出版社,2003.

[151] DALAY J C, RANSONE J J T, BRUKETT J A. Radar Sea Return-JOSS I [M]. Washington D C: Naval Research Lab, 1973.

[152] BILLINGSLEY J B. Low-angle radar land clutter: measurements and empirical

models [M]. Norwich：William Andrew，2002.

[153] HERSELMAN P L，BAKER C J，DE WIND H J. An analysis of X-band calibrated sea clutter and small boat reflectivity at medium-to-low grazing angles [J]. International Journal of Navigation and Observation，2008，51(3)：101 − 107.

[154] 安红，杨莉. 雷达电子战系统建模与仿真 [M]. 北京：国防工业出版社，2017.

[155] 赵海云，张瑞永，武楠，等. 基于实测数据的海杂波特性分析[J]. 雷达科学与技术，2009，7(3)：214 − 218.

[156] 尹志盈，康士峰，刘拥军. 小擦地角海杂波测量研究 [J]. 电波科学学报，2004，19(1)：80 − 82.

[157] 朱洁丽，汤俊. 基于改进的 ZMNL 和 SIRP 的 K 分布杂波模拟方法 [J]. 雷达学报，2014，3(5)：47 − 51.

[158] WANG Y，MAO X，ZHANG J，et al. Effective sea clutter spectrum extraction method for hFSWR in adverse conditions[J]. Journal of Beijing Institute of Technology，2017(3)：87 − 94.

[159] CARRETERO-MOYA J，GISMERO-MENOYO J，BLANCO-DEL-CAMPO Á，et al. Statistical analysis of a high-resolution sea-clutter database[J]. IEEE Transactions on Geoscience and Remote Sensing，2010，48(4)：2024 − 2037.

[160] GRECO M S，GINI F. Statistical analysis of high-resolution SAR ground clutter data[J]. IEEE Transactions on Geoscience and Remote Sensing，2007，45(3)：566 − 575.

[161] 蔡武，潘明海. 基于散射中心模型的典型目标宽带雷达回波仿真[J]. 航空兵器，2015(2)：34 − 37.

[162] 张安，卢再奇，范红旗，等. 基于散射中心模型的舰船 LFM 雷达回波仿真[J]. 雷达科学与技术，2011，9(4)：316 − 320.

[163] MARCUM J I. A statistical theory of target detection by pulsed radar[J]. IRE Trans，1960，16(2)：231 − 233.

[164] SWERLING P. Probability of Detection for Fluctuating Target[J]. IRE Trans，1960，6(2)：111 − 318.

[165] 许小剑，李晓飞，刁桂杰，等. 时变海面雷达目标散射现象学模型 [M]. 北京：国防工业出版社，2013.

[166] TOPORKOV J V，BROWN G S. Numerical study of the extended Kirchhoff approach and the lowest order small slope approximation for scattering from ocean-like surface：doppler analysis [J]. IEEE Transactions on Antennas and Propagation，2002，50(4)：417 − 425.

[167] LIU E X，LIANG C，YANG L，Study on electromagnetic simulation methodology for sea clutter based on FDTD model[J]. Communications，Signal Processing，and Systems，2019，463：2387 − 2394.

[168] WANG Y H，LI Q，ZHANG Y M. A statistical distribution of quad-pol X-band

sea clutter time series acquired at a grazing angle[J]. Acta Oceanologica Sinica, 2018,37(3):98 – 106.

[169] 宁超,耿旭朴,王超,等.高速运动目标宽带雷达回波频域模拟及分析[J].雷达学报, 2014,3(2):142 – 149.

[170] 姚汉英,李星星,孙文峰,等.基于电磁散射数据的弹道目标宽带回波仿真[J].系统仿真学报,2013,25(4):599 – 604.

[171] XIN Z, LIAO G, YANG Z, et al. A deterministic sea-clutter space-time model based on physical sea surface[J]. IEEE Transactions on Geoscience and Remote Sensing, 2016,53(2):1 – 15.

[172] MIRET D, SORIANO G, NOUGUIER F. Sea surface microwave scattering at extreme grazing angle: Numerical investigation of the Doppler shift [J]. IEEE Transactions on Geoscience and Remote Sensing, 2014, 52(11):7120 – 7129.

[173] ZHAO Y, ZHANG M, CHEN H. Radar scattering from the composite ship-ocean scene: Doppler spectrum analysis based on the motion of six degrees of freedom [J]. IEEE Trans on Antennas and Propag, 2014, 62(8): 4341 – 4347.

[174] 郭立新. 随机粗糙面散射的基本理论与方法[M]. 北京:科学出版社,2010.

[175] 张民,郭立新,聂丁,等. 海面目标雷达散射特性与电磁成像 [M]. 北京:科学出版社,2015.

[176] 刘向阳. 机载多通道 SAR-GMTI 误差分析与补偿方法研究[D]. 西安:西安电子科技大学,2010.

[177] 许京伟. 频率分集阵列雷达运动目标检测方法研究[D]. 西安:西安电子科技大学,2015.

[178] 陈思佳. 非均匀强杂波下的目标检测问题研究[D]. 成都:电子科技大学,2014.

[179] 段锐. 机载双基地雷达杂波仿真与抑制技术研究[D]. 成都:电子科技大学,2009.

[180] 吴宏刚. 时空非平稳强杂波抑制与微弱运动目标检测技术[D]. 成都:电子科技大学,2006.

[181] 张长隆. 杂波建模与仿真技术及其在雷达信号模拟器中的应用研究[D]. 长沙:国防科学技术大学,2004.

[182] 姜斌. 地、海杂波建模及目标检测技术研究[D]. 长沙:国防科学技术大学,2006.

[183] 杨俊岭. 海杂波建模及雷达信号模拟系统关键技术研究[D]. 长沙:国防科学技术大学,2006.

[184] 石志广. 基于统计与复杂性理论的杂波特性分析及信号处理方法研究[D]. 长沙:国防科学技术大学,2007.

[185] 陈远征. 末制导雷达扩展目标检测方法研究[D]. 长沙:国防科学技术大学,2009.

[186] 高彦钊. 大拖尾雷达杂波模型及其背景下的扩展目标检测方法研究[D]. 长沙:国防科学技术大学,2014.

[187] 杨勇. 雷达导引头低空目标检测理论与方法研究[D]. 长沙:国防科学技术大学,2014.

[188] 童剑. 粗糙海面及其复杂环境下的电磁散射计算与应用研究[D]. 武汉：华中科技大学,2018.

[189] 田静. 雷达机动目标长时间积累信号处理算法研究 [D]. 北京：北京理工大学, 2014.

[190] CHEW W C,JIN J M, MICHIELSSEN E, et al. Fast and Efficient Algorithms in Computational Electromagnetics [M]. Boston:Artech House, 2001.

[191] TSANG L, KONG J A, DING K H, et al. Scattering of Electromagnetic Waves: Numerical Simulation [M]. New York: John Wiley & Sons, 2011.

[192] POULIGUEN P, DESCLOS L. A physical optics approach to near field RCS computations[J]. Annals of Telecommunications, 1996, 51(5):219-226.

[193] NETO A. "True" physical optics for the accurate characterization of antenna radomes and lenses[J]. IEEE Antennas & Propagation Society International Symposium, 2003, 4: 416-419.

[194] LEGAULT S R. Refining physical optics for near-field computations[J]. Electronics Letters, 2004, 40(1):71-72.

[195] CHEN M, ZHANG Y, LIANG C H. Calculation of the Field Distribution Near Electrically Large Nurbs Surfaces with Physical-Optics Method[J]. Journal of Electromagnetic Waves and Applications, 2005, 19(11):1511-1524.

[196] PAPKELIS E G, ANASTASSIU H T, FRANGOSP V. A time-efficient near-field scattering method applied to radio-coverage simulation in urban microcellular environments[J]. IEEE Transactions on Antennas & Propagation, 2008, 56(10): 3359-3363.

[197] BOURLIER C, POULIGUEN P. Useful analytical formulae for near-field monostatic radar cross section under the physical optics: far-field criterion[J]. IEEE Transactions on Antennas and Propagation, 2009, 57(1):205-214.

[198] CORUCCI L, GIUSTI E, MARTORELLA M, et al. Near field physical optics modelling for concealed weapon detection[J]. IEEE Transactions on Antennas & Propagation, 2012, 60(12):6052-6057.

[199] GENDELMAN A, BRICK Y, BOAG A. Multilevel physical optics algorithm for near field scattering[J]. IEEE Trans On Antennas and Propaga, 2014, 62(8): 4325-4335.

[200] BALANIS C A. Antenna Theory: Analysis and Design[M]. New York:Harper & Row, 1996.

[201] 汪茂光, 几何绕射理论[M]. 2 版. 西安:西安电子科技大学出版社, 1994.

[202] GORDON W B. High frequency approximations to the physical optics scattering integral[J]. IEEE Transactions on Antennas & Propagation, 1994, 42(3):427-432.

[203] 何国瑜,卢才成,洪家才,等.电磁散射的计算和测量[M].北京:北京航空航天大学出版社, 2006.

[204] 张麟兮,李南京,胡楚锋,等.雷达目标散射特性测试与成像诊断[M].北京:中国宇航出版社,2008.

[205] 金灿民,许家栋,韦高.复杂目标近场电磁散射的可视化计算方法[J].电波科学学报,1998,13(3):57-63.

[206] 余泽太.复杂目标的近场电磁散射及 RCS 外推研究[D].武汉:华中师范大学,2016.

[207] RIUS J M, FERRANDO M, JOFRE L. High-frequency RCS of complex radar targets in real-time [J]. IEEE Trans on Antennas and Propag, 1993, 41(9): 1308-1319.

[208] TSANG L,KONG J A, DING K H. Scattering of Electromagnetic Waves:Theories and Applications, Fundamentals of Random Scattering[M]. New Jersey:John Wiley & Sons, Inc, 2000.

[209] 李震.合成孔径雷地表参数反演模型与方法 [M].北京:科学出版社,2011.

[210] DOBSON M C, ULABY F T, HALLIKAINEN M T, et al. Microwave dielectric behavior of wet soil,Part Ⅱ: dielectric mixing models [J]. IEEE Trans Geosci and Remote Sensing, 1985, 23(1): 35-46.

[211] EL-RAYES M A, ULABY F T. Microwave dielectric spectrum of vegetation, Part Ⅰ: Experimental Observations [J]. IEEE Trans Geosci and Remote Sensing, 1987, 25(5): 541-549.

[212] 聂在平.目标与环境电磁散射特性建模:基础篇[M].北京:国防工业出版社,2009.

[213] ULABY F T, EL-RAYES M A. Microwave dielectric spectrum of vegetation, Part Ⅱ: dual-dispersion model [J]. IEEE Trans Geosci and Remote Sensing, 1987, 25(5): 550-557.

[214] MATZLER C. Microwave permittivity of dry sand [J]. IEEE Transactions on Geoscience and Remote Sensing, 1998, 36(1): 317-319.

[215] ULABY F T, SARABANDI K, MCDONALD K, et al. Michigan microwave canopy scattering model [J]. International Journal of Remote Sensing, 1990, 11(7): 1223-1253.

[216] 张勇.路面结构层材料介电特性试验研究 [D].郑州:郑州大学,2005.

[217] DEBYE P. Polar Modelecules [M]. New York:Reinhold,1929.

[218] MEISSNER T, WENTZ F J. The complex dielectric constant of pure and sea water from microwave satellite observations[J]. IEEE Transactions on Geoscience & Remote Sensing, 2004, 42(9): 1836-1849.

[219] 令狐龙翔.时变多尺度电大区域海面电磁散射高性能并行计算 [D].西安:西安电子科技大学,2018.

[220] MALLET P, GUERIN C A, SENTENAC A. Maxwell-Garnett mixing rule in the presence of multiple scattering:Derivation and accuracy [J]. Physical Review B,

2005，72(1)：205－214.

[221]　AUSTIN T R，ENGLAND A W，WAKEFIELD G H. Special problems in the estimation of power-law spectra as applied to topographical modeling[J]. IEEE Transactions on Geoscience and Remote Sensing，1994，4(32)：928－939.

[222]　YEHUDA A，MICHAEL A. Remote sensing of the roughness of a fractal sea surface [J]. Journal of Geophysical Research Oceans，1991，96(C7)：12773－12779.

[223]　PERNA S，IODICE A. Asymptotic Behavior of Two Series Used for the Evaluation of Kirchhoff Diffractals [J]. IEEE Transactions on Antennas and Propagation，2011，59(6)：2442－2444.

[224]　IODICE A. On the use of series expansions for Kirchhoff diffractals [J]. Antennas and Propagation IEEE Transactions on，2011，59(2)：595－610.

[225]　汤明. 裸地散射特性分析 [J]. 电波科学学报，1994，9(4)：69－75.

[226]　王爱国. 机载雷达非均匀杂波的建模与仿真 [D]. 成都：电子科技大学，2010.

[227]　MORCHIN W C. Airborne Early Warning Radar [M]. Norwood：Artech House，1990.

[228]　彭世蕤，汤子跃. 地(海)杂波反射率模型研究[J]. 空军雷达学院学报，2000，14(4)：124.

[229]　CURRIE N C. Clutter characteristics and effects [M]. New York：Van Nostrand Reihold，1987.

[230]　ULABY F T，DOBSON M C. Handbook of radar scattering statistics for terrain [M]. London：Artech House，1989.

[231]　NATHANSON F E，REILLY J P，COHEN M N. Radar Design Principles Second Edition [M]. New York：McGraw-Hill，1991.

[232]　ULABY F T，MOORER K，FUNG A K. Microwave Remote Sensing：Active and Passive [M]. Massachusetts：Wesley Pvblrshing Company，1981.

[233]　BARRICK D E. Rough surface scattering based on the specular point theory [J]. IEEE Trans Antennas Propag，1968，16(4)：449－454.

[234]　ARNOLD-BOS A，KHENCHAF A，MARTIN A. Bistatic Radar Imaging of the Marine Environment，Part Ⅰ：Theoretical Background [J]. IEEE Trans. Geosci. Remote Sens，2007，45(11)：3372－3383.

[235]　ARNOLD-BOS A，KHENCHAF A，MARTIN A. Bistatic radar imaging of the marine environment，Part Ⅱ：Simulation and results analysis [J]. IEEE Trans Geosci Remote Sens，2007，45(11)：3384－3396.

[236]　COX C，MUNK W. Statistics of the sea surface derived from sun glitter [J]. J Mar Res，1954，13：198－227.

[237]　RICE S O. Reflection of electromagnetic waves from slightly rough surfaces [J]. Commun Pure Appl Math，1951，4：351－378.

[238]　ISHIMARU A. Wave Propagation and Scattering in Random Media [M]. New York：Academic，1978.

[239] CHAN H，FUNG A K. A theory of sea scatter at large incident angles [J]. J Geophys Res，1977，82(C24)：3439－3444.

[240] KHENCHAF A，AIRIAU O. Bistatic radar moving returns from sea surface [J]. IEICE Trans Electron，2000，12：1827－1835.

[241] CLARIZIA M P，GOMMENGINGER C，BISCEGLIE M D，et al. Simulation of L-band bistatic returns from the ocean surface：a facet approach with application to ocean GNSS reflectometry[J]. IEEE Transactions on Geoscience and Remote Sensing，2012，50(3)：960－971.

[242] VORONOVICH A G. Small-slope approximation for electromagnetic wave scattering at a rough interface of two dielectric half-spaces [J]. Waves in Random and Complex Media，1994，4(3)：337－367.

[243] 李金星. 面向应用的海面场景电磁散射模型研究 [D]. 西安：西安电子科技大学，2019.

[244] 王童. 地海面环境中目标散射及雷达回波特性研究 [D]. 西安：空军工程大学，2018.

[245] 焦培南,张忠治. 雷达环境与电波传播特性 [M]. 北京：电子工业出版社，2007.

[246] 徐丰. 全极化合成孔径雷达的正向与逆向遥感理论[D]. 上海：复旦大学，2007.

[247] 高鹏程. 基于GPU计算平台的电磁散射计算并行加速技术 [D]. 杭州：浙江大学，2013.

[248] PHARR M，HUMPHREYS G. Physically Based Rendering. Second Editions：From Theory to Implementation [M]. San Mateo：Morgan Publishers Inc，2004.

[249] ROO R D，ULABY F T. A modified physical optics model of the rough surface reflection coefficient[J]. IEEE Antennas and Propagation Society International Symposium，1996，12(7)：1772－1775.

[250] 高烽. 雷达导引头概论[M]. 北京：电子工业出版社，2010.

[251] 葛致磊,王红梅,王佩,等. 导弹导引系统原理[M]. 北京：国防工业出版社，2016.

[252] BROWN A D. Electronically Scanned Arrays [M]. Abingdo：Taylor & Francis Group，2012.

[253] SCHLEHER D. 动目标显示与脉冲多普勒雷达[M]. 北京：国防工业出版社，2016.

[254] 张长隆. 杂波建模与仿真技术及其在雷达信号模拟器中的应用研究[D]. 长沙：国防科学技术大学，2004.

[255] JOUGHIN R J，DONALD B P. Maximum likelihood estimation of K-distribution parameters for SAR data [J]. IEEE Transactions on Geoscience and Remote Sensing，1993，31(5)：989－999.

[256] ISKANDER D R. Estimation of the parameters of the K-distribution using higher order and fractional moments [J]. IEEE Transactions on Aerospace and Electronic Systems，1999，35(20)：1453－1457.

[257] ISKANDER D R，ZOUBIR A M. Estimation of the parameters of the K-distribu-

tion using the ML/MOM approach [J]. IEEE Transactions on Aerospace and Electronic Systems，2002，2(13)：769－774.

[258] 吴顺君，梅晓春. 雷达信号处理和数据处理技术 [M]. 北京：电子工业出版社，2008.

[259] FINN H M, JOHNSON R S. Adaptive detection mode with threshold control as a Function of Spatially Sampled Clutter-Level Estimates [J]. RCS Review，1968，6 (13)：414－464.

[260] 楚亚丽. 某雷达的杂波图恒虚警检测及工程实现 [D]. 西安：西安电子科技大学，2015.

[261] 宋俊福. 基于杂波图和变换域的恒虚警率处理 [D]. 大连：大连海事大学，2013.

[262] 陈国良，安虹，陈崚，等. 并行算法实践[M]. 北京：高等教育出版社，2004.

[263] 陈国良. 并行计算：结构、算法、编程 [M]. 修订版. 北京：高等教育出版社，2003.

[264] ALAVIKIA B，RAMAHI O M. Electromagnetic scattering from cylindrical objects above a conductive surface using a hybrid finite element：Surface integral equation method [J]. J Opt Soc Amer A，2011，28：2510－2518.

[265] BAUSSARD A，ROCHDI M，KHENCHAF A. PO/MEC-based scattering model for complex objects on a sea surface[J]. Progress in Electromagnectics Research，2011，111：229－251.

[266] ISLEIFSON D，JEFFREY I，SHAFAI L，et al. An efficient scattered-field formulation for objects in layered media using the FVTD method[J]. IEEE Transactions on Antennas and Propagation，2011，59(11)：4162-4170.

[267] JAMIL K，BURKHOLDER R J. Radar scattering from a rolling target floating on a time-evolving rough sea surface[J]. IEEE Transactions on Geoscience and Remote Sensing，2006，44(11)：3330－3337.

[268] COLAK D，BURKHOLDER R J，NEWMAN E H. Multiple sweep method of moments analysis of electromagnetic scattering from 3D targets on ocean-like rough surfaces[J]. Microwave and Optical Technology Letters，2007，49(1)：241－247.

[269] CHIU T，SARABANDI K. Electromagnetic scattering interaction between a dielectric cylinder and a slightly rough surface[J]. IEEE Transactions on Antennas and Propagation，1998，47(5)：902－913.

[270] LAWRENCE D E，SARABANDI K. Electromagnetic scattering from a dielectric cylinder buried beneath a slightly rough surface[J]. IEEE Transactions on Antennas and Propagation，2001，50(10)：1368－1376.

[271] EL-SHENAWEE M，RAPPAPORT C. Electromagnetic scattering interference between two shallow objects buried under 2-D random rough surfaces[J]. IEEE Microwave and Wireless Components Letters，2003，13(6)：223－225.

[272] El-SHENAWEE M . Scattering from multiple objects buried beneath two-dimen-

sional random rough surface using the steepest descent fast multipole method[J]. IEEE Transactions on Antennas and Propagation, 2003, 51(4):802 - 809.

[273] BOURLIER C, KUBICKEG, DECHAMPS N. Fast method to compute scattering by a buried object under a randomly rough surface: PILE combined with FB-SA [J]. Journal of the Optical Society of America An Optics Image Science and Vision, 2008, 25(4):891 - 902.

[274] KUBICKE G, BOURLIER C, SAILLARD J. Scattering by an object above a randomly rough surface from a fast numerical method: Extended PILE method combined with FB-SA[J]. Waves in Random and Complex Media, 2008, 18(3):495 - 519.

[275] OZGUN O, KUZUOGLU M. Monte carlo-Based characteristic basis finite-element method (MC-CBFEM) for numerical analysis of scattering from objects on/above rough sea surfaces[J]. IEEE Transactions on Geoscience and Remote Sensing, 2012, 50(3):769 - 783.

[276] OZGUN O, KUZUOGLU M. A transformation media based approach for efficient monte carlo analysis of scattering from rough surfaces with objects[J]. IEEE Transactions on Antennas and Propagation, 2013, 61(3):1352 - 1362.

[277] BAKR S A, MANNSETH T. An approximate hybrid method for electromagnetic scattering from an underground target[J]. IEEE Transactions on Geoscience and Remote Sensing, 2012, 51(1):99 - 107.

[278] SHARKAWY M A, EL-OCLAH. Electromagnetic scattering from 3-D targets in a random medium using finite difference frequency domain[J]. IEEE Transactions on Antennas and Propagation, 2013, 61(11):5621 - 5626.

[279] NASR M A, ESHRAH I A, HASHISH E A. Electromagnetic scattering from a buried cylinder using a multiple reflection approach: TM case[J]. IEEE Transactions on Antennas and Propagation, 2014, 62(5):2702 - 2707.

[280] BELLEZ S, BOURLIER C, KUBICKE G. 3-D scattering from a PEC target buried beneath a dielectric rough surface: an efficient PILE-ACA algorithm for solving a hybrid KA-EFIE formulation[J]. IEEE Transactions on Antennas and Propagation, 2015, 63(11):5003 - 5014.

[281] JOHNSON J T. A numerical study of scattering from an object above a rough surface[J]. IEEE Transactions on Antennas and Propagation, 2002, 50(10): 1361 - 1367.

[282] PINO M R, LANDESA L, RODRIGUEZ J L, et al. The generalized forward-backward method for analyzing the scattering from targets on ocean-like rough surfaces[J]. IEEE Transactions on Antennas and Propagation, 1999, 47(6):961 - 969.

[283] BURKHOLDER R J, PINO M R, OBELLEIRO F. A Monte Carlo study of the rough-sea-surface influence on the radar scattering from two-dimensional ships

[J]. IEEE Antennas and Propagation Magazine，2001，43(2)：25－33.

[284] 任新成. 粗糙面电磁散射及其与目标的复合散射研究 [D]. 西安：西安电子科技大学，2008.

[285] 张民，魏鹏博. 典型地面环境雷达散射特性与电磁成像 [M]. 西安：西安电子科技大学出版社，2016.

[286] 郭立新. 随机粗糙面散射的基本理论和方法 [M]. 北京：科学出版社，2010.

[287] 张晓燕，盛新庆. 介质粗糙面上目标后向散射的高效混合算法 [J]. 北京理工大学学报，2010，30(4)：460－464.

[288] 柴草. 矩量法及其加速算法研究一维粗糙面与目标复合电磁散射[D]. 西安：西安电子科技大学，2011.

[289] 康士峰，王显德. 粗糙面与目标电磁散射特性分析 [J]. 微波学报，2004，20(3)：43－46.

[290] 梁子长，王晓冰，岳慧. 超低空目标与粗糙面复合散射的迭代计算[J]. 制导与引信，2009，30(2)：30－34.

[291] 王晓冰，梁子长，吴振森. 水面目标复合电磁散射的并行迭代快速计算[J]. 物理学报，2012，61(12)：219－224.

[292] 张京国，金桂玉，高宽. PO＋MEC 计算目标近场电磁散射特性 [J]. 航空兵器，2015(6)：31－35.

[293] 潘英锋，贺昌辉. 涂层目标的近场电磁散射特性分析 [J]. 电波科学学报，2011，26：93－96.

[294] 杨河林. 矩量法分析目标的近场电测散射 [D]. 武汉：华中师范大学，2006.

[295] 夏应清，杨河林. 复杂目标近场散射特性的预估计算 [J]. 华中师范大学学报（自然科学版），2003，37(4)：488－490.

[296] 李向军，李静. 复杂目标近区 RCS 的一种计算方法 [J]. 制导与引信，2005，26(3)：47－51.

[297] 聂剑坤. 弹载天线相关近场电磁散射问题分析 [D]. 西安：西安电子科技大学，2012.

[298] 刘历博. 粗糙海面的电磁特性研究 [D]. 西安：西安电子科技大学，2001.

[299] 任子西. 不同入射余角情况下海面电波特性 [J]. 战术导弹技术，2009(4)：1－6.

[300] 齐国雷，周东方. FDTD 方法分析高功率微波粗糙地面散射特性 [J]. 强激光与粒子束，2010，22(9)：2092－2096.

[301] 綦鑫. 半空间目标散射特性研究与应用 [D]. 成都：电子科技大学，2001.

[302] 杨选春，孙亮，朱士青. 地空导弹武器系统超低空高抛弹道设计与仿真研究 [J]. 弹箭与制导学报，2010，30(3)：47－53.

[303] BARTON D K. 雷达系统分析与建模 [M]. 北京：电子工业出版社，2007.

[304] PEEBLES P Z，GOLDMAN L. Radar performance with multipath using the complex angle [J]. IEEE Trans On AES，1971，27(1)：171－178.

[305] HAYKIN S. Cognitive radar：a way of the future [J]. IEEE Signal Processing

Magazine，2006，23(1)：30 - 40.

[306] 廖桂生. 相控阵天线 AEW 雷达时空二维自适应处理[D]. 西安:西安电子科技大学，1992.

[307] 王万林.非均匀环境下的相控阵机载雷达 STAP 研究[D]. 西安:西安电子科技大学，2004.

[308] BOSSE E，TURNER R M. Model-based multi-frequency array signal processing for low-angle tracking [J]. IEEE Trans On AES，1995，31(1)：194 - 210.

[309] LO T，LITVA J. Use of a highly deterministic multipath signal model in low-angle tracking [J]. IEE Proc，1991，138(2)：163 - 171.

[310] ANDREI A，MONAKOV G，KHRAMTCHENKO N. Low altitude target model for radar simulation [J]. IEEE Trans On AES，2002，38(2)：163 - 171.

[311] 赵建宏. 低空目标探测及宽带雷达信号检测研究 [D]. 成都：电子科技大学，2008.

[312] KREYENLAMP O，KLEMM R. Doppler compensation in forward-looking STAP radar [J]. IEEE Proceedings，Radar Sonar & Navigation，2001，148(5)：253 - 258.

[313] MELVIN W L，DAVIS M E. Adaptive cancellation method for geometry-induced nonstationary bistatic clutter environments [J]. IEEE Transactions on Aerospace and Electronic Systems，2007，43(2)：651 - 672.

[314] LIM C H，MULGREW B. Prediction of inverse covariance matrix（PICM）sequences for STAP [J]. IEEE Signal Processing Letters，2006，13(4)：236 - 239.

[315] CONTE E，LOPS M，RICCI G. Radar detection in K-distributed clutter [J]. IEEE Proceedings，Radar，Sonar，Navig，1986，141(2)：116 - 118.

[316] LO T，LEUNG H. Fractal characterisation of sea-scattered signals and detection of sea-surface targets [J]. IEE Proc F，1993，140(4)：243 - 249.

[317] KARL G. Spatially distributed target detection in non-gaussian clutter [J]. IEEE Trans On AES，1999，35(3)：926 - 934.

[318] SINGER R A. Estimating optimal tracking filter performance for manned maneuvering targets[J]. IEEE Trans On AES，1970，6(4)：473 - 483.

[319] THORP J S. Optimal tracking of maneuvering targets [J]. IEEE Trans On AES 1973，9(4)：512 - 519.

[320] KIRUBARAJAN T，BAR-SHALOM Y. IMMPDAF for radar management and tracking benchmark with ECM [J]. IEEE Trans On AES，1998，34(4)：1115 - 1134.

[321] BLACKMAN S S，BUSCH M T，POPOLI R F. IMM/MHT tracking and data association for benchmark tracking problem [J]. Proceedings of 1995 American Control Conf ACC，1995，4：2606 - 2610.

[322] 陆林根. 高分辨雷达的目标自动检测器 [J]. 电子科学学刊，1997，13(2)：188-192.

[323] GERLACH K，MICHAEL S. Detection of a spatially distributed target in white

nosie [J]. IEEE Trans On AES, 1999, 35 (3): 926 – 934.

[324] 孙文峰,何松华,郭桂蓉. 自适应距离单元积累检测法及其应用 [J]. 电子学报, 1999, 21 (9): 22 – 25.

[325] 杨建宇,李俊生. 高分辨雷达目标的随机参量脉冲串检测方法 [J]. 电子学报, 2004, 32 (6): 1044 – 1046.

[326] 贺知明,向敬成,黄巍. NMTI 方法在宽带雷达系统中的应用 [J]. 电子与信息学报, 2003, 25 (12): 1628 – 1633.

[327] 姜正林,刑孟道,保铮. ISAR 成像的越距离单元走动校正 [J]. 电子与信息学报, 2002, 24 (5): 577 – 583.

[328] 王俊,张守宏. 微弱目标积累检测的包络移动补偿方法 [J]. 电子学报, 2000, 28 (12): 56 – 59.

[329] 张军,付强,肖怀铁. 脉冲多普勒雷达对运动目标回波信号的检测 [J]. 国防科技大学学报, 2001, 23 (6): 54 – 58.

[330] 余少波,胡守仁,刘孟仁. 雷达多目标跟踪的神经网络方法 [J]. 电子学报, 1992, 20 (4): 45 – 49.

[331] 朱炳元. 一种新的机动目标非线性跟踪算法 [J]. 现代雷达, 1997 (1): 29 – 34.

[332] 郑容,文成林. 多分辨多模型机动目标跟踪 [J]. 电子学报, 1998, 26 (12): 115 – 117.

[333] 赵艳丽,周颖. 基于动力学模型的有源假目标鉴别方法 [J]. 国防科技大学学报, 2007, 29 (5): 60 – 67.

[334] 韩伟,汤子跃,朱振波,等. 多普勒盲区条件下的目标航迹优化技术 [J]. 空军预警学院学报, 2013, 27 (1): 32 – 35.

[335] 张西川,张永顺. 机载相干 MIMO 雷达杂波自由度估计研究 [J]. 电子信息学报, 2011, 33 (9): 2125 – 2131.

[336] ZHANG X C. Research on the Esitimation of clutter rank for coherent airborne MIMO radar [J]. Journal of Electronics and Information Tech, 2011, 33 (9): 2125 – 2131.

[337] 吕晖. 集中式 MIMO 雷达信号处理方法研究 [D]. 西安:西安电子科技大学, 2011.

[338] 向聪,冯大政. 机载雷达三维空时两级降维自适应处理 [J]. 电子与信息学报, 2010, 32 (8): 1869 – 1873.

[339] 和洁. 降维自适应阵列信号处理及其在 MIMO 雷达的应用 [D]. 西安:西安电子科技大学, 2011.

[340] 李彩彩,廖桂生. 一种抑制严重非均匀杂波的记载 MIMO-STAP 方法 [J]. 电子学报, 2011, 39 (3): 511 – 517.

[341] 王洪洋. 欠采样环境下的参数估计及阵列校正方法研究 [D]. 西安:西安电子科技大学, 2011.

[342] 许京伟. 频率分集阵列雷达运动目标检测方法研究 [D]. 西安:西安电子科技大学, 2015.

[343] 李明，廖桂生. 稳健的三维直接数据域机载地面动目标检测算法 [J]. 系统工程与电子技术，2009，31(11)：2556－2559.

[344] 王万林. 非均匀环境下相控阵机载雷达 STAP 研究 [D]. 西安：西安电子科技大学，2004.

[345] 董瑞军. 机载雷达非均匀 STAP 方法及其应用[D]. 西安：西安电子科技大学，2002.

[346] 谢文冲. 非均匀环境下的机载雷达 STAP 方法与目标检测技术研究 [D]. 长沙：国防科技大学，2006.

[347] 吴洪. 非均匀杂波环境下相控阵机载雷达 STAP 技术研究 [D]. 长沙：国防科技大学，2007.

[348] 刘锦辉，廖桂生. 甚长基线的双基地机载雷达杂波建模与分析 [J]. 系统工程与电子技术，2011，33(3)：523－527.

[349] 段克清，谢文冲. 共形阵机载火控雷达杂波建模与杂波抑制 [J]. 系统工程与电子技术，2011，33(8)：1738－1744.

[350] 魏进武，王永良. 双基地机载预警雷达空时二维杂波建模及杂波特性分析 [J]. 电子学报，2001，29(12A)：1940－1943.

[351] 李华，汤俊. 空天混合双基地雷达杂波建模 [J]. 清华大学学报，2007，47(10)：1606－1609.

[352] 谢灵巧，陈祝明. 基于 ZMNL 的相关广义复合分布宽带雷达杂波仿真 [J]. 信号处理，2009，25(9)：1463－1468.

[353] 余慧，王岩飞，闫鸿慧，等. 一种 K 分布杂波参数估计的快速算法[J]. 电子与信息学报，2009，31(1)：139－142.

[354] 张翼飞，冯讯. 海杂波实测数据的改进 K 分布模型分析[J]. 空军雷达学院学报，2009，23(6)：426－428.

[355] 江朝抒，汪学刚. 单脉冲机载火控雷达地面动目标检测方法 [J]. 电波科学学报，2007，22(1)：113－116.

[356] 杨俊岭. 海杂波建模及雷达信号模拟系统关键技术研究 [D]. 长沙：国防科技大学，2006.

[357] 李建军，于利娟. 一种沙漠场景地杂波雷达散射截面的仿真方法 [J]. 电子科技，2013，26(2)：13－16.

[358] 杨利民，许志勇. UWB 雷达杂波物理建模与仿真分析 [J]. 电波科学学报，2010，25(6)：1116－1122.

[359] 皇甫流成，李侠. 慢动体杂波的建模与仿真 [J]. 舰船电子对抗，2007，30(5)：61－65.

[360] 曹学斌，刘进忙. 地面雷达环境杂波回波建模仿真 [J]. 现代防御技术，2007，35(6)：115－118.

[361] 冯胜，陈杰. 低入射余角下雷达地杂波反射率模型 [J]. 火力与指挥控制，2005，30(2)：18－20.

[362] 梁志恒，蒋庄德. 脉冲多普勒雷达实时杂波模型 [J]. 西安交通大学学报，2000，34(11)：65－68.

[363] 杨世海，王立冬. 复角法存在的问题及其改进研究 [J]. 现代雷达，2004，26(5)：13－16.

[364] 范志杰，尚社. 一种用于低空目标探测与跟踪的新方法 [J]. 雷达科学与技术，2004，3(6)：153－157.

[365] DAEIPOUR E, BAR-SHALOM Y, LI X. Adaptive beam pointing control of a phased array radar using an IMM estimator [J]. Proceeding of American control conference, 1994：94(2)：2093－2097.

[366] KERR D E. Propagation of short radio waves [M]. New York：McGraw-Hill, 1951：583.

[367] WARD K D. Compound representation of high resolution sea clutter [J]. Electron. Lett. , 1981,17(16)：561－563.

[368] BLAIR D W, BAR S T. Tracking maneuvering targets with multiple sensors：does more data always mean better estimates? [J]. IEEE Trans On AES, 1996, 32(1)：450－456.

[369] ROUDSTEIN M, BRICK Y, BOAG A. Multilevel physical optics algorithm for near-field double-bounce scattering[J]. IEEE Transactions on Antennas & Propagation, 2015, 63(11)：5015－5025.